大学生公共基础课系列教材

数字素养与技能

主 编 阳 馨 张 晓 刘语欢
副主编 余 彤 梅皓然 吕姗姗
主 审 贾如春

电子工业出版社·
Publishing House of Electronics Industry
北京·**BEIJING**

内 容 简 介

本书根据教育部最新颁布的《高等职业教育专科信息技术课程标准（2021年版）》以及数字化时代人才培养目标的要求，结合信息技术发展动态和数字素养与技能教育趋势，围绕数字化意识、计算思维、数字化创新与发展、信息社会责任，全面系统地介绍了计算机基础应用知识及其基本操作。以培养学生数字素养与技能为目标，全书设计为 11 个模块，分为基础篇和拓展篇。基础篇包含计算机基础概述、数字化工具运用、数字安全与隐私保护，各模块以实际工作中的任务案例为载体，采取"任务详情、任务目标、任务实施、知识链接"的结构组织教学内容，并将知识点完全融入其中，使学生可以实践、学习、思考、总结，积累项目工作经验，养成良好的工作习惯。拓展篇以新一代数字技术基础知识为主线，精心设计教材内容，选择与数字意识、计算思维、数字化学习与创新等领域密切相关和必要的基础性知识，同时侧重于大数据、人工智能、云计算、现代通信技术、物联网、数字媒体、虚拟现实以及区块链等新兴技术的介绍，让学生了解现代数字技术发展的重要内容，理解利用数字技术解决工作和学习中出现的各类问题的基本思想和方法，提升学生数字化适应力、胜任力、创造力。

教材内容紧跟时代步伐，围绕高等职业教育各专业对数字技术核心素养的培养需求，吸纳数字技术领域的前沿技术，旨在培养学生的数字素养，提升学生应用数字技术解决问题的综合能力。教材内容注重理论与实践的结合，通过大量的案例和实验，让学生更好地理解和掌握理论知识，并能够在实践中应用所学知识。同时，作为公共基础课教材为所有专业学生提高数字素养和技能提供支持，培养学生的信息素养和计算机应用能力，确保学生能够为未来的职业发展和社会生活打下坚实基础。

图书在版编目（CIP）数据

数字素养与技能 / 阳馨，张晓，刘语欢主编.

北京：电子工业出版社, 2024. 9. -- ISBN 978-7-121

-48238-0

Ⅰ. TP3

中国国家版本馆 CIP 数据核字第 2024G0Q079 号

责任编辑： 刘　洁
印　　刷： 河北鑫兆源印刷有限公司
装　　订： 河北鑫兆源印刷有限公司
出版发行： 电子工业出版社
　　　　　 北京市海淀区万寿路 173 信箱　邮编：100036
开　　本： 787×1092　1/16　印张：19　字数：493.6 千字
版　　次： 2024 年 9 月第 1 版
印　　次： 2025 年 1 月第 2 次印刷
定　　价： 68.00 元

前　言

随着新一代信息技术的飞速发展，数字经济已成为推动全球经济和社会转型的关键力量，数字技术与各行业深度融合，并对我国经济的高质量发展起到了重要的促进作用。在此背景下如何提高学生数字化创新与发展能力、培养数字素养、提升数字技能，以数字技术赋能专业技能，提升学生综合素质是许多院校信息技术教育关注的核心问题。

本书编写思路打破以知识传授为主要特征的传统学科教材编写模式，转变为以"工作任务"为主线设计教材内容，突出实践性和应用性，围绕实际应用场景展开，将理论知识分解到若干任务中，注重实践操作，采用"任务详情、任务目标、任务实施、知识链接"的结构组织内容，使学习过程与任务工作过程对接，同时将信息技术领域的新技术、新规范纳入教学标准和教学内容，编写项目式教材并配套开发信息化教学资源。

全书设计11个模块，分为基础和拓展两篇。基础篇介绍计算机应用基础、数字化工具应用和数字安全与隐私保护，包括计算机基础知识、操作系统知识、计算机网络知识、办公软件应用、新媒体工具应用、信息检索工具应用、数字安全技术、网络文明素养、数字安全防护策略与实践、数字道德伦理规范。拓展篇以当前信息技术前沿相关知识为主，拓展数字时代学习者视野，主要包括物联网技术、无人机技术、现代通信技术、云计算技术、区块链技术、虚拟现实技术、大数据技术及人工智能技术等内容。

本书特色鲜明，一是以学生为中心，关注岗位能力培养，倡导个性化学习，根据岗位工作任务所需的知识、技能和职业素养要求，指导学生按照工作任务学习相关知识，掌握基础技能的同时根据自身需求进行拓展学习。二是深挖课程思政元素，全过程融入劳动精神与工匠精神培养，助力职业素养养成。三是岗课赛证融通、校企双元开发，内容由高校教师和企业工程师联合编撰，教材中计算机应用基础和办公软件应用内容对接全国计算机等级考试一级（WPS Office）、1+X WPS职业技能等级证书（中级）考核标准。四是三位一体，协同育人，积极贯彻"价值塑造、能力培养、知识传授"三位一体的育人理念，用"辉煌中国""旗帜引领""匠心筑梦""科技之光"等内容，引领学生将个人价值实现与国家民族发展紧密相连，力求培养有担当、高素质、高水平的专业人才。

本书由阳馨、张晓、刘语欢担任主编，余彤、梅皓然、吕姗姗担任副主编，贾如春担任主审。在本书编写过程中，编者借鉴了目前已出版的优秀教材及资料，在此谨向有关作者表示感谢。由于信息技术发展迅速，加之编者水平有限，书中难免存在疏漏与不当之处，恳请各位专家、广大师生及同仁批评指正。

编者

2024.9

目　录

拓展篇

基础篇

模块 1　计算机基础

单元1　计算机基础概述

▶ **单元导读**

在数字化时代，掌握计算机基础知识已成为一项不可或缺的技能，它不仅涉及使用计算机进行日常工作和学习，还包括对信息技术领域发展的理解。本单元通过 4 个任务来介绍计算机的发展历程、计算机中信息的表示、计算机硬件和软件知识，为后续的内容的学习奠定基础。

▶ **知识目标**

- 理解计算机的基本原理，包括硬件组成（如CPU、内存、存储设备）和软件分类（操作系统、应用程序、驱动程序）。

▶ **能力目标**

- 培养操作计算机的基本技能，包括熟练使用计算机硬件和软件知识解决问题的能力，能够正确使用计算机中信息表示的方法。

▶ **素质目标**

- 培养良好的信息素养，包括识别、评估和有效利用信息的能力。
- 激发创新思维和解决问题的能力，鼓励学习者在计算机应用中探索新方法和解决方案。
- 强化团队合作和沟通能力，通过小组项目和协作任务，学习如何在团队环境中有效交流和协作。

任务 1　了解计算机的发展历程

❖ **任务详情**

王某在大学期间选择了计算机科学作为他的专业方向。尽管他在日常生活中经常接触计算机，但他清楚地意识到计算机的潜力远远超出了他目前所掌握的知识。作为一名计算机专业的学生，王某急切地希望探索计算机的起源和发展历史，理解计算机的不同功能和类别，以及计算机技术未来的发展方向。

为了完成这项任务，需要深入学习计算机的起源和发展过程，掌握计算机的核心特性、广泛应用以及其分类方式。同时，也需要对计算机技术的未来发展进行前瞻性的思考和了解。

❖　任务目标

1．了解计算机的诞生及发展阶段。
2．认识计算机的特点、应用和分类。
3．了解计算机的发展趋势等。

❖　任务实施

一、了解计算机的诞生及发展阶段

17世纪，德国的数学家莱布尼茨提出了二进制计数系统，这一发明为后来计算机的发展奠定了数学基础。进入20世纪，随着电子技术的飞速进步，1904年，英国的电气工程师弗莱明发明了真空二极管，紧接着在1906年，美国的科学家福雷斯特发明了真空三极管，这些发明为电子计算机的诞生提供了关键技术。

到了20世纪40年代，随着西方国家工业技术的飞速发展，高科技产品如雷达和导弹等相继问世，对计算能力的需求日益增长。原有的计算工具已无法满足日益复杂的计算任务，迫切需要技术上的革新。1943年，在第二次世界大战期间，美国宾夕法尼亚大学的电子工程系教授莫克利和其研究生埃克特，计划利用真空管技术构建一台通用电子计算机。1946年2月，这台具有划时代意义的机器——电子数字积分计算机（ENIAC）正式问世，如图1-1-1所示。ENIAC作为世界上第一台通用电子计算机，其主要组件为电子管，能够每秒执行5000次加法运算和300多次乘法运算，速度是当时最快速计算设备的300倍。尽管ENIAC体积庞大，重量超过30吨，占地面积达到170平方米，且使用了超过18000个电子管、1500个继电器、70000个电阻和10000个电容，每小时耗电量高达150千瓦，但其问世标志着电子技术进入了一个全新的时代——计算机时代。

图 1-1-1

在同一时期，参与ENIAC项目的美籍匈牙利科学家冯·诺依曼，基于二进制编码和程序存储的概念，设计出了离散变量自动电子计算机（EDVAC），这在当时是速度最快的计算机。冯·诺依曼的设计理论被称为冯·诺依曼体系结构，至今仍被广泛应用于计算机设计中，他也因此被誉为"现代电子计算机之父"（见图1-1-2）。

图 1-1-2

自ENIAC诞生以来，计算机技术已经成为发展最为迅速的现代技术之一，其影响深远，改变了人类社会的各个方面。根据计算机所采用的物理器件，可以将计算机的发展划分为4个阶段，如表1-1-1所示。

表 1-1-1　计算机发展阶段划分表

阶段	划分年代	采用的元器件	运算速度(每秒指令数)	主要特点	应用领域
第一代计算机	1946—1957年	电子管	几千条	主存储器采用磁鼓，体积庞大、耗电量大、运行速度低、可靠性较差、内存容量小	国防及科学研究工作
第二代计算机	1958—1964年	晶体管	几万～几十万条	主存储器采用磁芯，开始使用高级程序及操作系统，运算速度提高、体积减小	工程设计、数据处理
第三代计算机	1965—1970年	中小规模集成电路	几十万～几百万条	主存储器采用半导体存储器，集成度高，功能增强、价格下降	工业控制、数据处理
第四代计算机	1971年至今	大规模、超大规模集成电路	上千万～万亿条	计算机走向微型化，性能大幅度提高；软件也越来越丰富，为网络化创造了条件。同时计算机逐渐走向人工智能化；并采用了多媒体技术，具有听、说、读和写等功能	工业、生活等各个方面

二、认识计算机的特点、应用和分类

随着科技的不断进步，计算机已经深入到各行各业，成为我们生活和工作中不可或缺的工具。接下来，我们将介绍计算机的主要特征、应用领域以及分类。

1. 计算机的主要特征

高速运算能力：计算机能够在极短的时间内执行大量指令，现代超级计算机的运算速度甚至可达每秒亿亿次。

高精度计算：计算机的运算精度与其采用的机器码字长有关，字长越长，精度越高。

逻辑判断能力：计算机不仅能进行计算，还能进行数据分析和逻辑判断，部分高级计算机甚至能模拟人类的思维过程。

强大的存储能力：计算机可以存储大量数据和程序，便于信息的管理和检索。

高度自动化：计算机能够按照预设程序自动执行任务，无须人工干预，提高了工作效率和准确性。

2. 计算机的应用领域

科学计算：计算机在科学研究和工程设计中进行复杂的数学问题计算。

数据处理与信息管理：计算机处理和分析大量数据，广泛应用于企业财务管理、事务管理等。

过程控制：计算机用于工业生产过程的自动监测和控制，提高生产效率和安全性。

人工智能：计算机模拟人类智能活动，应用于智能机器人、医疗诊断等领域。

计算机辅助：包括CAD、CAM、CAE等，辅助人们完成设计和工程任务。

网络通信：计算机网络实现数据的快速传递和商务活动。

多媒体技术：计算机处理多种媒体信息，应用于教育、广告、娱乐等领域。

3. 计算机的分类

（1）按用途分类，可分为专用计算机、通用计算机。

专用计算机：为特定需求设计，具有高速、高效率特点。

通用计算机：适用于广泛的科学运算和数据处理，功能全面。

（2）按性能和规模分类，可分为巨型机、大型机、中型机、小型机、微型机。

巨型机：高性能计算机，用于国家高科技领域研究（见图1-1-3）。

图 1-1-3

大型机：具有高速运算和大存储量，服务于大型企业和政府部门。

中型机：性能适中，适用于中小型企业。

小型机：结构简单，可靠性高，适用于特定应用场景。

微型机：包括个人计算机、工作站和服务器，广泛应用于各个领域（见图1-1-4）。

图 1-1-4

通过这些特征和应用，我们可以看到计算机技术的多样性和重要性。随着技术的不断发展，计算机将继续在更多领域发挥关键作用。

三、了解计算机的发展趋势

下面从计算机的发展方向和新一代计算机芯片技术两个方面对计算机的发展趋势进行介绍。

1. 计算机的发展方向

计算机技术的演进正朝着巨型化、微型化、网络化和智能化这四个主要方向快速发展。

巨型化：这一趋势体现在计算机处理能力的提升，它们将拥有更快的运算速度、更大的存储空间、更强大的功能和更高的可靠性。巨型计算机特别适用于需要大规模数据处理和复杂运算的领域，如天文观测、气候模拟、军事模拟和生物信息学等。

微型化：随着集成电路技术的不断进步，个人计算机正变得越来越小巧，从膝上型到掌上型，这些设备因其便携性而受到用户的青睐。

网络化：计算机网络的普及已经深入到人们的日常生活和工作中，使得全球的计算机能够相互连接，共享资源。网络化不仅让人们能够远程获取信息，还能进行在线交流和电子商务。

智能化：新一代的计算机将具备更高级别的智能，能够执行更复杂的任务，如语言理解、图像识别和自主学习等。智能化的计算机将能够在某些领域替代甚至超越人类的智能。

2. 新一代计算机芯片技术

计算机的核心是其芯片，芯片技术的进步是推动计算机发展的关键因素。尽管摩尔定律预测了芯片集成度的增长，但这一趋势并非无限制。

DNA生物计算机：这种计算机利用DNA分子进行信息处理，通过生化反应完成计算任务。它们的优势在于体积小、存储容量大、运算速度快、能耗低，并且具有高度的并行处理能力。

光计算机：光计算机使用光作为信息处理的媒介，具有极大的带宽和高速的信息处理能力。光信号在传输过程中的畸变和失真小，且能耗极低。

量子计算机：量子计算机基于量子力学原理，能够进行高速计算和逻辑处理。它的优势在于处理速度极快、存储容量巨大、能耗低。

这些新一代的计算机技术，被称为第五代计算机，它们在模仿人类智能方面具有巨大潜力，并且已经成为全球计算机科学研究的热点。随着这些技术的成熟，我们有望看到计算机在各个领域的应用更加广泛和深入。

任务2　认识计算机中信息的表示和存储形式

❖ 任务详情

王某意识到，计算机技术不仅能够收集、存储和处理各类用户数据，还能将这些数据转换为用户易于识别的形式，如文本、声音或视频等。然而，王某对于计算机内部如何表示这些信息，以及如何量化这些数据感到好奇。王某坚信，深入理解这些知识对于更高效地使用计算机至关重要。

❖　任务目标

1. 认识计算机中的数据及其单位。
2. 了解数制及其转换。
3. 了解二进制数的运算方式。
4. 了解计算机中字符的编码规则。
5. 了解多媒体技术的相关知识。

❖　任务实施

一、计算机中的数据及其单位

在计算机世界里，所有信息都转化为数据的形式。数据本身并不直接表达意义，它需要经过处理和解释才能转化为有用的信息。例如，单独的数字"32"可能没有意义，但当我们说"今天的气温是32摄氏度"时，这个数据就变得有意义了。

计算机处理的数据可以分为两大类：数值型数据和非数值型数据，后者包括字母、汉字和图形等。无论数据的类型如何，它们在计算机内部都是以二进制形式存储和处理的。计算机系统负责将这些二进制数据转换为人们容易理解和阅读的形式，比如十进制数、文字或图像。

在计算机内部，数据的存储和处理通常涉及以下几个基本单位。

位（bit）：计算机使用二进制代码来表示数据，每个二进制位要么是"0"要么是"1"。位是计算机中最小的数据单位。

字节（Byte）：计算机将8位二进制代码组合成一组，称为1字节。字节是信息存储和组织的基本单位，也是计算机体系结构的基础。存储设备的容量或文件的大小通常用字节来表示，并且使用B、KB、MB、GB或TB等单位。这些单位之间的换算关系如下：

1KB = 1024 B　　1MB = 1024 KB　　1GB = 1024 MB　　1TB = 1024 GB

字长：计算机一次能够并行处理的二进制位数称为字长。字长是衡量计算机性能的关键指标之一，字长越长，计算机处理数据的速度通常越快。字长通常是字节的整数倍，如8位、16位、32位、64位等。

通过这种方式，计算机能够高效地存储、处理和解释数据，从而将抽象的数字和符号转化为有用的信息。

二、数制及其转换

1. 数制的概念

数制，也称为计数系统，是一种使用特定符号和规则来表示数值的方法。进位计数制是一种特殊的数制，它根据特定的进位规则来计数。我们日常生活中最常用的是十进制系统，而计算机则主要使用二进制系统。此外，还有八进制和十六进制等其他进位计数制。

数位是指数码在数中的位置。在进位计数制中，每个数字符号的值不仅由其本身决定，还由它在数中的位置决定。例如，在十进制数828.41中，第一个数字"8"位于百位上，代表800；第二个数字"2"位于十位上，代表20；第三个数字"8"位于个位上，代表8；小数点后的数字"4"位于十分位上，代表0.4；数字"1"位于百分位上，代表0.01。这表明，相同的数字符号在不同的位置代表的数值是不同的。

基数，某种计数制中，每个数位上所能使用的数码的个数，称为这种计数制的基数。例如，十进制有10个数字符号（0到9），基数为10。每个数位上的数字符号代表的数值等于该数字符号乘以一个特定的位权数。位权数是一个固定的值，它取决于数字符号所在的数位。

任何数值都可以按照位权展开的形式来表示。例如，十进制数828.41可以表示为：

$$828.41=8\times10^2+2\times10^1+8\times10^0+4\times10^{-1}+1\times10^{-2}$$

2. 数制的表示

在计算机中，为了区分不同数制的数值，我们可以使用括号和下标来表示。例如，$(492)_{10}$表示十进制数，$(1001.1)_2$表示二进制数，$(4A9E)_{16}$表示十六进制数。此外，我们也可以使用字母后缀来区分数制，如492D表示十进制数，1001.1B表示二进制数，4A9EH表示十六进制数。

另外，在程序设计中，为了简化表示，我们通常在数字后面直接加上字母后缀来区分不同的数制，例如，492d、1001.1b等。这种方法可以快速地帮助我们识别数值的数制类型。

3. 数制的转换

（1）非十进制数转换为十进制数。按位展开，然后求和。对于任意非十进制数DR（其中R是基数），转换为十进制数的方法是从最右边的数位开始，每个数位上的数字乘以其基数R的幂次方（从0开始，从右到左递增），然后将所有结果相加。例如，将八进制数 $(345)_8$ 转换为十进制数：

$$(345)_8=3\times8^2+4\times8^1+5\times8^0=3\times64+4\times8+5\times1=192+32+5=229$$

（2）十进制整数转换成其他进制数。十进制数转换成R进制数，要对整数和小数部分分别转换，最后再将两部分合成一个数。整数的转换使用基数除法，规则是除基取余，商零为止。余数依从右到左排列即为所求。例如，将十进制数229转换为八进制数：

229÷8=28 余 5

28÷8=3 余 4

3÷8=0 余 3

即，逆序排列余数得到(345)$_8$。

小数的转换采用基数乘法，规则是乘基取整，直到小数部分为零或达到所要求的精度为止。即乘以R取整数，直至取走整数后余下的数为 0 止（如若干次后，取走整数部分后余下的数仍不为 0，满足精度要求停止计算），所取整数从左至右排列即为所求。例如，将十进制(0.18)$_{10}$转换为二进制数。

$0.18 \times 2 = 0.36$ …………………取整数0

$0.36 \times 2 = 0.72$ …………………取整数0

$0.72 \times 2 = 1.44$ …………………取整数1

$0.44 \times 2 = 0.88$ …………………取整数0

$0.88 \times 2 = 1.76$ …………………取整数1

计算到第5位，0舍1入，即顺序排列余数得到(0.0011)$_2$。

（3）二进制整数转换成八进制数、十六进制数。二进制整数到八进制数的转换：将二进制数从右到左每3位分为一组（不足3位的在左边补0），然后将每组转换为对应的八进制数字。

二进制数到十六进制数的转换：将二进制数从右到左每4位分为一组（不足4位的在左边补0），然后将每组转换为对应的十六进制数字。例如，将二进制 (110101)$_2$转换为八进制数：

(110101)$_2$=(65)$_8$=(65)$_8$

（4）八进制数、十六进制数转换成二进制数。将每个八进制数或十六进制数转换为对应的3位或4位二进制数，然后将这些二进制数连接起来。例如，将八进制数(65)$_8$转换为二进制数：

(6)$_8$=(110)$_2$

(5)$_8$=(101)$_2$

连接起来得到 (110101)$_2$。

这些转换方法在计算机编程和数据处理中非常实用，可以帮助我们更好地理解和操作不同数制的数据。

三、计算机中字符的编码规则

编码就是利用计算机中的0和1两个代码的不同长度表示不同信息的一种约定方式。由于计算机是以二进制编码的形式存储和处理数据的，因此只能识别二进制编码信息。数字、字母、符号、汉字、语音和图形等非数值信息都要用特定规则进行二进制编码才能进入计算机。西文与中文字符由于形式不同，使用的编码也不同。

1. 西文字符的编码

计算机对字符进行编码，通常采用ASCII和Unicode两种编码。

ASCII，即美国信息交换标准代码，是一种基于拉丁字母的编码系统，它最初被设计用于表示现代英语和其他一些西欧语言的文字。这个编码系统被国际标准化组织（ISO）

采纳为ISO 646标准。ASCII使用7位二进制来编码字符，这意味着它可以表示$2^7=128$个不同的字符。这些字符包括了大小写英文字母、数字0到9、标点符号以及一些特殊控制字符。

在ASCII编码中，字符的编码是通过将128个字符排列在一个7位的二维表格中来实现的，其中低四位b_3，b_2，b_1，b_0用于行编码，而高三位b_6，b_5，b_4用于列编码。在这128个编码中，有95个编码用于表示计算机键盘上的符号或其他可显示或打印的字符，其余33个编码则被保留作为控制码，这些控制码用于控制计算机外部设备的行为或计算机软件的某些操作。例如，英文字母"A"的ASCII编码是二进制数10000011000001，这对应于十进制的65或十六进制的41。ASCII编码表如表1-1-1所示。

表 1-1-1

b3b2b1b0 位	b6 b5 b4位 [注：（）内为ASCII码的十进制数]							
	000 (00~15)	001 (16~31)	010 (32~47)	011 (48~63)	100 (64~79)	101 (80~95)	110 (96~111)	111 (112~127)
0000	NUL	DLE	SP	0	@	P	`	p
0001	SOH	DC1	!	1	A	Q	a	q
0010	STX	DC2	"	2	B	R	b	r
0011	ETX	DC3	#	3	C	S	c	s
0100	EOT	DC4	$	4	D	T	d	t
0101	ENQ	NAK	%	5	E	U	e	u
0110	ACK	SYN	&	6	F	V	f	v
0111	BEL	ETB	'	7	G	W	g	w
1000	BS	CAN	(	8	H	X	h	x
1001	HT	EM	)	9	I	Y	i	y
1010	LF	SUB	*	:	J	Z	j	z
1011	VT	ESC	+	;	K	[	k	{
1100	EF	FS	,	<	L	\	l	|
1101	CR	GS	-	=	M	]	m	}
1110	SO	RS	.	>	N	^	n	~
1111	S1	US	/	?	O	_	o	Del

Unicode是另一种国际标准的字符编码系统，它采用至少2字节的编码空间，能够表示世界上几乎所有书写语言中的字符，以及用于计算机通信的其他符号。Unicode的设计目标是创建一个全球统一的字符集，以支持跨语言、跨平台的文本数据交换。目前，Unicode已经被广泛应用于互联网、Windows操作系统以及许多大型软件中。随着技术的发展，Unicode也在不断扩展，以包含更多的字符和符号。

2. 汉字的编码

在计算机系统中，为了确保汉字信息的准确传播和交换，必须使用统一的编码标准。这些标准由国家或国际组织制定，确保了编码的一致性，避免了信息交换中的混乱和错误。在汉字编码领域，一些常用的字符集包括GB2312、GB18030、GBK以及CJK编码等。为了给每个汉字分配一个唯一的代码，中国制定了国家标准GB2312—1980，即《信息交换用汉字编码字符集》，这成为了国内所有汉字系统的统一标准。计算机系统在处理汉字时，要进行一系列的汉字编码及转换，即需要经过输入码、机内码、字形码的转换，如图1-1-5所示。

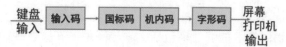

图 1-1-5

汉字编码方式主要包括以下几种。

输入码：也称为外码，是为了方便汉字输入计算机而设计的代码。输入码的类型包括音码、形码和音形结合码等。

区位码：GB2312字符集通过一个94×94的方阵进行组织，每个汉字根据其在方阵中的位置被赋予一个区号和一个位号。区位码由4位数字组成，前两位代表区号，后两位代表位号。例如，汉字"中"的区位码是5448。

国标码：国家标准汉字编码。国标码使用两个8位字节来表示一个汉字。汉字的区位码转换为十六进制后，每字节的值增加0x20（即十进制数32），从而得到国标码。例如，汉字"中"的区位码5448转换为十六进制是36和30，分别加上0x20后变为56和50，因此国标码为5650H。

机内码：计算机内部存储和处理汉字时使用的代码称为机内码。对于汉字系统，机内码是在国标码的基础上，将每字节的最高位（第7位）设置为1，其余7位保留汉字信息。通过在国标码的每字节前加上0x80（即10000000B），可以得到机内码，即将国标码的每字节的最高由"0"变为"1"，变换后的国标码就是汉字机内码。例如，汉字"中"的机内码计算方式为：5650H的每字节加上0x80，得到D6D0H。

这些编码方式确保了汉字在计算机系统中的有效管理和使用，使得汉字信息的数字化处理成为可能。随着技术的发展，新的编码标准如GB18030和Unicode也逐渐被采用，以支持更广泛的字符集和更高效的数据处理。

四、多媒体信息技术简介

多媒体是一种综合性的信息技术，它将多种类型的信息交流和传播手段整合在一起，以实现人机交互。这种技术不仅限于文本、声音、图像、视频、音频和动画等单一媒体形式，还涵盖了对这些不同媒体信息进行获取、处理、编辑、存储和展示的技术体系。

在多媒体技术中，计算机充当核心角色，它能够实时地处理包括图形、文字、声音和影像在内的多种信息类型。这些信息在计算机内部以二进制形式，即0和1的序列，进行数字化处理，使得多媒体内容的创作、编辑和展示变得更加高效和便捷。

多媒体技术的实现，依赖于先进的软硬件支持，包括但不限于高效的数据处理算法、用户界面设计、存储解决方案以及各种输入/输出设备。这种技术的应用范围极为广泛，从教育、娱乐到商业演示和在线通信等多个领域，多媒体技术都在不断地推动信息交流方式的革新和进步。

1. 多媒体技术的特点

多媒体技术以其独特的功能和优势，在现代信息技术领域扮演着重要角色。以下是多媒体技术的几个核心特性。

内容丰富性：多媒体技术能够处理包括文本、图像、音频、视频在内的多种类型的信息，这使得信息的表现形式更加多样化和丰富。

技术融合性：以计算机为核心，多媒体技术整合了不同的信息媒体，实现了文字、声音、图形、图像、音频和视频等多种媒体形式的一体化处理。

用户参与性：多媒体技术强调用户的交互体验，提供了多样的交互方式，使用户能够积极参与到信息的获取和处理过程中，从而提高了信息使用的主动性和互动性。

处理及时性：多媒体技术要求计算机系统具备高效的实时处理能力，特别是对于音频和视频这类需要即时响应的媒体信息，以确保信息传递的流畅性和时效性。

元素协调性：在多媒体环境中，不同的媒体元素需要相互配合，以实现协同工作。这种协调性确保了不同媒体信息能够和谐地整合在一起，为用户提供统一而连贯的体验。

这些特点共同构成了多媒体技术的基础，使其在教育、娱乐、商业演示等多个领域都有着广泛的应用，并持续推动着技术创新和行业发展。

2. 多媒体计算机的硬件

多媒体计算机的硬件配置，除了包括传统计算机的基本组件外，还特别强化了对多种媒体类型的处理能力。这些硬件组件共同构成了一个能够高效处理和呈现多媒体内容的系统。具体来说，多媒体计算机的硬件主要包括以下几个方面。

音频接口设备：声卡是实现声音信号与数字格式之间转换的关键硬件，它不仅能够接收来自麦克风等输入设备的声音信号，还能将这些模拟信号转换为数字信号，进而通过耳机、扬声器等输出设备播放。此外，声卡还支持音乐设备数字接口（MIDI），用于音乐创作和播放如图1-1-6所示。

视频处理设备：视频卡或视频采集卡的功能是接收来自外部视频源的模拟信号，如摄像机、录像机等，并将其转换为计算机能够处理的数字信号。根据应用需求和性能等级，视频卡可以分为广播级、专业级和民用级，以满足不同场景下的视频处理需求，如图1-1-7所示。

外部媒体设备：为了支持多媒体内容的创建和交互，多媒体计算机系统通常会配备一系列外部设备，包括但不限于摄像机、数字相机、扫描仪、打印机、光盘驱动器、输入设备（如光笔、鼠标、传感器、触摸屏）、音频设备（如话筒、音箱）、传真机以及可视电话等。这些设备扩展了计算机的处理能力，使其能够更好地捕获、编辑和展示多媒体内容。

通过这些硬件组件的协同工作，多媒体计算机能够提供强大的媒体处理能力，满足从专业制作到日常使用的各种需求。

图 1-1-6   图 1-1-7

3. 多媒体计算机的软件

多媒体计算机的软件系统是实现其功能的核心，涵盖了从操作系统到专业应用程序的多个层面。以下是多媒体软件的分类和主要特点。

操作系统：操作系统是整个计算机运行的基础，它不仅提供实时任务调度和数据同步控制，还负责多媒体设备的驱动和图形用户界面的管理。例如，广泛使用的Windows操作系统，就包含了这些功能，能够支持复杂的多媒体应用。

系统工具：系统工具是多媒体制作和处理的基础设施，包括用于创作、编辑和播放多媒体内容的软件。它们可能包括专业的多媒体创作工具、节目编辑软件、播放软件，以及多媒体数据库管理系统，这些工具共同构成了多媒体处理的工作环境。

专业应用软件：针对终端用户的特定需求定制的应用程序，这些软件通常专注于图形、图像、音频和视频处理。市场上存在多种流行的专业软件，例如，Photoshop用于图像编辑，Illustrator用于矢量图形设计，Cinema 4D用于3D建模和动画制作，Authorware用于交互式多媒体程序开发，After Effects用于视频特效制作，以及PowerPoint用于演示文稿的创建。这些软件具备独特的功能和优势，可以协同工作，满足不同领域的多媒体制作需求。

通过这些软件的综合应用，多媒体计算机能够提供强大的内容创作和管理能力，满足从专业制作到日常应用的多样化需求。

4. 常见的多媒体文件格式

多媒体文件格式是计算机用来存储和组织不同类型的媒体信息的标准。这些格式使得声音、图像、文本和视频等可以在计算机和其他设备上被有效管理和使用。以下是一些广泛使用的多媒体文件格式。

（1）音频文件格式。音频是多媒体体验中不可或缺的组成部分，常见的音频文件格式包括WAV、MIDI、MP3等。

WAV：一种无损音频格式，提供高保真音质。

MIDI：数字乐器标准，用于记录音乐数据。

MP3：广泛使用的有损压缩音频格式，适合音乐分享和播放。

RM：RealMedia音频格式，用于流媒体传输。

VOC：早期的音频格式，常用于电子游戏音效。

（2）图像文件格式：图像是多媒体展示的基础，分为静态和动态两大类。

● 静态图像：包括矢量图形和位图图像两种类型。

矢量图形：如SVG，使用数学公式描述图像，可无限放大不失真。

位图图像：如JPEG和PNG，由像素阵列组成，具有固定的分辨率。

● 动态图像：包括视频和动画两种形式。

视频：连续的图像序列，如通过摄像机或视频软件捕获。

动画：一系列时间控制的图像，用于创建动态视觉效果。

（3）视频文件格式：视频文件通常包含大量的数据，因此文件相对较大，常见的视频文件格式包括AVI、MOV、MPEG等。

AVI：音视频交错格式，广泛用于视频存储和播放。

MOV：QuickTime电影格式，支持多种音频和视频编码。

MPEG：运动图像专家组制定的一系列视频和音频压缩标准。

ASF：高级流媒体格式，由微软开发，用于流媒体应用。

WMV：Windows Media Video，微软开发的另一种视频格式。

每种文件格式都有其特定的用途和优势，选择合适的格式可以优化存储效率、保持媒体质量或支持特定的功能需求。

任务3　了解并连接计算机硬件

❖　任务详情

随着个人计算机的广泛传播，越来越多的人开始使用它们。然而，像王某这样的许多用户对计算机的内部构造、硬件组件以及如何将这些硬件连接起来并不熟悉。

在计算机用户群体中，王某代表了那些频繁使用计算机但对其内部工作原理和物理组件了解有限的人。他们可能不知道计算机的各个硬件部分是如何协同工作的，也不熟悉如何将这些硬件组件正确地连接在一起以确保计算机的正常运行。

❖　任务目标

1. 认识计算机的基本结构。

2. 对微型计算机的各硬件组成，如主机及主机内部的硬件、显示器、键盘和鼠标等有基本的认识和了解，并能将这些硬件连接在一起。

❖　任务实施

一、计算机的基本结构

尽管市面上的计算机在性能和应用场景上各有千秋，它们在基础架构上却普遍遵循冯·诺依曼模型，因此，符合这一模型设计的计算机通常被称为冯·诺依曼型计算机。

冯·诺依曼型计算机系统由五个基本组件构成：运算器、控制器、存储器、输入设备和输出设备，它们之间的功能和交互关系可以通过图解来表示，如图1-1-8所示。

核心组件包括控制器、运算器和存储器。控制器扮演着整个计算机系统的指挥核心，它负责按程序顺序执行指令，并向其他组件如存储器、运算器以及输入/输出设备发送控制信号，确保计算机工作有序进行。运算器在控制器的指令下对存储器中的数据执行算术和逻辑运算，这些运算器和控制器共同组成了中央处理器（CPU），它是计算机的"大脑"。存储器则充当计算机的"记忆"，以二进制形式存储程序和数据，分为快速的内部存储器和较慢的外部存储器，如硬盘、固态驱动器、光盘和U盘等。存储器的容量通常以KB、MB、GB和TB等单位来衡量。

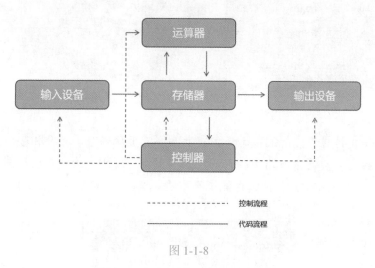

图 1-1-8

输入设备作为人机交互的重要界面，允许用户输入指令和数据，这些输入通过设备转换成计算机能理解的二进制代码，并存储到内存中，常见的输入设备包括键盘和鼠标。而输出设备则负责将计算机处理后的信息以用户可识别的形式展示出来，如显示器用于展示图像和文本，打印机用于打印文档。

这些组件的协同工作，使得计算机能够执行复杂的任务，并与用户进行有效的交互。

二、计算机硬件

计算机的物理组件，也就是我们所说的硬件，包括了一系列可触摸的设备。在微型计算机的外部构造中，我们可以看到的主要部分包括计算机主机、显示屏、鼠标以及键盘等。计算机主机的背面配备了多种插口和插槽，这些设计用于接入电源线以及连接各类输入工具，例如键盘和鼠标。而当我们打开主机箱，可以看到内部装有中央处理器（CPU）、系统主板、随机存取存储器（RAM）以及硬盘驱动器等关键硬件组件。这些内部组件共同构成了计算机的核心功能，使其能够执行各种计算和数据处理任务。

下面将按类别对微型计算机的主要硬件进行详细介绍。

计算机硬件包括了一系列实体组件，它们是构成计算机系统的基础。在微型计算机中，这些组件主要包括主机、显示器、鼠标和键盘等。主机的背部设计有多种接口，用于连接电源和外设，如键盘和鼠标。而主机内部则装备了如微处理器（CPU）、主板、总线、存储器等关键硬件。

中央处理器（CPU）：作为计算机的大脑，CPU由大规模集成电路构成，负责执行程序指令。它是系统运算速度的关键因素，市场上的主流CPU由Intel、AMD等厂商生产如图1-1-9所示。

图 1-1-9

主板：主板是计算机内部的基础平台，上面集成了众多电子元件和接口。它为所有硬件组件提供连接点，并通过线路协调它们之间的工作。现代主板技术已经能够集成CPU、显卡、声卡、网卡等，BIOS芯片则存储了基本输入/输出系统程序，如图1-1-10所示。

图 1-1-10

总线：总线是计算机组件间的通信通道，可类比为信息传输的高速公路。它分为数据总线、地址总线和控制总线，分别负责传输数据、地址信息和控制信号。

存储器：计算机的存储设备分为内存和外存。内存是CPU处理数据的临时存储区，而外存如硬盘和U盘等，用于长期保存数据。硬盘有机械硬盘和固态硬盘（SSD）之分，后者以其快速的读写速度而受到青睐。

　　DDR5内存实物如图1-1-11所示，Sata接口固态硬盘实物如图1-1-12所示，M2接口固态硬盘实物如图1-1-13所示，U盘 实物如图1-1-14所示。

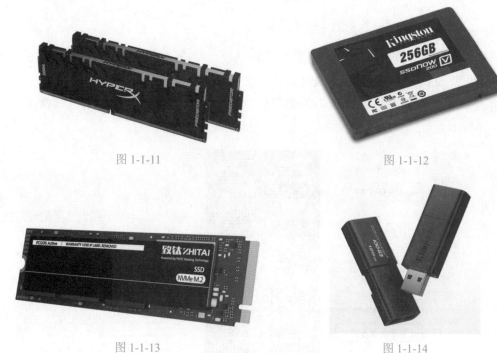

图 1-1-11　　　　　　　　　　　　　　　　图 1-1-12

图 1-1-13　　　　　　　　　　　　　　　　图 1-1-14

　　输入设备：输入设备如键盘、鼠标和扫描仪等，允许用户将数据和指令输入计算机，是人机交互的重要工具。

　　输出设备：输出设备负责将计算机处理的信息转化为用户可识别的形式，如显示器、打印机、音箱等。显示器将信号转换为图像，打印机用于输出文档，而音箱则输出音频信号。液晶显示器如图1-1-15所示。

图 1-1-15

　　触摸屏：触摸屏是一种先进的输入设备，它通过感应用户的触摸操作来提供反馈，广泛应用于各种交互式应用中。

这些组件共同构成了计算机的硬件系统，使得计算机能够执行复杂的数据处理任务，并与用户进行有效的交互。随着技术的发展，计算机硬件不断向着更高性能、更小尺寸和更广应用范围的方向发展。

三、计算机的基本结构连接方式

当购置了一台计算机后，你会发现，主机、显示器、鼠标和键盘等设备在运输过程中是分开的。需要在收到它们之后，按照以下步骤将它们组装起来。

布局组件：首先，将计算机的各个组件放置在电脑桌上。计算机主机背板接口如图1-1-16所示。

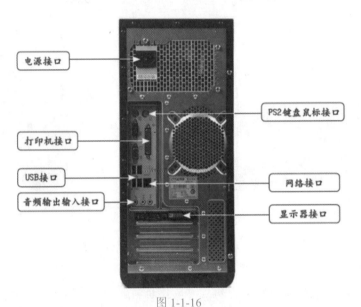

图 1-1-16

键盘连接：找到主机背面的键盘插口，将PS/2键盘的连接线对准并插入该插口，实物图如图1-1-17所示。

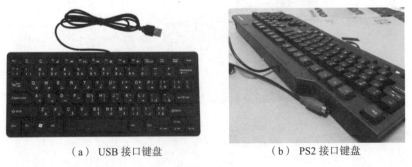

（a）USB 接口键盘　　　　　　　（b）PS2 接口键盘

图 1-1-17

鼠标连接：接着，将USB鼠标的连接线对准并插入主机背面的USB端口，USB接口鼠标如图1-1-18所示。

　　显示器连接：取出显示器附带的数据线，如果是VGA线，则将其VGA端头插入显卡的VGA端口。若数据线为DVI或HDMI类型，根据端口类型连接到主机相应的端口上，并确保插头固定牢靠。显示器VGA接线如图1-1-19所示。

　　显示器电源连接：将数据线的另一端连接到显示器背面的VGA端口，并固定好。然后将显示器的电源线插入显示器的电源插口。显示器电源线如图1-1-20所示。

　　检查连接：在继续组装之前，仔细检查所有连接线是否正确无误。

　　主机电源连接：将主机的电源线插入主机背面的电源端口。主机电源线如图1-1-21所示。

图1-1-18　　　　　　　图1-1-19　　　　　　　图1-1-20　　　　　　　图1-1-21

　　电源插头连接：将显示器和主机的电源插头分别插入电源插座。

　　按照这些步骤操作，你就可以完成计算机的组装并准备启动使用了。如果在连接过程中有任何疑问，则可以查阅随设备附带的用户手册或联系技术人员以获得帮助。

任务4　了解计算机的软件系统

❖　**任务详情**

　　为了满足学习需求，王某新购置了一台计算机。在组装过程中，售后服务人员向他说明，该计算机预装了操作系统，但并未配备其他额外的应用程序。王某被告知可以根据个人需求自行添加所需的软件。回到学校后，王某决定首先对计算机软件的相关知识进行深入学习和了解。

❖　**任务目标**

1. 了解计算机软件的定义。
2. 认识系统软件的分类。
3. 了解常用的应用软件。

❖　**任务实施**

一、计算机软件的定义

　　计算机软件，通常简称为"软件"，包括了计算机系统中的程序及其配套文档。程序是一组有序的指令，用以执行特定的计算任务，而文档则提供了理解和使用程序所需的信息和指导。

用户能够指示计算机执行所需操作，这得益于计算机语言——一种用于人机交互的特定语言，它使得人们能够编写程序来指导计算机的工作流程，实现既定目标。程序设计语言构成了软件的核心，是软件开发和运行的基石。

在计算机软件的范畴内，主要分为两大类别：系统软件和应用软件。系统软件提供了计算机操作的基础功能，如操作系统和设备驱动程序；而应用软件则是为了满足用户在特定应用场景下的需求，如办公软件、图形设计软件等。这两类软件共同构成了计算机软件的完整体系。

二、系统软件

系统软件是计算机系统中负责管理和协调计算机操作的核心软件，它为应用软件的运行提供了必要的支持和环境。系统软件的主要任务包括资源调度、系统监控、硬件设备管理以及维护系统的整体运行。

作为应用软件运行的平台，系统软件定义了软件应用的边界和可能性。系统软件通常包括以下几个主要类别。

操作系统（OS）：操作系统是计算机系统的核心，负责管理和分配系统资源，提供用户界面和程序执行环境。常见的操作系统有Windows、Linux等，例如，Windows 10就是一种广泛使用的操作系统。

语言处理程序：这类程序包括编译器、解释器等，它们允许开发者使用不同的编程语言（如机器语言、汇编语言、高级语言）来编写和执行程序。因为计算机能够直接执行机器语言，所以用高级语言编写的程序需要通过翻译程序转换成机器语言。

数据库管理系统（DBMS）：数据库管理系统是一种用于创建和管理数据库的软件，它提供了数据存储、查询、检索和管理的功能。DBMS如SQL Server、Oracle、Access等，能够帮助用户高效地处理大量数据。

系统辅助处理程序：这些工具包括文本编辑器、调试器等，它们辅助系统软件的开发和维护，确保计算机系统的稳定运行，例如，Windows系统中的磁盘整理工具就属于这一类。

系统软件的设计和实现对整个计算机系统的效能和稳定性起着至关重要的作用。通过这些基础软件，计算机能够执行复杂的任务，满足用户在不同领域的应用需求。

三、应用软件

应用软件是专门设计用来执行特定任务的软件集合，它们使计算机能够解决各种实际问题。这些软件包括了多种程序设计语言以及使用这些语言开发的应用程序。

计算机应用软件的类型广泛，它们让用户能够高效地完成各种任务。例如，如果要编辑文档，则可以使用Word；如果要创建电子表格，则可以使用Excel。这些都属于应用软件的范畴。

应用软件可以分为多个类别，包括但不限于：

● 办公软件，用于文档编辑、表格制作、演示文稿等如图1-1-22所示。

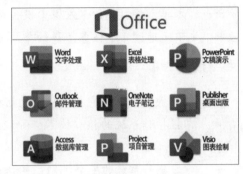

● 图形处理与设计，用于图像编辑、图形设计和版面布局。

● 图文浏览，用于查看和展示图像与文档。

● 翻译与学习，提供语言翻译服务和辅助学习的工具。

● 多媒体播放和处理，用于音频和视频的播放、编辑和处理。

图 1-1-22

● 网站开发，包括构建和维护网站的软件工具。

● 程序设计，涉及编写和测试代码的集成开发环境。

● 磁盘管理，用于磁盘分区和格式化的工具。

● 数据备份与恢复，确保数据安全，提供备份和恢复解决方案。

● 网络通信，支持网络连接、数据传输和通信的软件。

这些应用软件提高了计算机的实用性，使其成为日常生活和工作中不可或缺的工具。

单元习题

填空题

1. 用来存储当前正在运行的应用程序的存储器是（　　　　　）。

2. 已知"装"字的拼音输入码是"zhuang"，而"大"字的拼音输入码是"da"，它们的国标码的长度的字节数分别是（　　　　　）。

3. 二进制数101110转换成等值的十六进制数是（　　　　　）。

4. 微型计算机硬件系统中核心的部位是（　　　　　）。

5. 计算机能直接识别和执行的语言是（　　　　　）。

6. 计算机软件分系统软件和应用软件两大类，系统软件的核心是（　　　　　）。

7. 计算机的发展趋势是（　　　　　）、微型化、网络化和智能化。

8. 计算机最主要的工作特点是（　　　　　）。

9. 在计算机硬件技术指标中，度量存储器空间大小的基本单位是（　　　　　）。

10. 通常用MIPS为单位来衡量计算机的性能，它指的是计算机的（　　　　　）。

单元2　学习操作系统

▶ 单元导读

在当今信息技术迅猛发展的时代，操作系统作为计算机系统的核心，扮演着至关重要的角色。本单元将引导你深入探索操作系统的奥秘，帮助你建立起对这一关键技术的全面理解。本单元通过 4 个任务，详细介绍 Windows 10 操作系统、汉字输入法等内容。

▶ **知识目标**

- 理解操作系统的基本概念，包括操作系统的定义、功能、类型和发展历程。
- 掌握操作系统的核心技术，如进程管理、内存管理、文件系统、输入/输出处理和网络通信。
- 学习操作系统的安全机制，包括用户认证、权限控制和数据保护。

▶ **能力目标**

- 培养操作系统的实际操作能力，包括安装、配置、故障排除和性能优化。
- 提升使用命令行界面和图形用户界面进行系统管理和应用部署的能力。
- 增强问题解决能力，能够分析和解决操作系统使用过程中遇到的技术问题。

▶ **素质目标**

- 培养良好的信息素养，包括对操作系统原理的深入理解以及对新技术的快速学习能力。
- 强化批判性思维，鼓励学生对现有操作系统的设计和实现提出质疑和改进建议。
- 促进团队合作精神，通过小组项目和讨论，培养学生在团队环境中协作和沟通的能力。

任务 1　了解操作系统

❖ 任务详情

王某完成了大学学业，成功获得了一份办公室行政职位。在工作的首日，他注意到公司所有的计算机都安装了Windows 10操作系统，这与他在学校期间习惯使用的Windows 7系统在界面设计上存在明显差异。为了提升自己日后的工作效率，王某决定首先对Windows 10系统进行深入了解。

❖ 任务目标

1. 了解操作系统的概念、功能、种类。
2. 了解Windows操作系统的发展史。
3. 掌握启动与退出Windows 10的方法。
4. 熟悉Windows 10 的桌面组成

❖　任务实施

一、了解计算机操作系统的概念、功能与种类

1. 操作系统的概念

在深入了解Windows 10操作系统之前，首先需要掌握计算机操作系统的基本概念、功能以及不同类型。

操作系统是一款基础的系统级软件，其核心任务是协调和管理计算机硬件与软件资源。它负责调度程序的执行，优化人机交互，为其他应用程序提供运行环境，确保计算机资源得到充分利用，并为用户带来便捷、高效且友好的操作体验。操作系统直接与硬件交互，是计算机系统中不可或缺的基础软件，也是软件架构中最接近硬件的层次。

2. 操作系统的功能

操作系统的核心作用在于协调和控制计算机的硬件与软件资源，旨在提升计算机的使用效率并简化用户操作。具体而言，操作系统具备以下六大关键管理功能。

- 进程与处理机管理：操作系统通过其处理机管理模块来决定处理器资源的分配策略，并执行对进程和线程的调度与控制。这包括任务调度（如作业调度和进程调度）、进程控制、进程间的同步与通信等。
- 存储管理：此功能主要涉及对计算机内存空间的管理。操作系统负责将内存空间分配给需要执行的程序，并在程序运行结束后回收这些空间以供再次使用。同时，存储管理还要确保不同用户进程间的隔离，防止用户进程对系统进程造成损害，并实现内存的保护机制。
- 设备管理：操作系统对硬件设备进行管理，包括分配、初始化、使用以及回收各种输入/输出设备。
- 文件管理：也称为信息管理，操作系统的文件管理系统为用户提供了一个便捷、共享和安全的文件操作环境。这涵盖了文件存储空间的分配、文件操作、目录管理、读写控制以及访问权限管理等。
- 网络管理：随着计算机网络功能的日益增强，操作系统需要支持计算机通过网络进行数据传输，并提供网络安全防护功能。
- 用户界面：操作系统作为计算机与用户之间的交互桥梁，必须提供易于使用的用户界面，以方便用户进行各种操作。

3. 操作系统的种类

操作系统可以根据不同的标准进行分类，具体可以分为以下三个维度。

（1）用户使用角度：操作系统可以被划分为三种类型。

- 单用户单任务系统，例如早期的 DOS，它允许单个用户同时运行一个任务（见图 1-2-1）。
- 单用户多任务系统，例如 Windows 9x，允许单个用户同时进行多个任务（见图 1-2-2）。
- 多用户多任务系统，例如 Windows 10，支持多个用户同时执行多个任务（见图 1-2-3）。

（2）硬件规模角度：操作系统还可以根据它们运行的硬件规模分为以下四类。

- 微型机操作系统，适用于个人计算机。
- 小型机操作系统，适用于规模较小的服务器或工作站。
- 中型机操作系统，适用于中等规模的企业级应用。

图 1-2-1

图 1-2-2

图 1-2-3

- 大型机操作系统，用于处理大规模数据处理和高可靠性要求的大型系统。

（3）操作方式角度：从系统的操作模式来看，操作系统可以被分为六种类型。

- 批处理系统，按批次处理作业。
- 分时系统，允许多个用户同时共享计算机资源。
- 实时系统，对时间敏感，要求快速响应。
- PC 操作系统，专为个人计算机设计。
- 网络操作系统，支持网络环境中的资源共享和通信。
- 分布式操作系统，管理分布在不同地理位置的计算机资源。

目前，在个人计算机上常见的操作系统包括DOS、OS/2、UNIX、Linux、Windows和NetWare等。尽管操作系统的形式各异，但它们普遍具备以下四个基本特性。

① 并发性：允许多个任务或进程同时进行。

② 共享性：允许多个用户或任务共享系统资源。

③ 虚拟性：通过虚拟化技术，提供比实际物理资源更多的资源给用户。

④ 不确定性：由于并发和共享，系统行为可能难以预测。

二、了解智能手机操作系统

智能手机操作系统是一类功能丰富且性能强大的系统软件，它们提供了易于安装和卸载第三方应用程序的能力、友好的用户界面以及强大的应用扩展性。目前市场上最流行的智能手机操作系统包括Android操作系统、iOS和鸿蒙操作系统。这里只介绍前两种。

Android操作系统：由Google公司基于Linux内核开发，是一个开源的操作系统。它不仅包括操作系统本身，还整合了用户界面和一系列应用程序，形成了一个能够全面支持网络应用的统一平台。Android系统以其触控操作、高级图形渲染能力和网络连接功能而著称，同时提供了强大的用户界面设计（见图1-2-4）。

iOS操作系统：最初被称为iPhone OS，其核心基于Apple的Darwin系统，主要应用于iPad、iPhone和iPod touch设备。iOS系统架构由四层组成：核心操作系统层、核心服务层、媒体层和可触摸层。它采用全触控界面设计，具有丰富的娱乐功能和大量的第三方应用程序。然而，iOS系统相对封闭，其应用程序通常不与其他操作系统兼容（见图1-2-5）。

图 1-2-4

图 1-2-5

这两种操作系统各有优势，Android以其开放性和定制性受到开发者和制造商的青睐，而iOS则以其稳定性、安全性和用户体验著称。用户可以根据自己的需求和偏好选择合适的操作系统。

三、了解Windows操作系统的发展史

自1985年起，微软公司推出了其标志性的Windows操作系统，并且随着时间的推进，该系统经历了多个重要的发展阶段。从最初的Windows 3.0版本，它在DOS环境下运行，到后来的Windows 7、Windows 8、Windows 10以及Windows 11，微软的操作系统已经走过了10多个主要的迭代过程。这些阶段不仅见证了技术的进步，也反映了用户需求和市场趋势的变化。

四、启动与退出 Windows 10

在计算机上安装了Windows 10操作系统之后，启动过程将引导你进入其桌面环境。

1. 启动 Windows 10

首先开启显示器和计算机主机的电源。Windows 10将启动并加载到内存中，执行对硬件如主板和内存的检测。完成启动后，系统将展示Windows 10的欢迎屏幕。若未设置密码或仅有单一用户，将直接进入桌面。对于多用户系统或设有密码的用户，需选择用户账户并输入相应密码以访问系统（见图1-2-6）。

图 1-2-6

2. 了解 Windows 10 桌面

启动后，你将看到Windows 10的桌面环境。虽然Windows 10有多个版本，桌面布局可能略有差异，但以专业版为例，桌面通常由以下元素构成。

（1）桌面图标：通常是应用程序或文档的快捷方式，快捷方式左下角通常带有小箭头。新软件安装后，桌面上会出现相应的图标，如"腾讯QQ"。默认桌面上仅有"回收站"图标。双击图标可打开相应程序或文件。Windows 10桌面如图1-2-7所示。

图 1-2-7

（2）鼠标指针：在不同操作或系统状态下，鼠标指针会呈现不同形状，指示当前可进行的操作或系统状态。

（3）任务栏：通常位于屏幕底部，由以下元素组成。

- "开始"按钮：提供对程序和设置的访问。
- Cortana搜索框：允许通过键入或语音快速搜索应用和执行操作。
- "任务视图"按钮：允许用户在多个虚拟桌面间切换，每个桌面可以独立运行不同的应用程序。
- 任务区：显示当前运行的应用程序。
- 通知区域：显示系统和应用程序的通知。
- "显示桌面"按钮：快速隐藏所有窗口，显示桌面。

3. 退出 Windows 10

完成操作后，你需要安全退出Windows 10，步骤如下：

（1）保存所有工作文件或数据。

（2）关闭所有打开的应用程序。

（3）单击"开始"按钮，选择"电源"选项，在弹出的菜单中选择"关机"命令。

（4）计算机完全关闭后，也请关闭显示器电源以节约能源。

通过这些步骤，你可以顺利地启动、使用和退出Windows 10操作系统。

任务2 操作 Windows 10

❖ 任务详情

王某希望了解办公室计算机中的文件和程序，以便进行有效的分类和管理。为此，他打开了"此电脑"窗口，并通过"开始"菜单检查各个磁盘中的文件和应用程序。王某通常使用桌面上的图标来启动软件，并利用"开始"菜单来运行其他程序。然而，在尝试返回之前打开的窗口以继续浏览文件时，他发现无法找到那些窗口，此时该怎么办呢？

❖ 任务目标

1. 了解Windows 10的基本设置。

2. 掌握设置Windows 10桌面图标的方法。

❖ 任务实施

一、认识 Windows 10 窗口

双击桌面上的"此电脑"图标，会打开一个典型的Windows 10窗口，如图1-2-8所展示的那样。这个窗口由多个组成部分构成，每个部分都有其特定的功能。

标题栏：位于窗口的顶部，左侧包含控制窗口的基本操作按钮，如调整大小和关闭窗口。紧随其后的是快速访问工具栏，它提供了快速访问常用操作的途径，如属性设置和新

建文件夹。最右侧则是窗口控制按钮，包括"最小化""最大化"和"关闭"。

功能区：以选项卡形式展示，集中了各种操作命令。用户只需选择相应的命令并单击按钮即可执行操作。

地址栏（图中未标注）：显示当前文件或文件夹在系统中的路径。旁边配有"返回""前进"和"上移"按钮，方便用户在浏览历史中快速导航。

图 1-2-8

搜索栏：允许用户输入关键词，快速定位计算机中的文件或文件夹。

导航窗格：提供了一个侧边栏，用户可以通过单击其中的选项快速访问不同的文件和文件夹。

窗口工作区：这是窗口的主要内容区域，展示了当前目录下的文件和文件夹。

状态栏：位于窗口底部，显示了当前视图中文件和文件夹的数量以及它们的排列方式。

通过这些组成部分，用户可以方便地浏览和管理计算机中的文件资源。

二、认识"开始"菜单

单击桌面任务栏左下角的"开始"按钮，即可进入"开始"菜单，这是访问计算机中几乎所有应用程序的起点。"开始"菜单不仅是启动应用程序的便捷途径，也是探索和运行那些不在桌面显示的程序的关键入口。"开始"菜单的布局和功能介绍如下（见图1-2-9）。

高频率使用区：Windows 10会智能识别用户最常使用的程序，并将它们展示在这个区域，以便用户能够迅速访问。

所有程序区：用户可以通过选择"所有程序"来查看计算机上安装的所有应用程序的列表。这个区域允许用户启动任何已安装的程序，并且一旦进入，原本的"所有程序"按钮会变成"返回"按钮，方便用户导航。

账户设置：单击"账户"图标，会展开一个菜单，用户可以从中执行注销账户、锁定账户或更改用户设置等操作。

文件资源管理器：这是操作系统中用于文件和文件夹管理的工具。用户可以利用它执行创建、选择、移动、复制、删除和重命名文件等任务。

图 1-2-9

Windows设置：提供了一个集中的界面，用于调整系统的各种设置，包括网络、个性化选项、更新和安全措施、Cortana、设备管理、隐私设置以及应用程序管理等。

系统控制区：这个区域被划分为"创建""娱乐"和"浏览"三个部分，每个部分都提供了一些常用系统功能的快捷方式。用户可以通过单击这些图标快速访问相关功能，从而更高效地管理计算机资源。

任务 3 定制 Windows 10 工作环境

❖ 任务详情

王某已经积累了一定的计算机办公经验，现在他打算通过个性化设置来优化操作系统的工作环境，以期提升自己的工作效率。为了实现这一目标，王某计划对操作系统进行一系列定制化的调整。

❖ 任务目标

1. 将本地账户的密码设置为"123456"。
2. 设置桌面背景。
3. 将常用的WPS Office程序固定到任务栏中。
4. 修改系统日期和时间为"2024年1月1日"。

❖ 任务实施

一、认识用户账户

用户账户是用于存储用户名称和密码等信息的系统，它是Windows操作系统中用于登录和访问计算机或服务器的凭证，如图1-2-10所示。用户账户的存在允许多用户共享同一台计算机，并且可以为每个用户设置不同的使用权限。在Windows 10操作系统中，主要存在四种类型的用户账户。

管理员账户：拥有对计算机的完全控制权，能够执行包括系统设置、安装程序、更改系统策略等在内的所有操作。

图 1-2-10

标准账户：这是日常使用中的标准用户类型，允许用户运行应用程序并对个人设置进行常规调整。但这些更改仅适用于该用户的账户，不影响计算机的全局设置或其他用户的账户。

来宾账户：为临时使用者设计的账户，允许他人在不需要密码的情况下登录系统。来宾账户的权限有限，通常不允许进行系统设置或安装软件。

Microsoft账户：这是一种在线账户，使用微软的邮箱和密码登录。当使用Microsoft账户登录时，用户的个性化设置和数据可以跨设备同步，实现在不同设备上的一致体验。

通过这些不同类型的用户账户，Windows 10提供了灵活的用户管理和个性化体验，满足不同用户的需求和使用场景。

二、认识虚拟桌面

"Multiple Desktops"功能，也被称作虚拟桌面功能，它允许用户基于个人需求，在单一操作系统环境中创建多个独立的桌面环境。用户可以迅速从一个桌面切换到另一个，实现多任务处理的灵活性。此外，该功能还支持在不同桌面上以推荐的形式展示窗口，以优化工作流程和提高效率。要添加一个新的虚拟桌面，用户只需单击界面上的"+"号图标即可轻松实现，如图1-2-11所示。

图 1-2-11

三、认识多窗口分屏显示

利用分屏技术，用户能够在单一显示器上同时展示多个应用程序窗口，并且可以自由地将它们与其他应用组合，形成多个工作区域。操作方式如下：在桌面上，用户需按住鼠标左键并拖动应用程序窗口至屏幕边缘，当屏幕显示一个灰色的透明分屏指示框时，松开鼠标，即可完成分屏布局。这一功能使得多任务操作更加直观和便捷。

四、设置用户账户密码

要设置用户账户密码，可以按照以下步骤操作：

（1）打开"设置"应用（见图1-2-12），在"账户"部分找到并选择"账户信息"。

（2）在"设置"窗口的左侧菜单中，选择"登录选项"（见图1-2-13）。

图 1-2-12

图 1-2-13

（3）在打开的"登录选项"页面，找到"密码"部分，单击"添加"按钮，打开如图1-2-14所示界面。

（4）在弹出的设置窗口中，输入密码，如"123456"，并提供一个密码提示，如"数字"。

（5）单击"下一步"按钮，系统会提示密码设置成功。

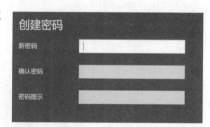

（6）最后，单击"完成"按钮，新密码即设置成功。

通过这些步骤，可以为账户设置一个安全的登录密码。

图 1-2-14

五、设置桌面背景

桌面背景，通常称为壁纸，提供了一种个性化计算机桌面的方式。用户不仅可以选择操作系统内置的图像作为背景，还可以自定义，使用个人收藏的图片来装扮桌面。设置桌面背景的选项包括两种主要类型。

● 静态桌面背景：用户可以选择一张图片作为桌面的静态背景，这提供了一种简单而直接的方式来改变桌面的外观。

- 动态桌面背景：更进一步，用户还可以设置动态背景，如视频或幻灯片，这些背景可以是连续播放的，为桌面增添活力和动感。具体操作如下。

（1）在桌面空白区单击鼠标右键，在弹出的快捷菜单中选择"个性化"命令，如图1-2-15所示。

（2）在打开的个性化窗口中选择一张图片对当前桌面背景进行替换（如图1-2-16所示）。随即关闭窗口即可看到替换后的桌面效果。

图 1-2-15

图 1-2-16

六、自定义任务栏

任务栏是位于桌面屏幕底部的横向工具栏，它由几个关键部分组成：程序区、通知区域以及显示桌面按钮。在Windows 10操作系统中，快速启动工具栏已被移除。为了快速访问常用程序，用户可以将应用程序图标"固定"到任务栏上。具体操作如下。

（1）单击"开始"菜单，在所有应用中找到"WPS Office"应用程序，单击鼠标右键，在弹出的快捷菜单中选择"更多"→"固定到任务栏"命令，如图1-2-17所示。

图 1-2-17

（2）此时"WPS Office"就被固定到了任务栏中，如图1-2-18所示。

图 1-2-18

七、设置日期和时间

操作系统通常会根据其设置的时区自动同步互联网时间，以确保日期和时间的准确性。这一功能基于网络时间协议（NTP），与全球标准时间服务器同步。然而，用户也可以选择手动调整日期和时间，以适应特定的需求或校正可能的同步误差。具体操作如下。

（1）将光标放置任务栏右侧的时间区域上，右击，在弹出的快捷菜单中选择"调整日期和时间"命令，如图1-2-19所示。

（2）在打开的时间和日期窗口中，关闭自动设置时间按钮，并单击"更改"按钮，如图1-2-20所示。

图 1-2-19

图 1-2-20

（3）在打开的"更改日期和时间"对话框中把日期设置为2024年1月1日，如图1-2-21所示。

图 1-2-21

任务4 设置汉字输入法

❖ 任务详情

小赵在使用计算机的"记事本"程序创建备忘录之前，确保输入法设置得当是很重要的，这样可以提高输入效率并避免在记录工作时出现不必要的干扰。

❖ 任务目标

1. 了解汉字输入法的分类。
2. 了解中文输入法的选择。
3. 认识汉字输入法的状态条。
4. 了解拼音输入法的输入方式。

❖ 任务实施

一、汉字输入法的分类

在计算机上输入汉字，用户通常会选择使用不同的汉字输入法。这些输入法根据编码方式的不同，主要分为以下几类。

（1）音码输入法：这类输入法基于汉字的发音特性，用户通过输入汉字的拼音来选择对应的汉字。例如，"计算机"的拼音是"jisuanji"。微软拼音输入法和搜狗拼音输入法都是音码输入法的代表，它们易于学习，只要用户掌握拼音就能快速上手。

（2）形码输入法：形码输入法依赖于汉字的形态结构，用户需要根据汉字的笔画和结构来输入特定的编码。五笔字型输入法是形码输入法的一个典型例子，它的编码如"计算机"对应的是"ytsm"。形码输入法的优点是输入速度快，重码率低，并且不依赖于用户的发音，但需要用户记忆大量的字根和编码。

（3）音形码输入法：音形码输入法结合了音码和形码的特点，允许用户根据汉字的读音或形态来输入。智能ABC输入法是音形码输入法的一个例子，它通过结合两种编码方式，旨在减少重码现象，同时避免了用户记忆大量编码的负担。

每种输入法都有其独特的优势和适用场景，用户可以根据自己的习惯和需求选择最适合自己的输入法。无论是追求输入速度和准确性，还是希望输入法易于学习和使用，市场上都有相应的产品可以满足用户的需求。

二、中文输入法的选择

在Windows 10操作系统中，用户可以通过任务栏的通知区域来管理和切换输入法。以下是具体的操作步骤。

（1）定位语言栏：首先，用户需要找到任务栏右侧的通知区域，这里通常会显示系统的时间、网络连接状态以及其他系统图标。

（2）单击输入法按钮：在通知区域中，用户会看到一个代表当前输入法的"输入法"按钮。单击这个按钮，会展开一个包含所有已安装输入法的列表，如图1-2-22所示。

图 1-2-22

（3）选择输入法：用户可以从列表中选择想要切换到的输入法。一旦选择了特定的输入法，输入法按钮的图标会更新为所选输入法的图标，表明当前已切换到该输入法。

（4）切换输入法：如果用户需要在不同的输入法之间快速切换，则可以使用快捷键（通常是Alt + Shift或Windows+空格键）进行操作。

（5）设置输入法：如果需要添加或移除输入法，或者调整输入法的设置，则用户可以进入"设置"→"时间和语言"→"语言"，在这里可以管理已安装的语言和输入法。

通过这些步骤，用户可以轻松地在Windows 10中根据自己的需要切换和配置输入法。

三、认识汉字输入法的状态条

当用户切换到特定的汉字输入法后，相应的输入法状态栏会随之出现，提供各种便捷的输入功能和设置选项。以搜狗拼音输入法为例，其状态条上的图标及其功能如下（见图1-2-23）：

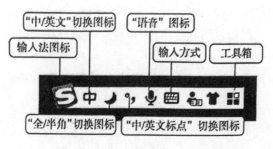

图 1-2-23

输入法图标：显示当前输入法的标志，单击可以快速切换到其他已安装的输入法。

"中/英文"切换图标：允许用户在中文和英文输入模式之间切换。图标显示为"中"时，表示处于中文输入状态；显示为"英"时，则为英文输入状态。此外，使用快捷键Ctrl + Space也能实现中英文输入模式的快速切换。

"语音"图标：单击该图标可以启动语音输入功能。用户可以在打开的"语音输入"对话框中通过麦克风录入语音，系统会将语音转换为文字。

输入方式：提供多种输入选项，包括特殊符号、标点符号、数字序号等。用户可以通过单击"输入方式"图标来选择不同的符号类型，或者通过鼠标右键单击该图标打开快捷菜单，选择需要的命令。例如，选择"标点符号"命令后，会显示软键盘供用户单击输入。对于上档字符的特殊符号，需要同时按住Shift键并按键盘上的相应键位。搜狗输入法特殊符号如图1-2-24所示。输入完毕后，用户可以单击软键盘窗口右上角的关闭按钮×，或者再次单击"输入方式"图标来退出软键盘模式。

图 1-2-24

工具箱：提供了一系列与输入法相关的工具和设置选项。单击"工具箱"图标可以访问属性设置、更换皮肤、常用诗词、在线翻译等功能。

四、拼音输入法的输入方式

使用拼音输入法进行汉字输入时，有几种不同的输入策略，可以帮助用户根据个人习惯和输入速度的需求进行选择。

（1）全拼输入：这种输入方式要求用户完整地输入每个汉字的拼音编码。例如，要输入"文件"，用户需要输入"wenjian"，然后按空格键（Space），在随后出现的汉字候选列表中选择所需的"文件"。

（2）简拼输入：简拼输入允许用户只输入每个汉字的首字母或前两个字母（对于包含复合声母的汉字）。例如，"掌握"可以简拼为"zhw"，然后按空格键，在候选列表中选择"掌握"。

（3）混拼输入：混拼输入结合了全拼和简拼的特点，用户可以在输入的拼音中部分使用全拼，部分使用简拼。例如，输入"电脑"，可以混合使用"diann"，然后按空格键，在候选列表中选择"电脑"。

当遇到同音字较多，无法一次性在状态条中显示所有候选字时，用户可以使用以下翻页方法：

- 按向下箭头键（↓）向后翻页，查看更多的候选汉字。
- 按数字键（如1）向前翻页，返回查看之前的候选汉字。

这些输入方式以及翻页技巧可以显著提高用户在使用拼音输入法时的效率，尤其是在需要快速输入大量文字的情况下。通过熟练掌握这些技巧，用户可以更加灵活地应对不同的输入场景。

单元习题

填空题

1. 操作系统的功能是（　　　　）。

2. （　　　　）是用来记录用户的用户名、口令等信息的账户。

3. Windows 10 操作系统主要包含4种类型的用户账户，分别是（　　　　）、标准账户、来宾账户、Microsoft账户。

4. 排列窗口是将打开的所有窗口以层叠和（　　　　）两种方式进行显示。

5. 从用户角度分类，操作系统可以分为单用户单任务操作系统、（　　　　）、多用户多任务操作系统。

单元3　认识并使用计算机网络

▶ 单元导读

信息技术的迅猛发展让计算机网络成为计算机应用的核心领域之一。通过构建网络，计算机能够相互连接，实现资源共享和数据传输。要接入这样的网络，计算机需要满足特定的条件。目前，最广为人知的网络是全球性的因特网，它将全球的计算机设备连接起来，使用户能够通过这个平台执行多样化的功能。本单元旨在通过三个典型的任务，深入探讨计算机网络的基本概念、因特网的基础知识，并指导用户如何在因特网上进行信息搜索、资源下载、流媒体服务的使用、远程访问界面以及在线求职等活动。

▶ **知识目标**

- 理解计算机网络的基本原理，包括网络拓扑、OSI模型、TCP/IP协议栈等基础概念。
- 掌握网络设备的工作原理，如路由器、交换机、集线器等，以及它们在构建网络中的作用。
- 学习网络通信机制，包括数据传输、路由选择、流量控制等关键技术。
- 熟悉网络安全的基础知识，包括加密技术、防火墙、入侵检测系统等。

▶ **能力目标**

- 培养网络配置和管理的能力，能够独立完成网络设备的设置和维护。
- 提升网络故障诊断和问题解决的能力，能够快速识别并解决网络中的问题。
- 增强网络安全防护的能力，能够应用安全措施保护网络不受攻击和威胁。
- 培养网络编程和脚本编写的能力，能够开发简单的网络应用和服务。

▶ **素质目标**

- 培养良好的信息素养，包括对网络技术发展趋势的敏感度和终身学习的能力。
- 强化批判性思维，鼓励学生对网络技术的应用和影响进行深入思考。
- 促进团队合作精神，通过团队项目和协作学习，培养学生的协作和沟通能力。
- 培养创新意识，鼓励学生探索新的网络技术应用，解决实际问题。

任务 1　认识计算机网络

❖ **任务详情**

最近，王某被调任至公司的行政部门，负责处理日常行政事务。尽管行政工作内容相对简单，但王某深知，凭借在大学期间积累的基础知识和勤奋工作的态度，他完全有能力胜任并表现出色。在行政工作中，网络的使用频率相当高，这促使王某决定深入学习计算机网络的基础知识。他意识到，掌握这些知识对于提高工作效率和处理网络相关问题至关重要，因此，他计划系统地学习网络结构、数据传输原理、网络安全措施、网络服务应用以及网络管理技巧，以确保自己在新的岗位上能够游刃有余。

❖ **任务目标**

1. 了解计算机网络的定义。
2. 了解网络中的硬件设备、软件设备。
3. 了解无线局域网。

❖ 任务实施

一、计算机网络定义

随着计算机网络技术的演进,人们对其的认识和关注点也在不断变化。在不同的发展时期,人们根据当时的技术环境和需求,提出了各种定义来描述计算机网络。从当前的视角来看,计算机网络通常被理解为一种集合,它由多个独立的计算机系统构成,这些系统通过通信线路相互连接,并遵循统一的网络协议来交换数据。这种连接方式的核心目的在于实现资源的共享,即允许不同计算机系统之间能够方便地访问和使用彼此的资源。简而言之,计算机网络是一种使独立计算机系统能够通过通信线路和标准化协议实现资源共享的网络结构。

计算机网络的构成要求具有几个关键要素,这些要素共同定义了网络的基本特征。

独立性:计算机网络中的计算机系统在地理位置上是分散的,它们可能彼此靠近,也可能相隔遥远。在功能上,这些计算机系统也是独立的,它们既可以作为网络的一部分协同工作,也可以独立于网络运行。此外,网络中的计算机之间不存在固定的主从关系,每台计算机都具有平等的地位,没有一台计算机能够强制控制另一台。

互联性:为了实现计算机之间的通信,必须使用传输介质和互连设备来连接各个系统。这些传输介质可以包括双绞线、同轴电缆、光纤、微波或无线电波等多种类型。

协议一致性:在计算机网络中,所有计算机在进行数据交换时,都必须遵循一套统一的通信规则,即网络协议。这些协议确保了不同计算机之间能够顺利地进行数据交换和通信。

资源共享:计算机网络的一个核心优势是资源共享。网络中的任何一台计算机都可以访问并使用其他计算机的资源,包括硬件设备、软件应用和数据信息,从而实现资源的最大化利用。

二、网络中的硬件

构建一个能够传输信号的网络,硬件设备是不可或缺的基础。不同类型的网络可能会使用不同种类的硬件设备,但总体而言,网络硬件主要包括传输介质、网络接口卡(NIC)、路由器和交换机等。以下是对这些硬件设备的详细介绍。

1. 传输介质

作为信息传递的载体,传输介质的性能直接影响到网络的传输速度、通信距离、节点数量以及传输的可靠性。常见的传输介质包括:

① 双绞线。由绝缘铜导线相互缠绕构成,通常以多对双绞线组合在电缆套管中使用,有四对或更多对的配置,如图1-3-1所示。

图 1-3-1

② 同轴电缆。一种宽带、低误码率的传输介质，由中心铜线、绝缘层、网状屏蔽层和塑料外皮构成，分为"粗缆"和"细缆"，适用于早期局域网，如图1-3-2所示。

③ 光导纤维（光纤）。一种高性能的传输介质，适用于长距离传输和特殊布线环境，具有高宽带、低损耗、轻质、抗干扰等优点，分为单模和多模两种类型，常用于大型局域网的主干线路，如图1-3-3所示。

图 1-3-2

图 1-3-3

④ 无线传输介质。利用空气作为传输媒介，包括微波、红外线等无线技术，使得网络通信不再受限于物理线路。无线局域网（WLAN）就是基于这种传输方式构建的，它通过无线通信技术扩展了通信范围。无线传输使用的频段广泛，常见的无线通信技术包括无线电波、微波、蓝牙和红外线等。

2. 网卡

网络接口卡（通常称为网卡），是连接以太网不可或缺的硬件组件，网卡、无线网卡分别如图1-3-4和图1-3-5所示。它主要在开放系统互联（OSI）模型的物理层和数据链路层发挥作用，充当局域网和广域网中通信控制处理机的角色。网卡的功能是将工作站或服务器接入网络，从而实现资源的共享和设备间的互相通信。通过这一设备，用户可以访问网络资源，进行数据交换，确保网络的互联互通。

图 1-3-4

图 1-3-5

在网络技术领域中，存在多种网络类型，包括但不限于以太网、令牌环以及无线网络等，每种网络类型都要求使用相应的适配网卡。目前，以太网因其稳定性和普及度而成为最广泛使用的网络类型。对于网卡，根据其连接方式，主要分为有线和无线两大类。有线网卡需要通过物理连接线接入网络，常见的有线网卡类型包括PCI插槽网卡、主板集成卡以及通过USB接口连接的网卡。而无线网卡则允许设备在无线网络覆盖范围内无须物理连接即可上网，其类型包括PCI无线网卡、USB无线网卡、PCMCIA接口网卡以及MINI-PCI网卡。这些网卡的多样性确保了不同网络环境下设备的接入需求得到满足。

3. 路由器

路由器作为网络中的关键设备，其作用在于将多个网络或子网段相连接，并实现数据信息的"翻译"，确保不同网络环境之间能够理解并交换数据，如图1-3-6所示。它的核心任务是为数据包选择最优的传输路径，确保数据能够高效地送达目标位置。路由器不仅作为网络对外通信的门户，也是内部子网之间沟通的纽带。在选择路由器时，要综合考量多个因素，包括但不限于其安全性能、处理器的处理能力、控制软件的功能性、设备的容量、网络扩展的潜力、支持的网络协议种类，以及是否具备即插即用的特性。这些因素共同决定了路由器的性能和适用性，对于构建稳定、高效的网络环境至关重要。

4. 交换机

交换机，作为网络中电信号转发的关键设备，其核心功能是为接入的网络节点提供独立的电信号传输通道，确保数据传输的高效性和稳定性，如图1-3-7所示。以太网交换机因其广泛的应用而成为最常见的类型，此外，电话语音交换机和光纤交换机等也在特定领域发挥着重要作用。交换机技术起源于早期的电话交换机系统，随着技术的演进和创新，现代交换机已经具备了更加丰富的功能。它们不仅能够进行物理编址、构建网络拓扑结构、执行错误校验和帧序列管理，还能实现流量控制，优化网络性能。在高端交换机中，还集成了对虚拟局域网（VLAN）的支持、链路汇聚技术，以及部分路由器和防火墙的功能，这些高级特性进一步提升了交换机的灵活性和安全性，使其在现代网络架构中扮演着更加关键的角色。

图 1-3-6

图 1-3-7

三、网络中的软件

网络软件是计算机网络中不可或缺的组成部分。网络的正常工作需要网络软件的控制，如同单台计算机在软件的控制下工作一样。网络软件一方面授权用户对网络资源进行访问，帮助用户方便、快速地访问网络；另一方面，网络软件也能够管理和调度网络资源，提供网络通信和用户所需要的各种网络服务。网络软件包括通信支撑平台软件、网络服务支撑平台软件、网络应用支撑平台软件、网络应用系统、网络管理系统以及用于特殊网络站点的软件等。从网络体系结构模型不难看出，通信软件和各层网络协议软件是网络软件的主体。通常情况下，网络软件分为通信软件、网络协议软件和网络操作系统3个部分。

（1）通信软件。通信软件用以监督和控制通信工作，除了作为计算机网络软件的基础组成部分外，还可用作计算机与自带终端或附属计算机之间实现通信的软件，通常由线路缓冲区管理程序、线路控制程序以及报文管理程序组成。报文管理程序由接收、发送、收发记录、差错控制、开始和结束5个部分组成。

（2）网络协议软件。网络协议软件是网络软件的重要组成部分，按网络所采用的协议层次模型（如ISO建议的开放系统互联基本参考模型）组织而成。除物理层外，其余各层协议大都由软件实现，每层协议软件通常由一个或多个进程组成，其主要任务是完成相应层协议所规定的功能，以及与上、下层的接口功能。

（3）网络操作系统。网络操作系统指能够控制和管理网络资源的软件。网络操作系统的功能作用在两个级别上：在服务器机器上，相关任务提供资源管理；在每个工作站机器上，向用户和应用软件提供一个网络环境的"窗口"，从而向网络操作系统的用户和管理人员提供一个整体的系统控制能力。网络服务器操作系统要完成目录管理、文件管理、安全性、网络打印、存储管理和通信管理等主要服务；工作站的操作系统软件主要完成工作站任务的识别和与网络的连接，即首先判断应用程序提出的服务请求是使用本地资源还是使用网络资源，若使用网络资源则需完成与网络的连接。常用的网络操作系统有Netware系统、Windows NT系统、UNIX系统和Linux系统等。

四、无线局域网

随着技术的发展，无线局域网已逐渐代替有线局域网，成为现在家庭、小型公司主流的局域网组建方式。无线局域网（Wireless Local Area Networks，WLAN）利用射频技术，使用电磁波取代由双绞线构成的局域网络。

WLAN的实现协议有很多，其中应用最为广泛的是无线保真技术（Wi-Fi），它提供了一种能够将各种终端都使用无线进行互联的技术，为用户屏蔽了各种终端之间的差异性。要实现无线局域网功能，目前一般需要一台无线路由器、多台有无线网卡的计算机和手机等可以上网的智能移动设备。

无线路由器可以看作是一个转发器，它将宽带网络信号通过天线转发给附近的无线网络设备，同时它还具有其他网络管理功能，如DHCP服务、NAT防火墙、MAC地址过滤和动态域名等。

任务 2　认识 Internet

❖ 任务详情

王某在掌握了计算机网络的基础知识之后，他的同事向他阐述了一个重要观点：计算机网络与因特网（Internet）并非同一概念。尽管因特网是目前使用最广泛且规模最大的网络系统，它提供了许多独特的功能和服务，但两者之间存在本质区别。因此，王某决定深入学习因特网的相关知识，以便更好地理解其原理和应用。他认识到，要全面掌握计算机网络，就必须对因特网这一全球性网络有更深入的了解和认识。

❖ 任务目标

1．认识Internet与万维网。
2．了解TCP/IP。
3．认识IP地址和域名系统。
4．掌握连入Internet的各种方法。

❖ 任务实施

一、认识 Internet 与万维网

因特网（Internet）和万维网（World Wide Web，WWW）是两个不同的概念，各自承担着不同的角色和功能。

因特网：这是一个全球性的网络集合，由众多小型到大型的网络组成，最初起源于美国的阿帕网（ARPAnet）。如图1-3-8所示，因特网基于TCP/IP协议，允许全球范围内的计算机进行信息交换。它不仅连接了全球的网络资源，还覆盖了五大洲的160多个国家和地区，拥有数百万的接入点。因特网提供了包括数据传输、电话服务、广播、出版、软件分发、商业交易、视频会议和视频点播等多种服务。连接到因特网意味着可以访问这个丰富的信息资源库，它在人们的工作、生活和社会活动中扮演着越来越重要的角色。

图 1-3-8

万维网：起源于瑞士日内瓦的欧洲粒子物理实验室，万维网是一个基于超文本的信息检索系统，允许用户在因特网上搜索和浏览信息。通过超链接，万维网将全球不同节点的信息连接起来，使用户能够轻松检索和访问相关信息。万维网支持超文本格式的文件浏览、传递和编辑，集成了文本、图像、声音和视频等多种信息类型，成为最受欢迎的信息检索工具之一。万维网的应用已经超越了技术领域，对新闻、广告、娱乐、电子商务和信息服

务等多个行业产生了深远的影响。它的出现标志着因特网应用的一个新纪元。

二、了解 TCP/IP

在构建计算机网络时，网络协议扮演着至关重要的角色。每个参与网络的主机系统都需要配置相应的协议软件，以确保网络中的不同系统能够进行可靠和有效的通信与协作。"TCP/IP"协议是因特网（Internet）的核心，它确立了网络通信的标准，也是全球互联网互联互通的基础。

TCP/IP协议由两部分组成：网络层的IP协议和传输层的TCP协议。IP协议负责为连接到因特网的设备分配IP地址，并具备路由选择功能，决定数据包在网络中的传输路径。而TCP协议则提供面向连接的服务，确保数据包的完整性和正确性，如果传输过程中出现问题，TCP会要求重新发送数据，直至所有数据安全到达目的地。

TCP/IP协议栈由四层组成，每层都有其特定的功能。

- 网络接口层：这一层定义了数据包在网络设备之间传输的具体方法。
- 互连网络层：负责基本的数据包传输，确保数据能够到达目标主机，主要使用 IP 和 ICMP 协议。
- 传输层：在这一层，TCP 和 UDP 协议提供端到端的通信服务。TCP 提供可靠的数据传输服务，而 UDP 则提供一种无须建立连接的快速传输方式，适用于那些不需要 TCP 排序和流量控制功能的应用程序。
- 应用层：包含所有高层协议，为特定应用程序提供网络接口，包括但不限于 FTP、SMTP、DNS、NNTP 等，它们处理特定应用程序的数据，为软件应用提供网络服务。

通过这四层的协同工作，TCP/IP协议确保了网络中的数据能够按照既定的规则高效、安全地传输，支撑着因特网的稳定运行和多样化的网络服务。

三、认识 IP 地址和域名系统

因特网是一个庞大的计算机网络集合，为了有效识别和访问其中的计算机，我们依赖于IP地址和域名系统。

IP地址：这是分配给连接到因特网的每台设备的唯一网络标识符。一个标准的IP地址由32位二进制数组成，通常被分为四部分，每部分8位，用点分隔开，每部分用一个十进制数表示，范围从0到255。例如，"192.168.1.51"就是一个典型的IP地址。IP地址由网络部分和主机部分组成，用于区分不同的网络和网络内的设备。IP地址按照其首位数字被分为A、B、C、D和E五类，其中A类地址范围从0到127，B类从128到191，C类从192到223，D类地址用于多播，E类地址为实验保留。

域名系统（DNS）：由于直接记忆数字形式的IP地址较为困难，域名系统允许我们使用易于记忆的字符形式来标识IP地址。域名由多个部分组成，称为子域名，它们之间用点分隔。域名的结构是层次化的，从右到左，级别由高到低。最右边是顶级域名，而最左边是三级子域名。每个子域名由字母和数字组成，长度不超过63个字符，并且不区分大小写。整个域名的总长度不超过255个字符，域名的层级数量理论上没有限制。

通过IP地址和域名系统，我们可以方便地在因特网上定位和访问任何计算机，无论是通过数字标识还是通过易于记忆的字符名称。

四、连入 Internet

接入因特网（Internet）的方式多种多样，通常需要通过与互联网服务提供商（ISP）的合作来实现。ISP会派遣技术人员根据用户的具体情况进行现场勘查，并完成网络的连接设置，包括分配IP地址、配置网关和DNS等关键网络参数。

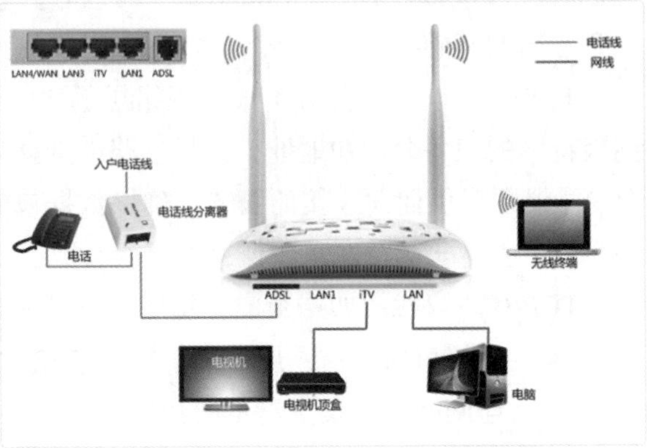

目前，主流的互联网接入技术包括以下几种（见图1-3-9）。

图 1-3-9

ADSL（非对称数字用户线路）：ADSL技术允许用户利用现有的电话线路，通过ADSL调制解调器（Modem）进行数字信号的传输。理论上，ADSL的连接速度可以达到1Mbps至8Mbps。它的优势在于提供稳定的传输速率、独享的带宽，并且能够实现语音和数据的同步传输而互不干扰。这种接入方式非常适合家庭和个人用户，满足大多数网络应用的需求。

光纤宽带：光纤宽带是当前宽带网络中最为理想的传输介质之一。它以其巨大的传输容量、高质量的信号传输、较小的信号损耗和较长的中继距离而著称。接入因特网的光纤方式主要有两种：一种是通过光纤接入到小区或楼道的节点，然后通过网线将信号分发到各个用户点。另一种是"光纤到户"（Fiber To The Home，FTTH），直接将光缆铺设至用户的计算机终端，提供更直接、更高速的互联网接入。

这两种接入方式各有特点，用户可以根据自己的需求和条件选择合适的互联网接入服务。随着技术的发展，互联网接入方式也在不断演进，为用户提供更快、更稳定的网络体验。

任务3 应用 Internet

❖ 任务详情

经过一段时间对基础知识的深入学习，王某已经急切地想要探索因特网（Internet）的无限可能。老师向他展示了因特网的多功能性：它不仅能浏览和检索海量信息，还能下载所需的资料。在当今信息技术高度发展的社会，无论是职场办公还是个人生活，因特网都扮演着不可或缺的角色。因此，王某决定全面而系统地学习如何有效利用因特网，以提升自己的信息素养和适应现代社会的需求。

❖　任务目标

掌握常见的Internet 操作，包括使用Microsoft Edge浏览器、搜索信息、下载资源、使用流媒体、远程登录桌面等。

❖　任务实施

一、Internet 的相关概念

在踏入因特网（Internet）的多彩世界之前，了解其基本概念对于用户来说至关重要，这有助于他们更深入地学习和使用这一技术。

浏览器：这是一种软件工具，用于检索和展示因特网上的信息。这些信息可能包括文本、图像、多媒体内容以及指向其他资源的超链接。浏览器能够将用户的操作转化为计算机指令，并在网页上以HTML格式展示信息。市面上有多种浏览器供用户选择，包括但不限于Microsoft Edge、Internet Explorer、QQ浏览器、Firefox、Safari、Opera、百度浏览器、搜狗浏览器、360浏览器和UC浏览器等。

URL：统一资源定位符（Uniform Resource Locator，URL）是用于在因特网上定位和访问资源的地址。一个URL通常由协议类型、域名、路径和文件名组成，其结构可以表示为"协议类型：//域名/路径/文件名"。

超链接：这是一种网页元素，允许用户通过单击文本或图片跳转到另一个网页、网页的特定部分、图片、电子邮件地址、文件或应用程序。超链接是构建网页导航和连接信息的关键技术，大型网站的首页通常由多个超链接组成，指引用户进一步探索网站内容。

FTP：文件传输协议（File Transfer Protocol，FTP）允许用户在不同计算机系统之间传输文件，不受操作系统和地理距离的限制。在FTP的使用中，"下载"（Download）指的是将文件从远程服务器复制到本地，而"上传"（Upload）则是将文件从本地复制到远程服务器。用户可以通过客户端软件与远程服务器进行文件的上传和下载操作。

二、认识 Microsoft Edge 浏览器窗口

Microsoft Edge浏览器作为当下广泛使用的网络浏览工具，其启动方式相当直观。用户只需单击操作系统的"开始"菜单，在展开的列表中找到并选择"Microsoft Edge"即可运行该浏览器，如图1-3-10所示。

Edge浏览器的界面布局包含了一些与其他应用程序相似的元素，例如，标题栏和前进/后退按钮，它们提供了基本的导航功能。除此之外，Edge还拥有一些独特的界面组件。

（1）地址栏：位于浏览器顶部，显示当前网页的URL。用户可以通过单击地址栏右侧的星形（☆）图标将当前页面保存至收藏夹，或者单击旁边的图标快速进入阅读模式，优化阅读体验。

（2）网页选项卡：这一功能允许用户在一个浏览器窗口内同时打开并管理多个网页。用户可以通过单击不同的选项卡，在多个页面之间轻松切换。

（3）工具栏：集成了一系列常用工具按钮，用户可以通过单击这些按钮快速访问和操作网页，如刷新页面、查看历史记录等。

（4）网页浏览窗口：这是浏览器的核心区域，用于展示网页上的所有内容，包括文本、图片、音频和视频等多媒体信息。

图 1-3-10

三、流媒体

流媒体技术允许音频、视频和多媒体文件以连续流动的方式在网络中传输。这种技术通过特殊的压缩方法将多媒体文件分割成多个数据包，由服务器实时地向用户的设备发送。

1. 实现流媒体的关键条件

（1）传输协议：流媒体传输依赖于两种主要的传输方式，即实时流式传输和顺序流式传输。实时流式传输常用于直播场景，通常需要RTSP或MMS等专门的协议支持。顺序流式传输适用于已经存在的媒体文件，用户可以观看已经下载的部分，而不能跳转到尚未下载的部分。由于标准的HTTP服务器能够处理这种传输，因此不需要额外的协议。

（2）缓存：流媒体技术的实现依赖于在用户设备上创建的缓冲区。在播放前，系统会预加载一部分数据作为缓存。当网络速度不足以支持连续播放时，播放程序会利用缓冲区中的数据，以避免播放中断，确保流媒体播放的连续性。

2. 流媒体传输的过程

客户端的Web浏览器首先与媒体服务器交换控制信息，以定位并检索需要传输的实时数据。

　　浏览器随后启动并初始化客户端的音频/视频播放程序，这包括设置目录信息、音频/视频数据的编码格式和相关服务的地址等。

　　客户端的音频/视频播放程序与媒体服务器通过流媒体传输协议交换控制信息，该协议支持播放、快进、快退和暂停等功能。

　　最后，媒体服务器根据传输协议将音频/视频数据发送给客户端，客户端程序接收到数据后即可播放正在传输的文件。

　　具体使用Microsoft Edge搜索信息和下载资源的方法如下：

（1）使用Microsoft Edge浏览器打开搜索引擎网页，如百度，如图1-3-11所示。

图1-3-11

（2）在搜索栏中输入"QQ管家"，并单击"百度一下"得到搜索信息，如图1-3-12所示。

（3）进入"QQ管家"官方网站，并找到下载界面，如图1-3-13所示。

图1-3-12

图1-3-13

（4）单击"QQ、管家一键下载"按钮，完成下载任务，如图1-3-14所示。

图 1-3-14

单元习题

填空题

1．计算机网络的主要目标是实现（　　　　）。

2．有一域名为bit.edu.cn，根据域名代码的规定，此域名表示（　　　　）。

3．计算机网络是通过通信媒体，把各个独立的计算机互相连接而建立起来的系统。它实现了计算机与计算机之间的资源共享和（　　　　）。

4．TCP协议的主要功能是（　　　　）。

5．在Internet为人们提供许多服务项目，最常用的是在各Internet站点之间漫游，浏览文本、图形和声音各种信息，这项服务称为（　　　　）。

6．IPv4地址和IPv6地址的位数分别为（　　　　）。

7．在计算机网络中，所有的计算机均连接到一条通信传输线路上，在线路两端连有防止信号反射的装置，这种连接结构被称为（　　　　）。

8．HTTP是（　　　　）。

9．在FTP的使用中，"下载"（Download）指的是将文件从远程服务器复制到（　　　　），而"上传"（Upload）则是将文件从本地复制到远程服务器。

10．流媒体传输依赖于两种主要的传输方式，即实时流式传输和（　　　　）。

模块 2 数字化工具运用

单元1 办公软件应用

▶ **单元导读**

   WPS Office 是由北京金山办公软件股份有限公司自主研发的，一款兼容、开放、高效、安全并极具中文本土化优势的办公软件，其强大的图文混排功能、优化的计算引擎和强大的数据处理功能、专业的动画效果设置、全面的版式文档编辑和输出功能等，完全符合现代中文办公的要求。本单元通过 3 个任务，详细介绍 WPS 文字、WPS 表格、WPS 演示的操作方法，包括基本操作、高级制作和处理等内容。

▶ **知识目标**

- 熟练掌握WPS办公软件的基本界面布局和常用工具栏的使用。
- 掌握新建、保存、打开和关闭文档的基本操作，了解并应用软件的基本设置。
- 掌握文字编辑与排版，熟练插入并编辑图片、表格、文本框等文档元素，提升文档的视觉效果。
- 掌握表格高级编辑技巧公式和函数的使用、数据分析与处理、数据图表的创建与美化以及数据保护与共享。
- 掌握WPS演示文稿的创建、母版与版式、配色方案与背景优化、图文排版工具的使用以及动画和切换效果设置等。

▶ **能力目标**

- 具备文档编辑与排版的能力、表格数据编辑与处理的能力、演示文稿制作的能力。
- 掌握高级编辑技巧，能够使用样式和模板，提高文档编辑、表格数据处理、演示文稿制作的效率。

▶ **素质目标**

- 增强团队协作与沟通能力，培养团队协作意识，学会在WPS Office中进行多人协作编辑和审阅文档。
- 提升沟通能力，包括清晰表达自己的编辑意图、接收并处理他人的反馈等。
- 提高效率意识，通过利用WPS Office的自动化功能和快捷键等提高编辑效率。
- 培养适应新技术和新变化的能力，不断学习和掌握新的编辑技巧和工具。

任务 1　WPS 文字处理

子任务 1.1　编辑调研报告

❖ 任务详情

赵明是某水利院校旅游专业学生，正在进行都江堰市旅游市场调研报告，根据指导老师发放的任务要求，需要完成一份市场调研报告并进行编辑和排版，主要包括以下内容：

1．标题醒目，有较大行距和字符间距。将标题文字设置为黑体、一号、字符间距2磅、居中对齐，段后空1行；设置编号为"一"的标题文字为黑体、小一号、居中对齐；设置编号为"（一）"的标题文字为微软雅黑、三号。

2．报告开头第一个段落有特定的字体效果，如加粗、下画线、底纹、边框和突出显示效果。

3．将"市人大常委会将推动世界遗产山水旅……"段落设置为首字加大与下沉效果，提升版面的美观程度。

4．打印调研报告。

❖ 任务目标

1．掌握字体、字符间距的设置与美化。

2．掌握段落设置，可以根据文档格式要求设置段的缩进、间距、换行和分页。

3．掌握首字下沉效果的设置。

4．掌握格式刷工具的应用，可以快速地进行文本格式的复制。

5．掌握项目符号和编号的设置，可以自定义列表内容。

6．掌握文档打印，可以实现对文档的按需打印。

❖ 任务实施

一、新建并保存文档

1．新建文件

启动WPS Office后，单击"首页"界面左侧或上方的"新建"按钮，在打开的"新建"界面上方显示了WPS Office各个功能的图标，保持"文字"图标的选中状态，然后选择"空白文档"选项，如图2-1-1所示，WPS Office会自动创建一个空白文档，其默认文档名称为"文字文稿1"。

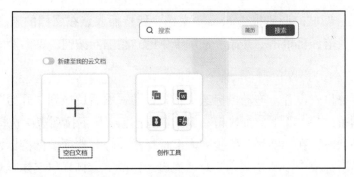

图 2-1-1

2. 保存文档

单击快速访问工具栏中的"保存"按钮，或单击界面左上角的"文件"按钮，在展开的下拉列表中选择"保存"选项。第一次保存文档时，会打开"另存为"对话框。在对话框的左侧选择文档的保存位置，在"文件名称"框中输入文档的名称"关于都江堰市构建世界遗产山水文旅新城的调研报告"；在"文件类型"下拉列表框中选择想要存储的文件类型，一般保持默认的"Microsoft Word文件（*.docx）"选项，然后单击"保存"按钮，如图2-1-2所示。

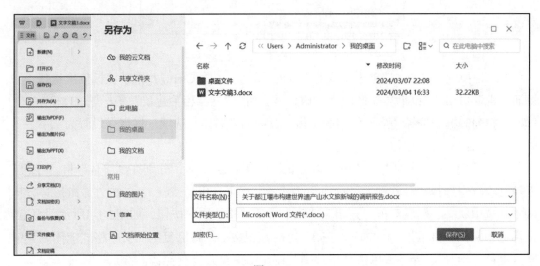

图 2-1-2

二、输入内容并编辑文字

1. 内容输入

（1）选择某种汉字输入法，参照素材文字在"关于都江堰市构建世界遗产山水文旅新城的调研报告.docx"文档中输入文字内容。

（2）打开"项目一"/"任务一"/"素材.docx"文档，按Ctrl+A组合键全选文档内容，然后单击"开始"选项卡中的"复制"按钮，复制选中的文本。返回"关于都江堰市构建世界遗产山水文旅新城的调研报告.docx"文档，保持插入点在文档的末尾，然后按Enter键开始一个新的段落，再单击"开始"选项卡中的"粘贴"按钮，粘贴刚刚复制的文本。

2. 设置字符格式

（1）标题字符格式设置。拖动鼠标选中报告标题，然后切换到"开始"选项卡，单击"字体"选项组中的"字体"下拉列表框右侧的箭头按钮，从下拉列表中选择"黑体"选项。保持标题被选中状态，在"字号"下拉列表框选择"一号"选项。保持标题文本的选中状态，单击"开始"选项卡中的"字体"对话框启动器按钮，打开"字体"对话框。切换到"字符间距"选项卡，在"间距"下拉列表中选择"加宽"选项，在"度量值"微调右侧的下拉列表中选择"磅"选项，并在"度量值"微调框中输入"2"，设置标题文本的字符间距为2磅，最后单击"确定"按钮，如图2-1-3所示。单击"段落"选项组中的"居中对齐"按钮，使标题段落居中对齐。

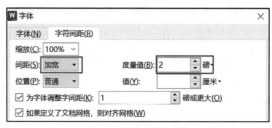

图 2-1-3

（2）切换到"视图"选项卡，单击"多页"按钮。按住Ctrl键并拖动鼠标依次选择"一、调研概况""二、建设世界遗产山水文旅新城分析""三、相关建议"等标题文本，在"字体"下拉列表框中选择"最近使用的字体"栏中的"黑体"选项，将字号设置为"小一"，并单击"居中对齐"按钮。

（3）选中"（一）国内外旅游形势分析"二级标题文本，分别在"字体"和"字号"下拉列表框中选择"微软雅黑"选项和"三号"选项。保持"（一）国内外旅游形势分析"文本的选中状态，然后双击"开始"选项卡中的"格式刷"按钮，如图2-1-4所示，再拖动鼠标选中文档中带编号"（二）""（三）"等的标题文本，将已复制的文本格式应用到其中。格式复制完毕，按Esc键或单击"格式刷"按钮结束格式复制操作。

图 2-1-4

（4）按住Ctrl键并拖动选中所有正文文本，单击"字体"对话框启动器按钮，在打开的"字体"对话框中设置中文字体为"宋体"，西文字体为"Times New Roman"，字形设置为"常规"，字号设置为"四号"，如图2-1-5所示。

图 2-1-5

（5）选择第一段中的文本"第十二次党代会"，单击浮动工具栏中的"加粗"按钮。然后在"字体"选项组中单击"下画线"按钮右侧的箭头按钮，从下拉列表中选择"双下画线"选项。

（6）选择第一段中的文本"深度开发……旅游胜地"，然后单击"字体"选项组中的"突出显示"按钮，选择"黄色"。

（7）选择第一段中的文本"世界遗产山水文旅新城"，然后单击"字符底纹"按钮。保持文本"世界遗产山水文旅新城"的选中状态，然后单击"字体"选项组中"拼音指南"按钮右侧的箭头按钮，在弹出的下拉列表中选择"字符边框"选项，效果如图2-1-6所示。

> 　　四川省**第十二次党代会**提出"推动文化旅游深度融合发展，打造三星堆—金沙、九寨沟—黄龙、大熊猫、都江堰—青城山、峨眉山—乐山大佛等重点文旅品牌和文旅走廊，加快建设世界重要旅游目的地"的工作目标，成都市第十四次党代会提出"深度开发金沙遗址—三星堆、都江堰—青城山、熊猫国际旅游度假区等旅游核心产品，打造国际范、中国味、天府韵的世界级休闲旅游胜地"的工作目标，将"都江堰—青城山"的打造开发上升到省和成都市重要战略发展层面，为我市旅游产业发展指明了方向。都江堰市第十五次党代会上确定的构建"世界遗产山水文旅新城"奋斗目标与省委、成都市委相关战略部署高度契合。为助推省委、成都市委、市委有关决策部署落地落实，市人大常委会对我市建设世界遗产山水文旅新城进行了专题调研。

图 2-1-6

（8）将插入点置于"一、调研概况"下的第一段落中，然后切换到"插入"选项卡，单击"首字下沉"按钮，打开"首字下沉"对话框。在"位置"栏中选择"下沉"选项，将"选项"栏中的"字体"设置为"宋体"，"下沉行数"微调框的值设置为"2"，"距正文"微调框的值设置为"0.3厘米"，最后单击"确定"按钮，如图2-1-7所示。打开"段落"对话框，设置"特殊格式"为"无"。

3. 设置段落格式

（1）选中标题文本"关于都江堰市构建世界遗产山水文旅新城的调研报告"，单击"段落"对话框启动器按钮，在打开的对话框中设置"对齐方式"为"居中"，"段前"与"段后"间距设置为0.5行，"特殊格式"设置为"无"，如图2-1-8所示。

图 2-1-7

图 2-1-8

（2）按住Ctrl键并拖动鼠标依次选择"一、调研概况""二、建设世界遗产山水文旅新城分析""三、相关建议"等标题文本，单击"段落"对话框启动器按钮。在打开的对话框中设置对齐方式为"居中"，"段前"与"段后"间距为0.5行，"特殊格式"为"无"。

（3）将鼠标指针移至正文第一段文字的左侧选定栏，双击选择整段文字，然后右击选中的文本，从弹出的快捷菜单中选择"段落"命令，打开"段落"对话框。在"缩进和间距"选项卡中将"特殊格式"设置为"首行缩进"，此时缩进"度量值"默认为"2字符"，在"行距"下拉列表中选择"1.5倍行距"选项，最后单击"确定"按钮，如图2-1-9所示，单击"确定"按钮完成对第一段的缩进设置，并使用相同的方法设置其他正文段落。

图 2-1-9

三、打印报告

（1）单击快速访问工具栏中的"打印预览"按钮，或单击"文件"按钮，在展开的下拉菜单中选择"打印"子菜单中的"打印预览"命令，打开"打印预览"对话框，预览打印效果。

（2）进入文档的"打印设置"对话框，在"纸张信息"下拉列表中设置的纸张大小为"A4"，设置纸张方向为"纵向"，在"打印范围"下拉列表中选择"全部"选项，单击"页边距"下拉列表右侧的按钮，在展开的下拉列表中选择"普通"选项，如图2-1-10所示。

图 2-1-10

❖ 知识链接

一、WPS文字简介

WPS Office是一款兼容、开放、高效、安全并极具中文本土化优势的办公软件，其强大的图文混排功能、优化的计算引擎和强大的数据处理功能、专业的动画效果设置功能、全面的版式文档编辑和输出功能等，完全符合现代中文办公的要求。无论是Windows、MacOS、Linux系统的计算机，还是Android、iOS系统的手机，包括几乎所有主流国产软硬件环境中，都可以借助WPS Office客户端丰富的控件和功能进行专业办公。

WPS文字是WPS Office软件中最基本的部分，负责文字文档的处理，广泛应用于人们的日常生活、学习和工作的方方面面。

二、WPS文字的基本操作

1. 新建文档

WPS文字提供多种新建文档的入口，较为常用的是单击顶部标签栏的"+"按钮或单击WPS首页左侧主导航的"新建"按钮，如果在操作已有文件后需要新建空白文件，则执行下列操作：

（1）按Ctrl+N组合键，立即创建一个新的空白文件。

（2）在快速访问工具栏左侧单击"文件"按钮，在弹出的下拉菜单中选择"新建"命令，弹出"新建"页面，切换到"文字"选项卡，下方列出了一些新建文件推荐模板。单击"空白文字"图标，即可创建一个新的空白文件。

2. 文档访问与打开

（1）文档访问。WPS首页的文档列表区域中提供了多个文档访问入口，如图2-1-11所示。

图 2-1-11

各个文档访问入口名称和功能介绍如下。

"最近"：显示最近打开过的文档，便于用户延续上次未完成的工作。在登录账号并启用云文档同步后，"最近"列表中的文档可跨设备访问。

"星标"：显示被用户设置过星标的文档。

"我的云文档"：显示用户存储在云端的文档。

"共享"：显示用户的共享文件夹、接收和发出的共享文件。

"常用"：包含常用的文件访问类型，有"我的设备""文件传输助手""我的电脑"和"我的文档"等。

"回收站"：显示被删除的文件，文件保存90天后将永久删除。

（2）文档的打开。

- 打开单个文件。在文件夹窗口中双击文件图标，或将文字文档拖曳到 WPS 工作区。按 Ctrl+O 组合键，打开"打开"对话框。单击"文件"按钮，在弹出的下拉菜单中选择"打开"命令，在打开的对话框中选择文件所在位置并选中文件，再单击"打开"按钮。

- 同时打开多个文件。若要一次打开多个连续的文档，在"打开"对话框中单击第 1 个文件图标，然后按住 Shift 键并单击最后一个文件图标，最后单击"打开"按钮。或者按住 Ctrl 键，依次单击选中要打开的多个不连续文件，最后单击"打开"按钮。

3. 文档的保存和命名

（1）保存新文件。首先使用下列方法打开"另存为"对话框。

方法一：单击快速访问工具栏中的"保存"按钮。

方法二：按Ctrl+S或Shift+F12组合键。

然后在该对话框中设置保存路径和文件名称，单击"保存"按钮。

（2）保存修改后的已存盘文件。可以使用步骤（1）中的方法完成该操作，不会打开"另存文件"对话框。

（3）将文件另外保存。切换到"文件"选项卡，在弹出的下拉菜单中选择"另存为"命令（或按F12键），在打开的"另存为"对话框中选择不同于当前文档的保存位置等，然后单击"保存"按钮。

4. 文档的工作界面

WPS Office不同组件有着相似的界面，主要包括六个区域，分别是标题栏、功能区、导航窗格、编辑区、任务窗格、状态栏，如图2-1-12所示。

（1）标题栏。标题栏包括"首页"、文档名称和窗口控制按钮等部分。

（2）功能区。用于放置常用的功能按钮以及下拉菜单等调整工具。

（3）导航窗格。可以快速定位到指定的文档内容，快速调整文档内容的结构，快速移动文本等。

（4）编辑区。编辑区是WPS窗口的主体部分，用于显示文档的内容供用户进行编辑。

（5）任务窗格。任务窗格是用于提供常用命令的窗口。

图 2-1-12

（6）状态栏。状态栏位于主窗口的底部，其中显示了多项状态信息。例如，单击"字数"按钮，可以打开"字数统计"对话框，其中显示了文档的一些统计信息。

5. 文档的视图模式

为扩展使用文档的方式，WPS文字提供了多种可以使用的工作环境，称为视图。切换到"视图"选项卡，单击相关按钮，可以启用相应的视图。

（1）阅读版式视图。自动布局内容，可以轻松翻阅文档。阅读版式视图允许用户在同一个窗口中以单页或者多页模式显示文档。此时，用户可以通过键盘的上下左右键来切换页面。

（2）页面视图。查看当前文档的页面外观。页面视图是WPS文字默认的视图模式，用于显示页面的布局与大小，产生"所见即所得"的效果。

（3）Web版式视图。以网页形式查看文档，显示文档在Web浏览器中的外观。

（4）大纲模式。以大纲形式查看文档，可以清楚地显示文档的结构，方便用户快速跳转到所需的章节。

（5）写作模式。写作模式提供了素材推荐、统计字数及稿费、护眼模式等功能。

6. 文档内容处理

用户想要学会使用WPS编辑文档的方法，则首先要掌握如何将内容输入到文档中。

（1）定位插入点。首先确定光标（闪烁的黑色竖线"|"，也称为插入点）的位置，然后切换到适当的输入法，接下来就可以在文档中输入英文、汉字和其他字符。用鼠标在编辑区单击，可以实现光标的定位。WPS中用键盘按键控制光标的方式如表2-1-1所示。

表 2-1-1

键盘按键	作 用	键盘按键	作 用
↑、↓、←、→	光标上、下、左、右移动	Shift+F5	返回到上次编辑的位置
Home	光标移至行首	End	光标移至行尾
Page Up	向上滚过一屏	Page Down	向下滚过一屏
Ctrl+↑	光标移至上一段落的段首	Ctrl+↓	光标移至下一段落的段首
Ctrl+←	光标向左移动一个汉字（词语）或英文单词	Ctrl+→	光标向右移动一个汉字（词语）或英文单词
Ctrl+Page Up	光标移至上页顶端	Ctrl+Page Down	光标移至下页顶端
Ctrl+Home	光标移至文档起始处	Ctrl+End	光标移至文档结尾处

（2）输入符号。一些常见的中、英文符号可用键盘直接输入。无法通过键盘上的按键直接输入的符号，可以从WPS文字提供的符号集中选择，方法为：将插入点移至目标位置，切换到"插入"选项卡，单击"符号"按钮，从下拉列表框中选择在文档中已使用过的符号，或选择"其他符号"命令，打开"符号"对话框，如图2-1-13所示，在"子集"下拉列表框中选择符号的种类，然后从下方的列表框中选择要插入的符号并单击"插入"按钮，最后单击"关闭"按钮。

图 2-1-13

（3）输入数学公式。切换到"插入"选项卡，单击"公式"按钮，在下拉菜单中选择"公式"命令，打开"公式编辑器"面板，如图2-1-14所示，使用其中的相关命令编辑公式即可。

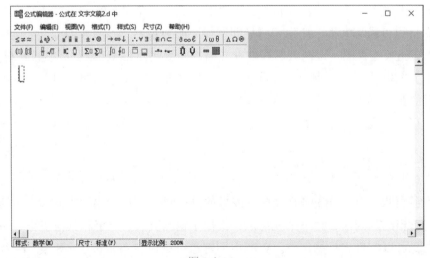

图 2-1-14

（4）文本选择。使用鼠标或键盘均可实现对文本内容的选取，方法如表2-1-2和表2-1-3所示。

表 2-1-2

选取对象	操　作	选取对象	操　作
任意字符	在要选取的字符上拖动鼠标	字或单词	双击该字或单词
一行文本	单击该行左侧的选定栏	多行文本	在字符左侧的选中区中拖动鼠标
大块区域	单击文本块的起始处，然后按住Shift键单击文本块的结束处	句子	按住 Ctrl 键，并单击句子中的任意位置
一个段落	双击段落左侧的选中区或在段落中三击	多个段落	在选中区中拖动鼠标
整个文档	3 次单击选中区	矩形文本区域	按住 Alt 键，拖动鼠标

表 2-1-3

组合键	作用	组合键	作用
Shift+→	向右选取一个字符	Ctrl+Shift+↑	选取插入点与段落开始处之间的字符
Shift+←	向左选取一个字符	Ctrl+Shift+↓	选取插入点与段落结束处之间的字符
Shift+↑	向上选取一行	Ctrl+Shift+Home	选取插入点与文档开始处之间的字符
Shift+↓	向下选取一行	Ctrl+Shift+End	选取插入点与文档结束处之间的字符
Shift+Home	选取插入点与行首之间的字符	Ctrl+A	选取整个文档
Shift+End	选取插入点与行尾之间的字符		

（5）删除文本。删除文本是指将指定内容从文档中清除，操作方法如下：

按Backspace键可以删除插入点左侧的内容，按Ctrl+Backspace组合键可以删除插入点左侧的一个英文单词或中文词语。

按Delete键可以删除插入点右侧的内容，按Ctrl+Delete组合键可以删除插入点右侧的一个英文单词或中文词语。

如果要删除的文本较多，则可以先将这些文本选中，然后按Backspace键或Delete键将它们一次全部删除。

（6）复制和移动文本。选取文本后，切换到"开始"选项卡，使用"剪贴板"选项组中的命令或快捷键即可完成复制或移动文本的操作。

选择性粘贴：复制或剪切文本后，切换到"开始"选项卡，在"剪贴板"选项组中单击"粘贴"按钮下方的箭头按钮，从下拉菜单中选择适当的命令可以实现选择性粘贴。

使用剪贴板：复制文本后，即可将选中的内容放入"剪贴板"任务窗格中。当需要使用"剪贴板"中某个项目的内容时，只需单击该项目即可实现粘贴操作。所有在"剪贴板"任务窗格列表中的内容均可反复使用。单击该任务窗格中的"全部粘贴"按钮，可以将列表中的所有项目按"先复制，后粘贴"的原则，首尾相连粘贴到光标处。复制和移动操作的说明如表2-1-4所示。

表2-1-4

操作方法	复制	移动
选项卡按钮	① 切换到"开始"选项卡，在"剪贴板"选项组中单击"复制"按钮。 ② 单击目标位置，然后单击"粘贴"按钮	将左侧步骤中的第①步改为单击"剪切"按钮
快捷键	① 按 Ctrl+C 组合键。 ② 在目标位置按 Ctrl+V 组合键	将左侧步骤中的第①步改为按 Ctrl+X 组合键
鼠标	① 如果要在短距离内复制文本，则按住 Ctrl 键，然后拖动选择的文本块。 ② 到达目标位置后，先释放鼠标左键，再放开 Ctrl 键	在左侧步骤中不按 Ctrl 键
快捷菜单	① 将鼠标指针移至选取内容上，按下鼠标右键的同时拖动到目标位置。 ② 松开鼠标右键后，从弹出的快捷菜单中选择"复制到此处"命令	在左侧步骤的第②步中选择"移动到此处"命令

（7）撤销与恢复。可以使用快速访问工具栏中的按钮或快捷键方式撤销和恢复上一次操作。单击"撤销"按钮右侧的箭头按钮，将弹出包含之前每一次操作的列表。其中，最新的操作在顶端。移动鼠标选定其中的多次连续操作，单击鼠标即可将它们一起撤销。撤销前一次操作和恢复撤销的操作的说明如表2-1-5所示。

表2-1-5

操作方式	撤销前一次操作	恢复撤销的操作
工具栏按钮	单击快速访问工具栏中的"撤销"按钮 ↺	单击快速访问工具栏中的"恢复"按钮 ↻
快捷键	按 Ctrl+Z 组合键	按 Ctrl+Y 组合键

（8）查找和替换文本。

① 使用导航窗格定位文本，操作步骤如下：切换到"视图"选项卡，单击"导航窗格"右下角箭头按钮，在弹出的下拉菜单中选择相应的命令，确认窗格放置的位置。导航窗格可以智能识别文档目录，目录可以展开或收起，单击目录可直接跳转到文本的相应位置，如图2-1-15所示。

② 使用"查找和替换"对话框查找文本。操作步骤如下：切换到"开始"选项卡，单击"查找和替换"按钮右侧的箭头按钮，从下拉菜单中选择"查找"命令，打开"查找和替换"对话框。在"查找内容"下拉列表框中输入要查找的文本，如图2-1-16所示。单击"查找下一处"按钮开始查找，找到的文本将反相显示；若查找的文本不存在，将弹出

含有提示文字"WPS文字无法找到您所查找的内容"的对话框。如果要继续查找，再次单击"查找下一处"按钮；若单击"关闭"按钮，则关闭"查找和替换"对话框。

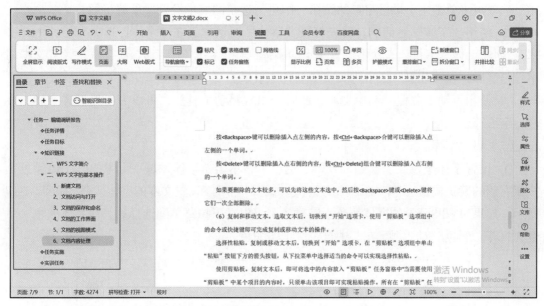

图 2-1-15

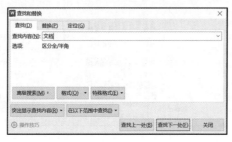

图 2-1-16

（9）替换文本。替换功能是指将文档中查找到的文本用指定的其他文本予以替代，操作步骤如下：

打开"查找和替换"对话框，并切换到"替换"选项卡。在"查找内容"下拉列表框中输入或选择被替换的内容，在"替换为"下拉列表框中输入或选择用来替换的新内容。单击"全部替换"按钮，若查找的文本存在，则统一进行替换处理。如果要进行选择性替换，可以先单击"查找下一处"按钮找到被替换的内容，若想替换则单击"替换"按钮，否则继续单击"查找下一处"按钮，如此反复即可。

7. 文本格式设置

（1）设置字体、字号与字形。在WPS文字中，汉字默认为宋体、五号，英文字符默认为Calibri、五号。设置文本字体、字号与字形的方法如下：

① 切换到"开始"选项卡，在"字体""字号"下拉列表框中选择或输入所需的格式，

即可快速设置文本的字体与字号。

字形是指文本的显示效果，如加粗、倾斜、下画线、删除线、上标和下标等。在"字体"选项组中单击用于设置字形的按钮，即可为选定的文本设置所需的字形。

② 使用"字体"对话框。首先打开"字体"对话框，在"字体"选项卡的"中文字体""西文字体"下拉列表框中设置文本的字体，在"字号""字形"组合框中设置文本的字号与字形，在"效果"栏中为文字添加特殊效果。

③ 使用浮动工具栏。选中文本，此时会出现浮动工具栏，可以方便地设置字体、字号、字形等。

（2）美化字体。

① 设置字体颜色。切换到"开始"选项卡，单击"字体"选项组中的"字体颜色"按钮右侧的箭头按钮，从下拉菜单中选择适当的命令可以设置文本的字体颜色，如图2-1-17所示。如果对WPS预设的字体颜色不满意，则可以在下拉菜单中选择"其他字体颜色"命令，打开"颜色"对话框，在其中自定义文本颜色。

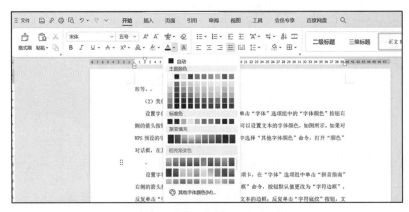

图 2-1-17

② 设置字符边框与底纹。切换到"开始"选项卡，在"字体"选项组中单击"拼音指南"右侧的箭头按钮，在下拉菜单中选择"字符边框"命令，按钮默认值更改为"字符边框"，反复单击"字符边框"按钮，可以设置或撤销文本的边框；反复单击"字符底纹"按钮，文本的背景会在灰色和默认值之间切换。单击"字体"选项组中"突出显示"按钮右侧的箭头按钮，从下拉菜单中选择适当的命令可以为文本设置其他的背景颜色；选择其中的"无"命令，可以将所选文本的背景颜色恢复成默认值。

在"开始"选项卡的"段落"选项组中单击"底纹颜色"按钮右侧的箭头按钮，从下拉菜单中选择适当的命令可以设置字符的底纹效果。

单击"段落"选项组中的"边框"按钮右侧的箭头按钮，从下拉菜单中选择"边框和底纹"命令，打开"边框和底纹"对话框，如图2-1-18所示。在"边框"选项卡中可以自定义选定文本的边框样式，在"底纹"选项卡中可以进一步设置文本的底纹效果。

（3）设置字符缩放

切换到"开始"选项卡，在"段落"选项组中单击"中文版式"按钮，从下拉菜单中选择"字符缩放"命令，然后在其子菜单中选择适当的比例设置命令，即可设置在保持文本高度不变的情况下文本横向伸缩的百分比。

（4）设置字符间距与位置。

① 设置字符间距。打开"字体"对话框，切换到"字符间距"选项卡，将"间距"下拉列表框设置为合适的选项。

图 2-1-18

② 设置字符位置。在"字体"对话框的"字符间距"选项卡中，将"位置"下拉列表框设置为合适的选项，可以设置选定文本相对于基线的位置。

（5）双行合一。当需要在一行中显示两行文字，即实现单行、双行文字的混排效果时，操作步骤如下：

选取准备在一行中双行显示的文字，切换到"开始"选项卡，在"段落"选项组中单击"中文版式"按钮，从下拉菜单中选择"双行合一"命令，打开"双行合一"对话框。如果选中"带括号"复选框，则双行文字将在括号内显示，最后单击"确定"按钮，返回WPS文字工作界面。

8. 段落格式设置

设置段落格式是指设置整个段落的外观，包括对段落进行对齐方式、缩进、间距与行距、项目符号、边框和底纹、分栏等的设置。

如果只对某一段设置格式，需要将插入点置于段落中；如果是对几个段落进行设置，则需要先将它们选定。

（1）设置段落对齐方式。WPS文字提供了5种水平对齐方式，默认为两端对齐。可以使用以下方法设置段落的对齐方式：

① 使用功能区工具。切换到"开始"选项卡，在"段落"选项组中单击"左对齐"按钮、"居中对齐"按钮、"右对齐"按钮、"两端对齐"按钮或"分散对齐"按钮。

② 使用"段落"对话框。单击"段落"选项组中的对话框启动器按钮，或在需要设置格式的段落内右击，从弹出的快捷菜单中选择"段落"命令，打开"段落"对话框。在"缩进和间距"选项卡的"常规"栏中将"对齐方式"下拉列表框设置为适当的选项。

（2）设置段落缩进。文本与页面边界之间的距离称为段落缩进，其设置方法如下：

① 使用功能区工具。切换到"页面布局"选项卡，通过"页面设置"选项组的"左"和"右"微调框，可以设置段落左侧及右侧的缩进量。在"开始"选项卡中，单击"段落"选项组中的"增加缩进量"按钮或"减少缩进量"按钮，能够设置段落左侧的缩进量。

② 使用"段落"对话框。在"段落"对话框中，通过"缩进"栏的"文本之前"和"文本之后"微调框可以设置段落的相应边缘与页面边界的距离。在"特殊格式"下拉列表

框中选择"首行缩进"或"悬挂缩进"选项，然后在后面的"度量值"微调框中指定数值，可以设置在段落缩进的基础上的段落首行或除首行外的其他行的缩进量。

③ 使用水平标尺。单击垂直滚动条上方的"标尺"按钮，或者切换到"视图"选项卡，选中"标尺"复选框，可以在文档的上方与左侧分别显示水平标尺和垂直标尺。水平标尺上有"首行缩进"、"左缩进"和"右缩进"3个缩进标记，其作用相当于"段落"对话框的"缩进"栏中的相应选项。

（3）设置段落间距与行距。当前段落与其前、后段落之间的距离称为段落间距，段落内部各行之间的距离称为行距，其设置方法如下：

① 使用功能区工具。切换到"开始"选项卡，在"段落"选项组中单击"行距"按钮，从下拉菜单中选择适当的命令，可以设置当前段落的行距。

② 使用"段落"对话框。在"缩进和间距"选项卡的"间距"栏中，通过"段前""段后"微调框可以设置选定段落的段前和段后间距；"行距"下拉列表框用于设置选定段落的行距，如果选择"固定值"、"多倍行距"或"最小值"选项，则可以在"设置值"微调框中输入具体的值。

（4）设置项目符号和编号。项目符号是指放在文本前以强调效果的点或其他符号，编号是指放在文本前标识一定顺序的字符。在WPS文字中，除可使用系统提供的项目符号和编号外，还可以自定义项目符号和编号。

① 创建项目符号。如果要为段落创建项目符号，先选取相应的段落，再切换到"开始"选项卡，在"段落"选项组中单击"插入项目符号"按钮右侧的箭头按钮，从下拉列表中选择一种项目符号。

如果对系统提供的项目符号不满意，则可以在下拉菜单中选择"自定义项目符号"命令，在打开的"项目符号和编号"对话框中单击"自定义"按钮，打开"自定义项目符号列表"对话框，如图2-1-19所示，设置项目符号的字符、字体等。

② 创建编号。在为段落创建编号时，首先选取所需的段落，然后在"开始"选项卡的"段落"选项组中单击"编号"按钮右侧的箭头按钮，从下拉列表中选择一种编号。也可以在下拉列表中选择"自定义编号"选项，打开"项目符号和编号"对话框，如图2-1-20所示，单击"自定义"按钮，打开"自定义编号列表"对话框，对要添加的编号进行自定义处理。

（5）设置段落边框和底纹。

① 设置段落底纹。设置段落底纹是指为整段文字设置背景颜色，方法为：切换到"开始"选项卡，在"段落"选项组中单击"底纹颜色"按钮右侧的箭头按钮，然后在下拉面板中选择适当的颜色。

② 设置段落边框。设置段落边框是指为整段文字设置边框，方法为：在"段落"选项组中单击"边框"按钮右侧的箭头按钮，从下拉列表中选择适当的选项，对段落的边框进行设置。也可以通过选择"边框和底纹"选项，在打开的"边框和底纹"对话框的"边

框"选项卡中单击"选项"按钮，打开"边框和底纹选项"对话框，设置边框与文本之间的距离，如图2-1-21所示。

图 2-1-19

图 2-1-20

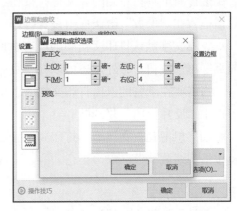

图 2-1-21

（6）设置首字下沉。为了让文字更加美观与个性化，可以使用"首字下沉"功能让段落的首个文字放大或者更换字体，方法为：将插入点移至要设置的段落中，切换到"插入"选项卡，单击"首字下沉"按钮，在打开的"首字下沉"对话框中选择"下沉"或"悬挂"选项。如果要对首字下沉的文字进行字体、下沉行数等设置，可在对话框的"选项"栏中进行设置。

设置首字下沉效果后，WPS文字会将该字从行中剪切下来，为其添加一个图文框。既可以在该字的边框上双击，打开"图文框"对话框，对该字进行编辑，也可以通过拖动文本，对下沉效果进行调整，此时段落的效果也会随之改变。

9. 复制与清除格式

（1）复制文本格式。复制一次文本格式的操作步骤如下：选择已设置好字符格式的文本，在"开始"选项卡的"剪贴板"选项组中单击"格式刷"按钮。将鼠标指针移至要复制格式的文本开始处，按住鼠标左键拖动到要复制格式的文本结束处，然后释放鼠标按键。另外，在上述步骤中双击"格式刷"按钮，然后重复后续步骤，可以反复对不同位置的目标文本应用已复制格式。复制完成后，再次单击"格式刷"按钮即可。

（2）复制段落格式。首先，选择已设置好格式的段落的结束标志，然后单击"格式刷"按钮，接着单击目标段落中的任意位置。这样，已设置的格式将被复制到该段落中。

（3）清除格式。清除格式是指将设置的格式恢复到默认状态。选择要清除格式的文本，切换到"开始"选项卡，在"字体"选项组中单击"清除格式"按钮即可。

10. 文档的打印

（1）打印预览文档。打印预览文档的操作步骤如下：单击快速访问工具栏中的"打印预览"按钮，此时在文档窗口上部将显示所有与打印有关的命令，在正文窗格中能够预览打印效果。在"显示比例"下拉菜单中选择相关选项能够调整文档的显示大小；单击"单页"按钮和"多页"按钮，能够调整并排预览的行数。

（2）打印文档。对打印的预览效果满意后，即可对文档进行打印，操作步骤如下：单击快速访问工具栏左侧的"文件"按钮，在下拉菜单中选择"打印"命令，打开"打印"对话框，在"份数"微调框中设置打印的份数，然后单击"确定"按钮，即可开始打印。

WPS文字默认打印文档中的所有页面，在"页码范围"框内可以选中"全部"或"当前页"单选按钮，另外，还可以在"页码范围"文本框中指定打印页码。

当需要在纸张的双面打印文档时，可选中"双面打印"复选框，当需要反片打印时，可选中"反片打印"复选框。

如果想把几页文档缩小打印到一张纸上，可以在"并打和缩放"栏内设置每页的版数及按纸型缩放。

11. 保护文档

保护文档指为文档设置密码，防止非法用户查看和修改文档的内容，从而起到一定的保护作用，操作步骤如下：文档编辑完成后，单击快速访问工具栏左侧的"文件"按钮，在下拉菜单中选择"文档加密"或"密码加密"命令，打开"密码加密"对话框。

在"打开文件密码"文本框中输入密码，如图2-1-22所示，密码字符可以是字母、数字和符号，其中字母区分大小写，在"再次输入密码"文本框中输入相同的密码，然后单击"应用"按钮。

12. 输出 PDF 格式的文档

在WPS文字中除了可以将文档保存并输出为WPS格式，还可以将文档保存为PDF文档或其他格式的文档，操作步骤为：在快速访问工具栏左侧单击"文件"按钮，在下拉菜单中选择"另存为"命令，打开"另存为"对话框。

图 2-1-22

在"文件类型"下拉列表框中选择"PDF文件格式(*.pdf)"选项，如图2-1-23所示。

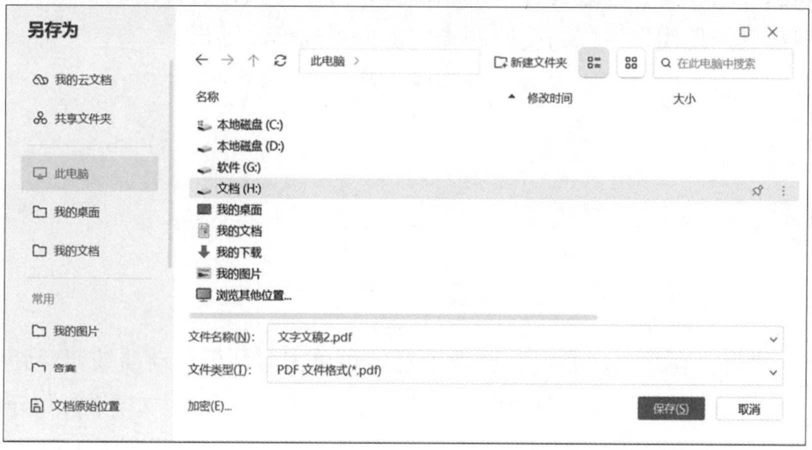

图 2-1-23

若不做其他设置，单击"保存"按钮即可。若要对PDF文档设置打开密码，则选择保存类型为PDF文件格式后，单击"加密"按钮，打开"密码加密"对话框，输入打开文件密码并确认输入后，单击"应用"按钮即可。

子任务 1.2　制作新年贺卡

❖ 任务详情

新年来临之际，某公司设计部需要为销售部门设计并制作一份新年贺卡以及包含邮寄地址的标签，由销售部门分送给相关客户。员工小刘接到此项任务后需要根据要求完成贺卡以及标签的设计和制作。具体要求如下：

1. 将贺卡按照相应尺寸进行设计，设置上边距为13厘米，下、左、右页边距均为3厘米，纸张大小自定义为宽18厘米、高26厘米。

2. 将图片"背景.jpg"作为一种"纹理"形式设置为页面背景。

3. 在页眉中插入素材图片"装饰.png"，在页眉中添加内容为"恭贺新禧"的艺术字，并适当调整其大小、位置及方向。

4. 在页面的居中位置绘制一条贯穿页面且与页面等宽的虚横线，要求其相对于页面在水平和垂直方向上均居中对齐。

5. 根据贺卡样式对下半部分文本的字体、字号、颜色、段落等格式进行修改。

6. 为每位指定客户生成一份包含其对应信息的贺卡。

7. 为每位制作了贺卡的客户制作一份用于贴在信封上包含邮寄信息的标签。

❖ 任务目标

1. 掌握文档页面的设置，可以根据要求设置纸张大小、方向。

2. 掌握页面背景的设置，可以设置封面、背景和水印等。

3. 掌握图片的设置，通过调整大小和位置，可以将其作为封面或者背景。

4. 掌握形状的使用，可以为文档的指定部分添加标注图形。

5. 掌握邮件合并的使用，可以批量生成文档。

❖ 任务实施

一、页面设置

1. 纸张大小、方向设置

打开任务素材，在"页面布局"选项卡右下角单击对话框启动器按钮，弹出"页面设置"对话框，在"页边距"选项卡中设置"上"为13厘米，"下""左""右"分别为3厘米。切换到"纸张"选项卡，将"宽度"设置为18厘米，将"高度"设置为26厘米，单击"确定"按钮，如图2-1-24所示。

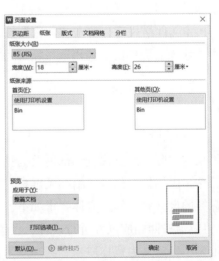

图 2-1-24

2. 设置页面背景

单击"页面布局"选项卡下"背景"组中的"其他背景"下拉列表框，在下拉列表中选择"纹理"选项，在弹出的"填充效果"对话框中单击下方的"其他纹理"按钮，在弹出的对话框中浏览并选中素材文件夹下的"背景.jpg"文件，单击"打开"按钮，再单击"确定"按钮，插入背景图片，如图2-1-25所示。

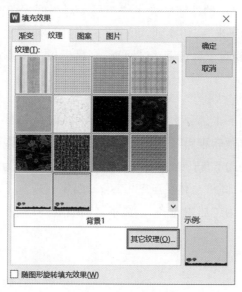

图 2-1-25

二、插入图片与艺术字

1. 图片处理

① 单击"插入"选项卡下的"页眉和页脚"按钮，进入页眉编辑状态，再单击"页眉横线"按钮，选择"无线型"选项。

② 单击"插入"选项卡下的"图片"按钮，在下拉菜单中选择"本地图片"命令，弹出"插入图片"对话框，浏览并选中素材文件夹下的"装饰.png"图片文件，单击"打开"按钮，适当调整图片大小与位置。

2. 插入艺术字

① 单击"插入"选项卡下的"艺术字"按钮，在下拉菜单中选择"预设样式"→"填充沙棕色，着色2，轮廓-着色2"选项。

② 在文本框中输入文字"恭贺新禧"，选中艺术字对象，在"开始"选项卡下将"字体"设置为"方正舒体"，将字号设置为"56"。

③ 选中艺术字对象，在"绘图工具"选项卡下将"对齐"设置为"水平居中"，参考示例图调整其位置，单击"页眉和页脚"选项卡下的"关闭"按钮。

3. 插入横线

① 单击"插入"选项卡下的"形状"按钮，在下拉菜单中选择"线条/直线"选项，按住键盘上的Shift键在页面中绘制一条直线。

② 选中该直线对象，在"绘图工具"选项卡下单击"轮廓"按钮，选择"主题颜色/白色，背景1，深色25%"选项，继续单击"轮廓"按钮，选择"虚线线型圆点"选项。

③ 单击右侧对话框启动器按钮，弹出"布局"对话框，切换到"大小"选项卡，设置"宽度绝对值"为"18厘米"，切换到"位置"选项卡，将"水平"和"垂直"对齐方式均设置为"居中"，将"相对于"设置为"页面"，最后单击"确定"按钮关闭对话框。

三、字体设置

参考效果图调整文档下半部分文字的字体、字号、颜色和对齐方式及段落格式。选中所有文字，设置字体为"微软雅黑"，字号为"四号"，将光标移至第二个段落，打开"段落"对话框，设置特殊格式"首行缩进"为"2字符"，"间距"为段后"2行"。选中"优赛迈信息科技有限公司销售部""全体员工""二〇二四年一月"三个段落，打开"段落"对话框，设置"对齐方式"为"居中对齐"，文本之前缩进"13字符"。

四、邮件合并

1. 数据源处理

打开素材文件夹中的"客户通讯录.docx"文件，按Ctrl+A组合键选中所有文本，单击"插入"选项卡下的"表格"按钮，在下拉菜单中选择"文字转换成表格"选项，打开"将文字转换成表格"对话框，设置"表格尺寸"栏中的列数和行数参数，在"文字分隔位置"栏中选中"制表符"单选按钮，如图2-1-26所示。

图 2-1-26

2. 邮件合并

① 将光标置于文字文档中"尊敬的"文本之后，单击"引用"选项卡下的"邮件"按钮打开"邮件"对话框。

② 在"引用"选项卡中单击"邮件合并"按钮，再单击"打开数据源"按钮，在下拉菜单中选择"打开数据源"命令，打开"选取数据源"对话框，浏览并选中素材文件夹下的"客户通讯录.docx"文件，单击"打开"按钮。

③ 将光标定位于"尊敬的"文本后面，单击"插入合并域"按钮，弹出"插入域"对话框，选择"域"列表框中的"姓名"选项，单击"插入"按钮，如图2-1-27所示。

图 2-1-27

3. 设置条件规则

① 将光标置于"姓名"合并域之后的位置，按Alt+F9组合键显示代码，再使用快捷键Ctrl+F9插入一个域记号，在域记号中输入"if"，在"邮件合并"选项卡下单击"插入合并域"按钮，弹出"插入域"对话框，选择"域"下拉列表中的"性别"选项，单击"插入"按钮，输入域代码"if{MERGEFIELD "性别"}="男" "先生" "女士"}"，如图2-1-28所示。

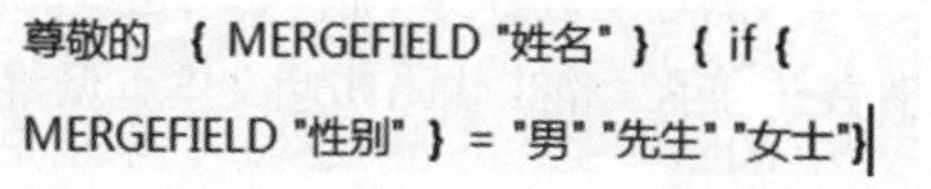

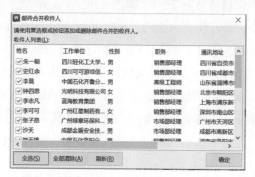

图 2-1-28

② 在"邮件合并"选项卡下单击"收件人"按钮，弹出"邮件合并收件人"对话框，选中所有的客户记录，设置完成后单击"确定"按钮关闭对话框，如图2-1-29所示。

图 2-1-29

③ 在"邮件合并"选项卡下单击"合并到新文档"按钮，弹出"合并到新文档"对话框，单击"确定"按钮。将生成的新文档保存为"贺卡.docx"并关闭，保存主文档"WPS文字.docx"并关闭。

五、制作标签

1. 新建文档

① 新建一个空白WPS文字文档，保存并命名为"标签主文档"。打开该文档，单击"页面布局"选项卡右下角的对话框启动器按钮，在打开的"页面设置"对话框中将"上""下""左""右"页边距分别设置为"0.5厘米""0.5厘米""1厘米"和"1厘米"，纸张方向设为"横向"。

② 切换到"纸张"选项卡，在"纸张大小"组中将"宽度"设置为15厘米，将"高度"设置为"5"厘米，单击"确定"按钮。

2. 创建标签

① 在"插入"选项卡下单击"文本框"按钮，在下拉列表中选择"多行文字"选项，在页面中绘制一个矩形框。

② 选中插入的文本框对象，单击"绘图工具"选项卡，将"宽度"设置为"13厘米"，将"高度"设置为"3.5厘米"，单击左侧的"对齐"按钮，在下拉列表中选择"水平居中"选项。

③ 选中文本框对象，单击鼠标右键，在弹出的快捷菜单中选择"设置对象格式"命令。在右侧出现的"属性"任务窗格中选择"形状选项/填充与线条"选项卡，将"线条"设置为"实线/系统点线"，将"颜色"设置为"白色，背景1，深色50%"。

④ 参考效果图在表格第一行单元格中输入相应文本，调整文字宽度及段落格式。

3. 邮件合并

① 在"引用"选项卡下单击"邮件"按钮，在打开的对话框中切换到"邮件合并"选项卡，单击"打开数据源"按钮，在下拉列表中选择"打开数据源"命令，弹出"选取数据源"对话框。浏览并选中素材文件夹下的"客户通讯录.docx"文件，单击"打开"按钮。

② 将光标置于"邮政编码"文本之后，在"邮件合并"选项卡下单击"插入合并域"按钮，弹出"插入域"对话框。在"域"列表框中选中"邮编"选项，单击"插入"按钮。

③ 按照上述相同的方法在文本"收件人地址："右侧插入"通讯地址"域，在文本"收件人："右侧插入"姓名"域，在"姓名"域右侧使用快捷键Ctrl+F9插入一个域记号，在域记号中输入"if"，在"邮件合并"选项卡下单击"插入合并域"按钮，弹出"插入域"对话框，选择"域"列表框中的"性别"选项，单击"插入"按钮，输入域代码，如图2-1-30所示。

邮政编码：{ MERGEFIELD "邮编" }

　　收件人地址：{ MERGEFIELD "通讯地址" }

　　收　件　人：{ MERGEFIELD "姓名" }{ if { MERGEFIELD "性别" }="男""先生""女士"}

图 2-1-30

④ 在"邮件合并"选项卡下单击"收件人"按钮，弹出"邮件合并收件人"对话框。选中所有"通讯地址"中的客户记录，设置完成后单击"确定"按钮关闭对话框。

⑤ 在"邮件合并"选项卡下单击"合并到新文档"按钮，弹出"合并到新文档"对话框，单击"确定"按钮。将生成的新文档保存为"标签.docx"并关闭，保存主文档"WPS文字2.docx"并关闭。

❖ 知识链接

一、页面设置

WPS文字提供了丰富的页面设置选项，允许用户根据需要更改页面的大小、设置纸张的方向、调整页边距大小，以满足各种打印输出需求。

1. 设置页面大小

WPS文字以办公最常用的A4纸为默认页面。如果需要将文档打印到A3、16开等其他不同大小的纸张上，最好在编辑文档前修改页面的大小。

切换到"页面布局"选项卡，在"页面设置"选项组中单击"纸张大小"按钮，从下拉列表中选择需要的纸张大小，即可设置页面大小。如果要自定义特殊的纸张大小，在下拉列表中选择"其他页面大小"命令，打开"页面设置"对话框，在"纸张"选项卡的"纸张大小"栏中进行相应的设置。

2. 调整页边距

当文档默认页边距不符合打印需求时，可以自行调整，操作步骤如下：

① 切换到"页面布局"选项卡，在"页面设置"选项组中单击"页边距"按钮，从下拉列表中选择一种页边距大小。

② 如果要自定义边距，则可直接在"页边距"按钮右侧的"上""下""左""右"微调框中设置页边距的数值，如图2-1-31所示。

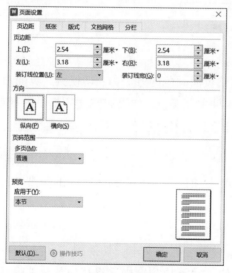

图 2-1-31

③ 如果打印后要装订，则单击"页边距"按钮，在下拉列表中选择"自定义页边距"命令，打开"页面设置"对话框。在"装订线宽"微调框中输入装订线的宽度，在"装订线位置"下拉列表框中选择"左"或"上"选项。在"应用于"下拉列表框中可以选择要应用新页边距设置的文档范围。

④ 在"方向"栏中选择"纵向"或"横向"选项，可以决定文档页面的方向。

3. 修改页面背景

在使用WPS文字编辑文档时，可以根据需要对页面进行必要的装饰，如添加水印效果、调整页面颜色、设置稿纸效果等。

① 添加水印效果。为了声明版权、强化宣传或美化文档，可以在文档中添加水印，方法为：切换到"页面"选项卡，单击"水印"按钮，从下拉列表中选择一种水印样式，如图2-1-32所示。

图 2-1-32

② 调整页面颜色。调整页面颜色的方法为：切换到"页面布局"选项卡，单击"背景"按钮，从下拉列表中选择一种主题颜色。如果WPS文字提供的现有颜色都不符合需求，则可以选择"其他填充颜色"命令，打开"颜色"对话框，在"自定义"选项卡中设置RGB值。

4. 分栏与分节

分栏经常用于报纸、杂志和词典，它有助于版面的美观、便于阅读，同时可以起到节约纸张的作用。

（1）分栏排版。

① 设置分栏。选定要设置分栏的文本，切换到"页面布局"选项卡，在"页面设置"选项组中单击"分栏"按钮，从下拉列表中选择相应的分栏命令。

如果预设的几种分栏格式不符合要求，则可以选择"更多分栏"命令，打开"分栏"对话框。在"预设"栏中选择要使用的分栏格式，在"应用于"下拉列表框中指定分栏格式应用的范围。如果要在栏间设置分隔线，则可以选中"分隔线"复选框。

② 修改与取消分栏。若要修改已存在的分栏，将插入点移到要修改的分栏位置，然后打开"分栏"对话框进行相应的处理，最后单击"确定"按钮；或将插入点置于已设置分栏排版的文本中，在"页面设置"选项组中单击"分栏"按钮，在下拉菜单中选择"一栏"命令，取消对文档的分栏。

（2）分页与分节。

WPS文字具有自动分页的功能，用户可以根据需要在文档中手工分页，所插入的分页符称为人工分页符或硬分页符。

① 设置分页。打开原始文件，将光标定位到要作为下一页的段落的开头，切换到"页面布局"选项卡，在"页面设置"选项组中单击"分隔符"按钮，从下拉菜单中选择"分页符"命令，即可将光标所在位置后的内容下移一个页面。

② 设置分节符。所谓的"节"，是指WPS文字用来划分段落的一种方式。对于新建立的文档，整个文档就是一节，只能用一种版面格式编排。为了对文档的多个部分使用不同的格式，要把文档分成若干节，即插入分节符。切换到"页面布局"选项卡，在"页面设置"选项组中单击"分隔符"按钮，从下拉菜单中选择一种分节符命令，即可插入相应的分节符。

二、图片设置

1. 插入图片

"稻壳素材"提供了背景、人物、动物、标志、地点等图片资源，用户无须打开浏览器或离开文档即可将图片插入文档中。如果对图片有更高的要求，则可以选择插入计算机中保存的图片文件。在文档中插入图片的操作步骤如下：

① 将插入点置于目标位置，切换到"插入"选项卡，单击"图片"按钮，在弹出的下拉菜单中，选择相关命令进行操作。

② 在"稻壳图片"搜索框中输入关键词，如"风景"等，或者直接在下方分类图片库中选择对应分类。

③ 单击左侧的"搜索"按钮或按Enter键，搜索结果将显示在下方"结果"区中。

④ 单击所需的图片资源，即可将其插入文档中；或者切换到"插入"选项卡，单击"稻壳素材"按钮，在打开的窗口中选择需要的图片或素材。也可以切换到"插入"选项卡，单击"图片"按钮，在下拉菜单中选择"本地图片"命令，在打开的"插入图片"对话框中选择需要的图片文件，然后单击"打开"按钮，即可将图片文件插入文档中。

WPS文字提供了屏幕截图功能，用户在编写文档时，可以直接截取程序窗口或屏幕中某个区域的图像，这些图像将自动插入当前光标所在的位置。方法为：在"插入"选项卡中单击"更多"按钮，在下拉菜单中选择"截屏"→"屏幕截图"命令，可以实现全屏截取图像；如果要自定义截取图像，则选择"截屏"→"自定义区域截图"命令，在半透明的白色效果画面中拖动鼠标，选取要截取的画面区域，然后释放鼠标按键。

2. 编辑图片

（1）调整图片的大小和角度。

将图片插入文档后，可以通过WPS文字提供的缩放功能控制其大小，还可以旋转图片。方法为：单击要缩放的图片，其周围会出现8个句柄，如果要横向、纵向或沿对角线缩放图片，将光标指向图片的某个句柄上，然后按住鼠标左键沿缩放方向拖动即可。另外，用鼠标拖动图片上方的旋转按钮，可以任意旋转图片。

如要精确地设置图片或图形的大小和角度，单击图片，切换到"图片工具"选项卡，在"大小和位置"选项组中对"形状高度"和"形状宽度"微调框进行设置。也可以单击右下角的对话框启动器按钮，打开"布局"对话框，在"大小"选项卡中进行相应的高度和宽度设置，在"旋转"栏中可以设置图片旋转的角度。

（2）裁剪图片。

单击文档中要裁剪的图片，切换到"图片工具"选项卡，在"大小和位置"选项组中单击"裁剪"按钮，此时图片的四周会出现黑色的控点。将光标指向图片上的控点，指针会变成黑色的倒立T形状，按住鼠标左键拖动即可将光标经过的部分裁剪掉。最后单击文档的任意位置，即可完成图片的裁剪操作。

如果要使图片在文档中显示为其他形状，而不是默认的矩形，则可以单击要裁剪的图片，切换到"图片工具"选项卡，在"大小和位置"选项组中单击"裁剪"按钮的箭头按钮，从下拉列表中选择所需的形状，如图2-1-33所示。

3. 美化图片

（1）设置图片的文字环绕效果。环绕方式是指文档中的图片与周围文字的位置关系。WPS文字提供了嵌入型、四周型环绕、紧密型环绕等7种环绕方式。单击图片，切换到"图片工具"选项卡，单击"环绕"按钮，从下拉列表中选择所需的命令，即可设置图片的文字环绕效果，如图2-1-34所示。

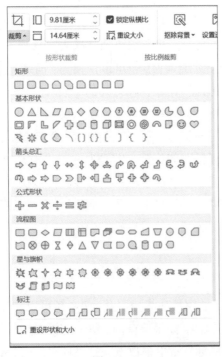

图 2-1-33

图 2-1-34

（2）设置图片样式。

单击图片，在"图片工具"选项卡的"设置形状格式"选项组中单击"效果"按钮，在下拉列表中可选择设置图片的"阴影""边缘"等效果，或选择"更多设置"命令打开"属性"任务窗格，可以从弹出的下拉列表中选择其他样式，如图2-1-35所示。例如，将"发光"栏下的"颜色"设置为标准颜色"蓝色"。也可以在"设置形状格式"选项组中单击"边框"按钮，从下拉列表中选择所需的选项，对图片的边框进行设置。

图 2-1-35

（3）调整图片的亮度和对比度。

方法为：单击图片，切换到"图片工具"选项卡，在"设置形状格式"选项组中分别单击"增加对比度"按钮和"降低对比度"按钮，可以调整图片的对比度；单击"增加亮度"按钮和"降低亮度"按钮，可以调整图片的亮度。

（4）调整图片的色调。

可以通过调整图片的色温达到调整色调的目的。方法为：单击图片，切换到"图片工具"选项卡，单击"色彩"按钮，从下拉菜单中选择4种色调中的一种。

三、使用手绘形状和智能图形

在WPS文字中，可以插入矩形、圆形、线条、流程图符号、文本框等手绘形状，也可以插入智能图形和艺术字，并且能对其进行编辑和添加效果。

1. 插入手绘形状和智能图形

① 插入形状。切换到"插入"选项卡，单击"形状"按钮，将弹出如图2-1-36所示的下拉列表，其中包括线条、基本形状、箭头总汇、公式形状、流程图、标注、星与旗帜等几大类。从下拉列表中选择要绘制的图形，在需要绘制图形的开始位置按住鼠标左键并拖动到结束位置，然后释放鼠标按键，即可绘制出基本图形。

当要插入多个图形时，为避免随着文档中其他文本的增删而导致插入形状的位置发生错误，手动绘图最好在画布中进行。在"形状"下拉列表中选择"新建绘图画布"命令，即可在文档中插入空白画布，接着向其中插入图形，设置叠放次序并对其进行组合操作。

② 插入文本框。方法为：切换到"插入"选项卡，单击"文本框"按钮，从下拉菜单中选择

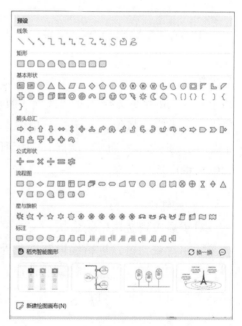

图 2-1-36

一种文本框样式，快速绘制带格式的文本框。

如果要手动绘制文本框，则单击"文本框"按钮，使图标呈现选中状态，在编辑区按住鼠标左键拖动，当文本框的大小合适后，释放鼠标按键。

③ 插入智能图形。智能图形是信息和观点的视觉表现形式，主要用于演示流程、层次结构、循环和关系。在文档中插入智能图形的方法为：切换到"插入"选项卡，单击"智能图形"按钮，在下拉菜单中选择"智能图形"命令，在打开的"智能图形"对话框中选择所需的图形，如图2-1-37所示，接着向智能图形中输入文字或插入图片。

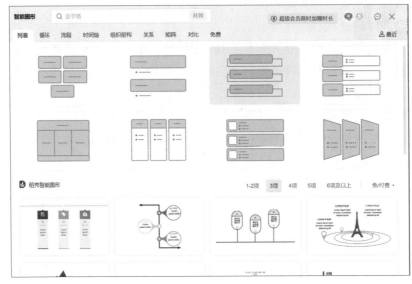

图 2-1-37

④ 插入艺术字。WPS文字提供了大量的艺术字样式，在编辑WPS文字文档时，可以套用与文档风格最接近的艺术字，以获得更佳的视觉效果。在文档中插入艺术字的方法为：切换到"插入"选项卡，单击"艺术字"按钮，从下拉菜单中选择一种艺术字样式，如图2-1-38所示，然后在光标所处位置的文本输入框中输入内容。

图 2-1-38

2. 编辑图形对象

对于插入到文档中的形状、文本框、智能图形和艺术字对象，可以进行编辑和美化处理，使其更符合自己的需要。对这些对象的处理方法类似，下面以处理图形对象为例进行介绍。

（1）选定图形对象。

在对某个图形对象进行编辑之前，首先要选定该图形对象，方法如下：

① 如果要选定一个图形，则用鼠标单击该对象。此时，该图形周围会出现句柄。

② 如果要选定多个对象，按住Shift键，然后用鼠标分别单击要选定的图形。

（2）调整图形对象的大小。

选定图形对象之后，在其拐角和矩形边界会出现尺寸句柄，拖动该句柄即可调整对象的大小。如果要保持原图形的长宽比例，拖动拐角上的句柄时按住Shift键；如果要以图形对象中心为基点进行等比缩放，拖动句柄时按住Ctrl键。

（3）复制或移动图形对象。

选定图形对象后，可以将鼠标左键移到图形对象的边框上（不要放在句柄上），按住鼠标左键拖动，到达目标位置后释放鼠标按键即可。在拖动过程中按住Ctrl键，可以将选定的图形复制到新位置。

（4）对齐图形对象。

选定要对齐的多个图形对象，切换到"图片工具"选项卡，单击"对齐"按钮，从下拉菜单中选择所需的对齐方式；或选中想要对齐的图片，在浮动工具栏中单击相应对齐方式的按钮即可。

（5）叠放图形对象。

在同一区域绘制多个图形时，后绘制的图形将覆盖先绘制的图形。在改变图形的叠放次序时，需要选定要移动的图形对象，若该图形被隐藏在其他图形下面，可以按Tab键来选定该图形对象，然后单击"上移一层"或"下移一层"按钮。如果要将图形对象置于正文之下，单击"下移一层"左侧的"环绕"按钮，从下拉菜单中选择"衬于文字下方"命令。

（6）组合多个图形对象。

方法为：选定要组合的图形对象，单击"组合"按钮，从下拉菜单中选择"组合"命令即可。若想取消组合操作则单击组合后的图形对象，再次单击"组合"按钮，从下拉菜单中选择"取消组合"命令，即可将多个图形对象恢复为之前的状态。

3. 美化图形对象

在文档中绘制图形对象后，可以改变图形对象的线型、填充颜色等，即对图形对象进行美化。

（1）设置线型与线条颜色。在WPS文字中，设置线型的方法为：选定图形对象，切换到"图片工具"选项卡，单击"设置形状样式"选项组的对话框启动器按钮，打开"属性"任务窗格，在"填充与线条"选项卡的"线条"栏中选中"实线"单选按钮，再从"线条"右侧的下拉列表框中选择需要的线型。设置线条的颜色时，在"颜色"栏右侧的下拉列表框中选择所需的颜色。

（2）设置填充颜色。选定要设置的图形对象，切换到"图片工具"选项卡，单击"设置形状样式"选项组的对话框启动器按钮，打开"属性"任务窗格，在"填充与线条"选项卡的"填充"栏中选中"纯色填充"单选按钮，从"颜色"下拉列表框中选择所需的填充颜色，如图2-1-39所示。如果其中没有合适的颜色，则可选择"其他填充颜色"命令，在打开的"颜色"对话框中进行设置。

（3）设置外观效果。若要给图形设置阴影、发光、三维旋转等外观效果，选定要添加外观效果的图形对象，在"属性"任务窗格中切换到"效果"选项卡，从"阴影"下拉列表框中选择一种预设样式，如图2-1-40所示。

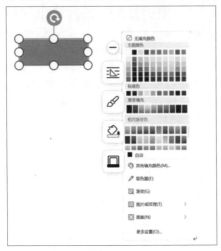

图 2-1-39

图 2-1-40

设置文本框格式时，右击文本框的边框，从弹出的快捷菜单中选择"设置对象格式"命令，打开"属性"任务窗格。在"文本选项"选项卡中选择"文本框"选项，在"文本框"栏中可设置"左边距""右边距""上边距"和"下边距"4个微调框中的数值，调整文本框内文字与文本框四周边框之间的距离。

在将智能图形插入文档后，通过"设计"和"格式"选项卡，可以对图形的整体样式、图形中的形状与文本等进行设置。

在对插入文档中的艺术字进行设置时，利用"绘图工具"和"文本工具"选项卡中的相关选项进行操作即可。

四、邮件合并

邮件合并是WPS文字中一种可以将数据源批量应用到主文档中的功能，常应用于特殊版式文档的批量制作，如会议邀请函、固定资产标签、会议桌牌等。在WPS文字中，邮件合并添加了特色功能"合并到不同的新文档"，可将合并的内容按照数据列表输出为同等数量的文档文件。

1. 制作主文档和数据表

编辑完成主文档固定内容并保存，准备好以数据列表形式组织的数据表。

2. 打开并选择数据源

打开主文档，在"引用"选项卡下单击"邮件"按钮，再单击"邮件合并"选项卡，将光标定位至主文档中需引用数据源的位置，单击"打开数据源"按钮，打开"选取数据源"对话框,选择需引用的数据源,单击"打开"按钮。

3. 插入合并域/插入 Next 域

单击"插入合并域"按钮,打开"插入域"对话框。选择需要插入的域类型(地址域、数据库域),在域选项框中选择要应用域的名称,单击"插入"按钮,再单击"关闭"按钮关闭"插入域"对话框。重复以上操作,在不同位置插入不同的域。

4. 查看合并数据

全部插入完成后单击"查看合并数据"按钮,将数据显示为真实数据查看。

5. 文档输出

确认无误后,选择一种方式进行合并,此处单击"合并到不同新文档"按钮,输出后单击"关闭"按钮。

子任务 1.3　制作个人简历

❖ 任务详情

王小米是一名即将毕业的大学生,经多方面了解分析,她希望去一家公司实习。为获得难得的实习机会,她打算利用WPS文字精心制作一份简洁而美观的个人简历,具体设计要求如下:

1. 文档版面要求:纸张大小为A4,页边距(上、下)为2厘米,页边距(左、右)为1.5厘米。

2. 将插入的表格作为简历的基本框架,并对表格进行合并,调整行高与列宽等。

3. 根据个人情况输入简历内容,调整文字的字体、字号、位置和颜色设计。

4. 插入项目符号,以美化内容。

5. 设置单元格对齐方式,设置表格边框和底纹,调整各部分的位置、大小、形状和颜色,以展现统一、良好的视觉效果。

6. 参照示例文件,在适当的位置使用形状工具绘制图形,作为简历的页面装饰。

❖ 任务目标

1. 掌握文档页面设置,可以根据要求设置纸张大小、方向。
2. 掌握表格相关设置,可以合并与拆分单元格、设置表格样式等。
3. 掌握图片的设置,通过调整大小和位置,可以将其作为封面或者背景。

❖ 任务实施

一、创建个人简历框架

在利用WPS文字中的表格工具制作个人简历前,我们需要设计好表格的草图,规划好行数和列数，以及个人简历表格的大概内容，以便更好地进行制作。

1. 插入表格

① 打开WPS文字，在"页面布局"选项卡中设定文档的纸张大小和页边距，切换到"纸张大小"，选择"A4"选项，将"上"和"下"页边距设置为2厘米，"左"和"右"页边距设置为1.5厘米。切换到"插入"选项卡，单击"表格"按钮，在下拉列表中选择"插入表格"选项，打开"插入表格"对话框，设置"列数"和"行数"分别为4和20。

② 将光标移至表格右下角的表格大小控制点上，按住鼠标左键向下拖动，增大表格的高度。

2. 设置表格行和列

① 将光标置于第1行的左侧，当鼠标指针变成反向箭头形状时，单击选择这一整行，然后切换到"表格工具"选项卡，单击"在上方插入行"按钮。

② 将光标置于表格最右侧的边框上，按住鼠标左键向左拖动以缩小表格宽度，准备插入整列。

③ 将光标移至第1列的上方，当指针变成"↓"形状时，单击选择一整列。然后右击鼠标，从弹出的快捷菜单中选择"插入"→"在左侧插入列"命令，在被选列的左侧插入一列相同大小的单元格。

④ 由于新插入的列过宽，将光标移至其右侧边框线上，当指针变成"←‖→"形状时，按住鼠标左键向左拖动，手动调整此列的宽度。

3. 合并单元格

① 选择表格的第1行的所有单元格，切换到"表格工具"选项卡，单击"合并单元格"按钮，将所选的多个单元格合并为一个单元格。选中第2~5行的第5列的4个单元格，然后在其中右击，从弹出的快捷菜单中选择"合并单元格"命令，将其合并用于贴照片。

② 分别选择第6行、第7行、第8行的第2~3列的两个单元格，切换到"表格工具"选项卡，单击"合并单元格"按钮，合并选定的单元格。

③ 使用上述方法分别将第9行、第13~20行的每行5个单元格合并，如图2-1-41所示。

图 2-1-41

4. 设置行高和列宽

① 将鼠标指针移至第1行单元格的下边框上，当指针变成↕的箭头形状时，按住鼠标左键向左拖动，手动调整第1行的宽度。

② 选择表格第2~5行的第1~4列，切换到"表格工具"选项卡，单击"自动调整"按钮，在下拉菜单中选择"平均分布各列"命令，WPS文字会根据当前选择的列的总宽度平均分配各列的宽度。

③ 选中第2~13行、第15、17、19行，在"表格工具"选项卡下设置单元格高度为0.85厘米，设置第14、16、18、20行单元格高度为2.5厘米，效果如图2-1-42所示。

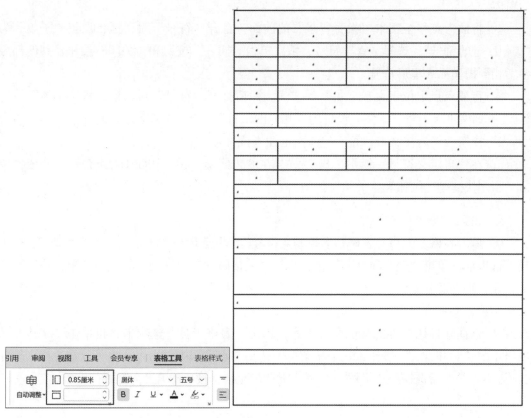

图2-1-42

二、输入与编辑个人简历内容

完成表格的结构编辑后，即可在其中输入内容，然后对文字进行相关的设置，从而得到需要的效果。

1. 输入个人简历内容

① 在第1行单元格中输入文字"王小米的个人简历"，根据设计要求设置字体与字号，在"表格工具"选项卡下设置对齐方式为"垂直居中"和"左对齐"，如图2-1-43所示。

图 2-1-43

② 在其他单元格中输入文本内容，对于重点内容或者要特别注意的事项，可以设置为粗体。

③ 将插入点移至文本"教育背景"的前面，打开"符号"对话框，设置"子集"为"类似字母的符号"，选择"☆"符号，依次单击"插入"按钮和"关闭"按钮，其他部分参考相同操作插入星形符号。

④ 将插入点定位于文本"是"的前面，然后打开"符号"对话框，将"字体"设置为"（普通文本）"，将"子集"设置为"几何图形符"，接着选择空心方框符号"□"，单击"插入"按钮，然后在文本"否"的前面也插入该符号。

⑤ 在"自定义符号"栏中选择"□"，在"快捷键"栏中按Ctrl+Q组合键，并依次单击"指定快捷键"按钮和"关闭"按钮。

2. 设置单元格对齐方式

① 单击表格左上角的表格移动控制点符号"⊞"选定整个表格，然后切换到"表格工具"选项卡，单击"表格属性"按钮，打开"表格属性"对话框。切换到"单元格"选项卡，在"垂直对齐方式"栏中选择"居中"选项，接着单击"确定"按钮，将整个表格中的文字设置为垂直居中。

② 选择除标题栏外的其他文字内容，单击"表格工具"选项卡，再单击"字体"选项组中的"对齐方式"按钮，在下拉菜单中选择"水平居中"命令。也可以在表格中按住Ctrl键不放，然后选择要水平居中对齐的所有单元格，按Ctrl+E组合键进行设置。

3. 美化单元格

① 设置表格边框线。单击表格左上角的表格移动控制点符号"⊞"选定整个表格，单击"表格样式"选项卡，设置边框线型为"上粗下细双横线"，边框颜色为"钢蓝，着色1"，线型粗细为"3磅"，然后单击"边框"按钮，在下拉菜单中选择"外侧框线"命令，如图2-1-44所示。设置内部框线型为"单实线"，边框颜色为"钢蓝，着色1"，线型粗细为"0.75磅"。

也可以单击"表格样式"选项卡中的"边框"按钮，从下拉菜单中选择"边框和底纹"命令，打开"边框和底纹"对话框。在"设置"栏中选择"网格"选项，在"线型"列表框中选择"上粗下细双横线"选项，单击"确定"按钮，整个表格的外侧边框线设置完成。

② 填充表格底色。选择第1行单元格，然后右击，在弹出的快捷菜单中选择"边框和

底纹"命令,打开"边框和底纹"对话框,切换到"底纹"选项卡,在"样式"下拉列表框中选择"5%"选项,最后单击"确定"按钮,完成对表格底色的填充,如图2-1-45所示。

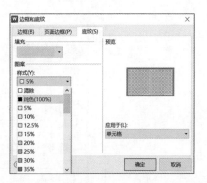

图 2-1-44　　　　　　　　　　　　　图 2-1-45

按住Ctrl键,依次选择第9、13、15、17、19列的单元格,然后切换到"表格样式"选项卡,单击"边框"按钮,在下拉菜单中选择"边框和底纹"命令,打开"边框和底纹"对话框,切换到"底纹"选项卡,在"填充"下拉列表中选择"白色,背景1,深色15%"选项,最后单击"确定"按钮,如图2-1-46所示。

③ 添加形状。切换到"插入"选项卡,单击"形状"按钮,在下拉列表中选择"直角三角形"选项,如图2-1-47所示,按住鼠标左键在文档的合适位置拖动绘制一个直角

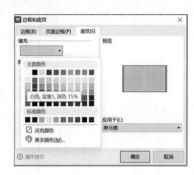

图 2-1-46

三角形。选中直角三角形,切换到"绘图工具"选项卡,单击"旋转"按钮,在下拉列表中选择"垂直翻转"选项。选中直角三角形,切换到"绘图工具"选项卡,再单击"大小和位置"按钮,打开"布局"对话框,切换至"大小"选项卡,设置高度和宽度为"1厘米",如图2-1-48所示,拖动形状放置于页面左上角。

图 2-1-47　　　　　　　　　　　　　图 2-1-48

切换到"插入"选项卡,单击"形状"按钮,在下拉列表中选择"矩形"选项,按住鼠标左键拖动绘制一个矩形形状。单击选中矩形,再单击"❻"将其旋转至合适角度。切换到

"绘图工具"选项卡，设置矩形形状高度为"0.8厘米"，宽度为"5厘米"。单击"填充"按钮，设置填充色为"钢蓝，着色1"，拖动矩形放置于合适位置，效果如图2-1-49所示。

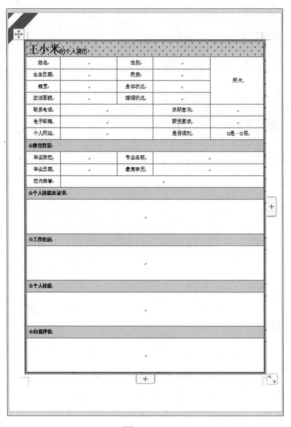

图 2-1-49

❖ 知识链接

一、创建和删除表格

WPS文字提供了强大的表格处理功能，包括创建表格、编辑表格、设置表格的格式以及对表格中的数据进行排序和计算等。WPS文字还提供一些学习、工作、生活场景中常用的表格模板，如活动策划、营销策划和计划总结等，方便用户快速新建表格。

1. 建立表格

（1）自动创建表格。将插入点置于目标位置，切换到"插入"选项卡，单击"表格"按钮，在弹出的下拉菜单中用鼠标在示意表格中拖动，以选择表格的行数和列数，WPS在示意表格的上方显示相应的行、列数。选定所需行、列数后，释放鼠标按键即可。

（2）手动创建表格。单击"表格"按钮，从下拉菜单中选择"插入表格"命令，打开"插入表格"对话框，接着在其中进行设置，最后单击"确定"按钮，如图2-1-50所示。

（3）插入内容型表格。单击"插入"选项卡，在"表格"按钮的下拉列表的"稻壳内容型表格"栏中选择一个表格类型，如图2-1-51所示。或者在"在线表格"对话框中根据需求选择一款表格模板，单击"插入"按钮。

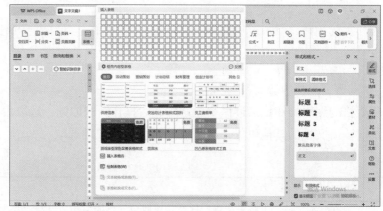

图 2-1-50　　　　　　　　　　　　　　　　　　　图 2-1-51

2. 表格的快速样式

当将鼠标指针移到表格中时，表格的左上角和右下角会出现两个控制点，分别是表格移动控制点"⊕"和表格大小控制点"↘"。表格移动控制点有两个作用，其一是将鼠标指针放在该控制点后按住左键拖动时，可以移动表格，其二是单击后将选中整个表格。表格大小控制点的作用是改变整个表格的大小，将鼠标指针停在该控制点后，按住左键拖动将按比例放大或缩小表格。

表格的快速样式是指对表格的字符字体、颜色、底纹、边框等套用WPS文字预设的格式。无论是新建的空表，还是已经输入数据的表格，都可以使用表格的快速样式来设置表格的格式，操作步骤如下：

① 将插入点置于表格的单元格中，切换到"表格样式"选项卡，在"表格样式"选项中选择一种样式，即可在文档中预览此样式的排版效果。

② 选中或取消选中"表格样式"左侧的复选框，可以选定特殊样式应用的区域，如图2-1-52所示。

图 2-1-52

3. 删除表格

当表格不再需要时，单击表格的任意单元格，切换到"表格工具"选项卡，在"插入单元格"选项组中单击"删除"按钮，从下拉菜单中选择"表格"命令将其删除。

另外，将鼠标指针放在表格移动控制点"⊕"上，当指针变为带双向十字箭头的形状时，单击选定整个表格。然后右击任意单元格，从弹出的快捷菜单中选择"删除表格"命令，也可以将表格整体删除。

二、编辑表格

新表格创建后，可以切换到"表格样式"选项卡，使用"边框"菜单提供的功能编辑表格。

1. 选定表格内容

表格的编辑操作依然遵循"先选中，后操作"的原则，选取表格对象的方法如表2-1-6所示。单击文档的其他位置，即可取消对表格对象的选取。

表 2-1-6　表格对象的选取

选取对象		方法
单元格	一个单元格	将鼠标指针移至要选取单元格的左侧，当指针变成"➤"形状时单击；或者将插入点置于单元格中，单击鼠标左键 3 次，此方法只适用于非空单元格
	连续的多个单元格	将鼠标指针移至左上角的第 1 个单元格中，按住鼠标左键向右拖动，可以选取处于同一行的多个单元格；向下拖动，可以选取处于同一列的多个单元格；向右下角拖动，可以选取矩形单元格区域
	不连续的多个单元格	首先选中要选定的第 1 个矩形区域，然后按住 Ctrl 键，依次选定其他区域，最后松开 Ctrl 键
行	一行	将鼠标指针移至要选定行的左侧，当指针变成"↗"形状时单击
	连续的多行	将鼠标指针移至要选定首行的左侧，然后按住鼠标左键向下拖动，直至选中要选定的最后一行松开按键
	不连续的多行	选中要选定的首行，然后按住 Ctrl 键，依次选中其他待选定的行
列	一列	将鼠标指针移至要选定列的上方，当指针变成"↓"形状时单击
	连续的多列	将鼠标指针移至要选定首列的上方，然后按住鼠标左键向右拖动，直至选中要选定的最后一列松开按键
	不连续的多列	选中要选定的首列，然后按住 Ctrl 键，依次选中其他待选定的列

2. 复制或移动行或列

如果要复制或移动表格的一整行，则可以参照以下步骤进行操作：

① 选定包括行结束符在内的一整行，然后按Ctrl+C或Ctrl+X组合键，将该行内容存放到剪贴板中。

② 将插入点置于要插入行的第1个单元格中，然后按Ctlt+V组合键，复制或移动的行被插入到当前行的上方，并且不替换表格中的内容。

3. 插入或删除单元格、行和列

插入或删除单元格、行和列的步骤如下：

① 插入或删除单元格。插入单元格时，在要插入新单元格的位置选定一个或几个单

元格，其数目与要插入的单元格数目相同。然后切换到"表格工具"选项卡，在"插入单元格"选项组中单击右下角的对话框启动器按钮，打开"插入单元格"对话框。选中"活动单元格右移"或"活动单元格下移"单选按钮后，单击"确定"按钮。

删除单元格时，右击选定的单元格，从弹出的快捷菜单中选择"删除单元格"命令。或者切换到"表格工具"选项卡，在"插入单元格"选项组中单击"删除"按钮，在下拉菜单中选择"单元格"命令，打开"删除单元格"对话框。根据需要，选中"右侧单元格左移"或"下方单元格上移"单选按钮后，单击"确定"按钮。

② 插入行和列。在表格中插入行和列的方法有以下几种：

- 右击单元格，从弹出的快捷菜单中选择"插入"命令的子命令。
- 单击某个单元格，切换到"表格工具"选项卡，在"插入单元格"选项组中单击"在上方插入行"或"在下方插入行"按钮，可在当前单元格的上方或下方插入一行。插入列时，只需单击"在左侧插入列"或"在右侧插入列"按钮即可。
- 切换到"表格工具"选项卡，单击"插入单元格"选项组中的对话框启动器按钮，在打开的"插入单元格"对话框中选中"整行插入"或"整列插入"单选按钮，然后单击"确定"按钮。
- 将插入点移至整个表格最右下角的单元格中，然后按 Tab 键。
- 将插入点置于表格某一行右侧的行结束处，然后按 Enter 键。
- 如果想要在表格最后一行或最后一列插入行和列，只需将鼠标指针移动到表格内部，表格右侧和下侧出现"+"号，单击该符号即可插入行或列。

③ 删除行和列。删除行和列的方法有以下几种：

- 选定想删除的行或列，在浮动工具栏中单击"删除"按钮，在下拉菜单中选择"删除行"或"删除列"命令。
- 单击要删除行或列包含的一个单元格，切换到"表格工具"选项卡，在"插入单元格"选项组中单击"删除"按钮，从下拉菜单中选择"行"或"列"命令。

4. 绘制斜线表头

WPS文字中预设了8款专业斜线表头，只需选择合适的斜线表头插入至表格即可，将光标定位至目标单元格，单击"表格样式"选项卡下的"绘制斜线表头"按钮，打开"斜线单元格类型"对话框，根据需求选择一款斜线表头，单击"确定"按钮，如图2-1-53所示。

5. 合并与拆分单元格和表格

借助于合并和拆分功能，可以使表格变得不规则，以满足用户对复杂表格的设计需求。

① 合并单元格。在WPS文字中，合并单元格是指将矩形区域的多个单元格合并成一个较大的单元格，方法为选定要合并的单元格，然后使用下列方法进行操作：

- 切换到"表格工具"选项卡，单击"合并单元格"按钮。
- 右击选定的单元格，从弹出的快捷菜单中选择"合并单元格"命令。

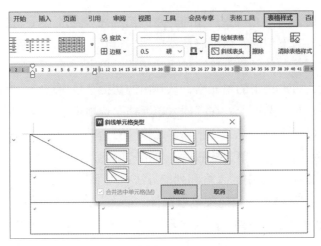

图 2-1-53

② 拆分单元格。选定要拆分的单元格，切换到"表格工具"选项卡，单击"拆分单元格"按钮，打开"拆分单元格"对话框，在其中输入要拆分的行数和列数，然后单击"确定"按钮。

③ 拆分和合并表格。将插入点移至拆分后要成为新表格第1行的任意单元格，切换到"表格工具"选项卡，单击"拆分表格"按钮，在下拉菜单中选择"按行拆分"或"按列拆分"命令，可将一个表格拆分为两个表格。

6. 标题行重复

文档中的表格过长会导致表格跨页，如果非首页的表格中没有标题行会对阅读造成不便。标题行重复功能可将所选的包括首行的"行"作为标题行显示在每一页表格中，不仅方便阅读也避免了手动逐页添加的麻烦，如图2-1-54所示。选中标题行，切换到"表格工具"选项卡，单击"重复标题"按钮。

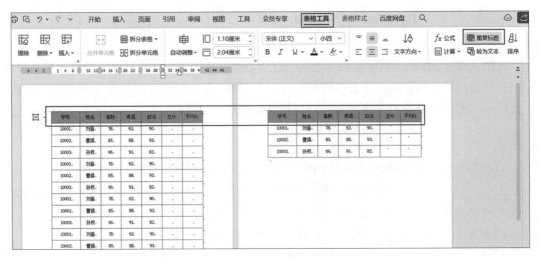

图 2-1-54

三、设置表格格式

1. 设置单元格内文本的对齐方式

选定单元格或整个表格，切换到"表格工具"选项卡，在"字体"选项组中单击"对齐方式"按钮，在下拉菜单中选择相应的命令。

2. 设置文字方向

① 将插入点置于单元格中，或者选定要设置的多个单元格，切换到"表格工具"选项卡，在"字体"选项组中单击"文字方向"按钮，在打开的"文字方向"对话框中设置文字方向。

② 右击选定的表格对象，从弹出的快捷菜单中选择"文字方向"命令，在打开的"文字方向"对话框中设置文字方向即可。

3. 设置单元格边距和间距

在WPS文字中，单元格边距是指单元格中的内容与边框之间的距离；单元格间距是指单元格和单元格之间的距离。选定整个表格，切换到"表格工具"选项卡，单击"表格属性"按钮，打开"表格属性"对话框，切换到"表格"选项卡。单击"选项"按钮，在打开的"表格选项"对话框中进行设置即可。

4. 调整行高和列宽

调整行高和列宽的方法类似，下面以调整列宽为例说明操作方法。

① 通过鼠标拖动调整。将鼠标指针移至两列中间的垂直线上，当指针变成"←‖→"形状时，按住鼠标左键在水平方向上拖动，当出现的垂直虚线到达新的位置后释放鼠标按键，列宽随之发生了改变。

② 手动指定行高和列宽值。选择要调整的行或列，切换到"表格工具"选项卡，在"表格属性"选项组中设置"高度"和"宽度"微调框的值。

③ 通过WPS文字自动调整功能调整。切换到"表格工具"选项卡，单击"自动调整"按钮，从下拉菜单中选择合适的命令。

另外，想要将多行的行高或多列的列宽设置为相同值，则可以先选定要调整的多行或多列，然后切换到"表格工具"选项卡，单击"自动调整"按钮，从下拉菜单中选择"平均分布各行"或"平均分布各列"命令。

选取表格对象后，切换到"表格工具"选项卡，单击"表格属性"按钮，可以在打开的"表格属性"对话框中切换到"行"和"列"选项卡来设置选定对象的相关属性。

5. 设置表格的边框和底纹

设置表格边框的操作步骤如下：

① 选定整个表格，切换到"表格样式"选项卡，单击"边框"按钮右侧的箭头按钮，

从下拉菜单中选择适当的命令。

② 如果要自定义边框，在步骤①中打开的下拉菜单中选择"边框和底纹"命令，打开"边框和底纹"对话框。

③ 在打开的"边框和底纹"对话框中对"线型"、"颜色"和"宽度"等选项进行适当的设置，然后单击"确定"按钮。

可以给表格标题添加底纹，切换到"表格样式"选项卡，单击"底纹"按钮右侧的箭头按钮，从下拉菜单中选择所需的颜色。

四、处理表格中的数据

WPS文字的表格功能包含公式的简单应用，若要对数据进行复杂处理，需要使用后续单元介绍的WPS表格。下面以如图2-1-55所示的学生成绩表为例介绍WPS文字中公式的使用方法。

	A	B	C	D	E	F	G
1	学号	姓名	高数	英语	政治	总分	平均分
2	10001	刘备	78	62	90		
3	10002	曹操	85	88	93		
4	10003	孙权	66	91	82		

图 2-1-55

1. 求和

将光标置于单元格F2中，切换到"表格工具"选项卡，单击"公式"按钮，打开"公式"对话框。在"公式"文本框中自动输入了默认公式"=SUM(LEFT)"，将"LEFT"修改为"C2:E2"，表示对该行左侧的3门课程的成绩求和，可以在"数字格式"下拉列表框中选择需要的格式。

单击"确定"按钮，求出姓名为"刘备"的学生的课程总分。在单元格F3和F4中使用相同的公式，计算其他学生的总分。

2. 求平均值

将光标置于单元格G2中，然后打开"公式"对话框。将"公式"文本框中除"="以外的所有字符删除，并将光标置于"="后，接着将"粘贴函数"设置为"AVERAGE"，在光标处输入"C2:E2"，并将"数字格式"设置为"0.00"，最后单击"确定"按钮，计算出刘备的平均分。

使用AVERAGE函数，分别引用处于同一行中各门课程成绩对应的单元格，计算出姓名为"曹操"和"孙权"的学生的平均分，并放置在单元格G3和G4中。

3. 排序

WPS文字提供了对表格中的数据排序的功能，用户可以依据拼音、笔画、日期或数字等对表格内容以升序或降序进行排序，操作步骤如下。

①　将插入点置于表格中，切换到"表格工具"选项卡，单击"排序"按钮，打开"排序"对话框（如果表格有合并的单元格，则会提示"表格中有合并后的单元格，无法排序"）。

②　在"列表"栏中选中"有标题行"单选按钮，可以防止对表格中的标题行进行排序。如果没有标题行，则选中"无标题行"单选按钮。

③　在"主要关键字"栏中选择排序首先依据的列，如"总分"，然后在右边的"类型"下拉列表框中选择数据的类型。选中"升序"或"降序"单选按钮，表示按照该列数据进行升序或降序排列，如图2-1-56所示。

④　分别在"次要关键字"和"第三关键字"栏中选择排序的次要和第三依据的列名，如"高数"和"英语"。右侧的下拉列表框及单选按钮的含义同上，按照需要分别做出选择即可。

⑤　单击"确定"按钮，进行排序。如果要对表格的部分单元格排序，则可以先选定这些单元格，然后依据上述步骤操作即可。

4.　对表格中的一列进行排序

如果要对表格中的单独一列进行排序，而不改变其他列的排列顺序，参考以下步骤进行操作：

①　选中要单独排序的列，然后打开"排序"对话框。

②　单击"选项"按钮，在打开的"排序选项"对话框中选中"仅对列排序"复选框，如图2-1-57所示。然后单击"确定"按钮，返回"排序"对话框。单击"确定"按钮，完成排序。

图 2-1-56

图 2-1-57

子任务 1.4　毕业论文的排版和编辑

❖　任务详情

王小米是某高校计算机专业的一名应届毕业生，正在撰写毕业论文，根据指导老师发放的毕业论文设计任务的要求，在完成论文内容编写时需要对论文进行编辑和排版，她从学校网站下载了毕业论文编写格式要求，主要包括以下内容。

1. 文档页面设置为A4幅面，上、下、左、右页边距分别为3.5、2.5、2.8和2.8厘米，装订线在左侧0.3厘米，页脚距边界1.5厘米；为论文插入一个封面页，效果请参考素材文件夹下的图片"封面样式参考"。

2. 为文档进行分节，使得封面、目录、摘要、结论、参考文献以及正文章节，各部分的内容都位于独立的节中，且从新的一页开始。

3. 使用样式设置文章各级标题格式：

① 设置所有"正文"样式首行缩进2字符。

② 为文档中所有红色标记的标题设置"标题1"样式，并修改"标题1"的样式为微软雅黑（中文）、三号字、加粗、黑色，居中，并设置段前、段后间距均为0.5行，特殊格式为"无"。

③ 为文档中所有蓝色标记的标题设置"标题2"样式，并修改"标题2"的样式为宋体（中文）、Times New Roman（西文）、小四号字、加粗、黑色，并设置段前、段后间距均为0.5行，特殊格式为"无"。

④ 为文档中所有绿色标记的标题设置"标题3"样式，并修改"标题3"的样式为宋体（中文）、五号字、黑色，段前间距为0.5行，特殊格式为"无"。

⑤ 将各级标题的手动编号全部替换为自动多级编号。

4. 设置页眉和页脚：

① 为论文设置页眉，封面不显示页眉，正文章节的偶数页页眉显示"大学毕业论文"，并居中对齐，页眉横线为"上粗下细双横线"，正文章节的奇数页页眉显示当前所在章节的名称，其他节的页眉显示当前所在部分的名称。

② 为论文设置页码，要求封面不显示页码，在页脚正中插入页码，目录页和摘要页的页码格式为"I，II，III..."，正文其他部分的页码格式为"第1页"。

5. 为所有图片应用基于"正文"样式创建的"图片"样式（段落居中对齐，特殊格式设置为"无"，行距设置为1.5倍）；将文档中的图标题中的编号按照顺序全部替换为题注，并修改"题注"样式的段落居中对齐、特殊格式设置为"无"、行距设置为固定值20磅。

6. 在"目录"文字后插入目录，替换"请在此插入目录"的文字，目录显示级别为3级，不使用超链接；在"图目录"文字后插入图目录，替换"请在此插入图目录"的文字。

7. 在目录节插入宋体、倾斜版式的文字水印"目录"，透明度为80%。

8. 将文档输出为PDF文件，并命名为"毕业论文.pdf"。

❖ 任务目标

1. 掌握页面布局设置，可以设置页边距、版式、装订线、页眉和页脚的位置。

2. 掌握样式的设置，可以快速地创建与应用样式。

3. 掌握目录和目录选项对话框的设置，可以为文档定制目录。

4. 掌握页眉和页脚的设置方法，可以达到论文不同章、奇偶页中页眉和页脚的制作要求。

❖ 任务实施

一、页面设置

1. 设置纸张大小

在"页面布局"选项卡下单击"页面设置"组中的"纸张大小"按钮，在下拉列表中选择"A4"选项。

2. 设置页边距及装订线

在"页面布局"选项卡下单击"页面设置"对话框启动器按钮，弹出"页面设置"对话框。切换至"页边距"选项卡，在"上""下"微调框中分别输入"3.5""2.5"，在"左""右"微调框中分别输入"2.8"，在"装订线宽"微调框中输入"0.3"，默认"装订线位置"为"左"，如图2-1-58所示。

3. 设置版式

切换到"版式"选项卡，在"页脚"微调框中输入"1.5"，如图2-1-58所示，单击"确定"按钮。

图 2-1-58

二、封面设置

① 将光标定位于文档开头"目录"的前面，在"插入"选项卡下单击"封面"下拉按钮，在下拉列表中选择"预设封面页"的第一个选项，删除"替换LOGO"。

② 删除图片下的"硕士学位论文"文字，输入"XX职业技术学院"，选中刚输入的文字，单击"开始"选项卡，再单击"文字效果"按钮，在下拉列表中选中"艺术字"→"填充-黑色，文本1，轮廓-背景1，清晰阴影-背景1"样式，对照图片"封面样式参考"在合适的位置输入对应文字，如图2-1-59所示。

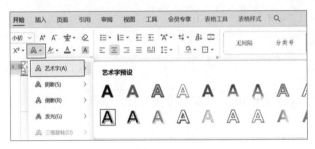

图 2-1-59

③ 选中"王小米""2021043108"和"信息管理专业"，在"开始"选项卡中单击"居中对齐"按钮。

④ 将光标移至"研究方向"单元格内，单击鼠标右键，在弹出的快捷菜单中选择"删除单元格"命令，弹出"删除单元格"对话框。选择"删除整行"单选按钮，单击"确定"按钮，最终效果如图2-1-60所示。

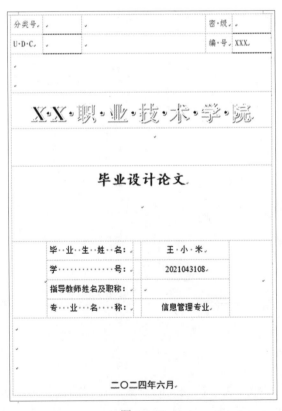

图 2-1-60

三、分节符的设置

① 将光标定位于"摘要"文字前面，在"页面布局"选项卡下单击"分隔符"按钮，在下拉列表中选择"下一页分节符"选项，如图2-1-61所示。

图 2-1-61

② 将光标分别置于"结论""参考文献""附录1"文字前面，以及正文各个章节开始位置，在"页面布局"选项卡下单击"分隔符"按钮，在下拉列表中选择"下一页分节符"选项。

四、使用样式设置标题格式

1. 修改"正文"样式

① 在"开始"选项卡下用鼠标右键单击"正文"样式，在弹出的快捷菜单中选择"修改样式"命令，弹出"修改样式"对话框。单击下方的"格式"按钮，在下拉菜单中选择"段落"命令，在弹出的"段落"对话框中，将"特殊格式"设置为"首行缩进"，在"度量值"微调框中输入"2"，单击"确定"按钮，如图2-1-62所示。

② 选中"封面页"，在"开始"选项卡下单击"段落"对话框启动器按钮。在弹出的"段落"对话框中，将"特殊格式"设置为"无"，单击"确定"按钮（保持封面页与图片"封面样式参考"一致）。

2. 修改"标题 1"、"标题 2"和"标题 3"样式

① 用快捷键Ctrl+H调出"查找和替换"对话框，将光标移至"查找内容"框中，单击"格式"按钮，在下拉菜单中选择"字体"命令。在弹出的"字体"对话框中，将"字体颜色"设置为"红色"，单击"确定"按钮，将光标移至"替换为"框中，单击"格式"按钮，在下拉菜单中选择"样式"命令，弹出"替换样式"对话框。将"查找样式"设置为"标题1"，依次单击"确定"和"全部替换"按钮，如图2-1-63所示。

图 2-1-62

图 2-1-63

② 在"开始"选项卡中，用鼠标右键单击"标题1"样式，在弹出的快捷菜单中选择"修改样式"命令，在打开的对话框中单击"居中"按钮，再单击下方的"格式"按钮，在下拉菜单中选择"字体"命令。在打开的对话框的"字体"选项卡中，将"中文字体"设置为"微软雅黑"，将"字形"设置为"加粗"，将"字号"设置为"三号"，"字体颜色"设置为"黑色，文本1"，如图2-1-64所示，单击"确定"按钮。

③ 单击"格式"按钮，在下拉菜单中选择"段落"命令，打开"段落"对话框。切换至"缩进和间距"选项卡，将"段前"和"段后"均设置为"0.5行"，将"特殊格式"设置为"（无）"，如图2-1-64所示，依次单击"确定"按钮。

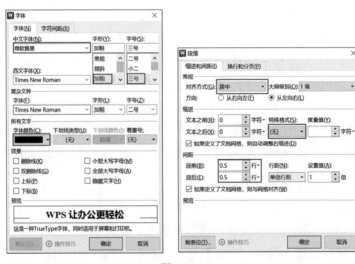
图 2-1-64

④ 使用上述方法修改"标题2"和"标题3"样式。

3. 设置多级编号

① 将光标置于"1绪论"前面，在"开始"选项卡下单击"编号"按钮，在下拉菜单

中选择"自定义编号"命令，弹出"项目符号和编号"对话框。切换到"多级编号"选项卡，选中一种与题目要求相近的编号样式，如图2-1-65所示。

② 单击下方的"自定义"按钮，弹出"自定义多级编号列表"对话框。单击"常规"按钮，展开全部功能页面，将"编号格式"设置为"第①章"（注意删除最后面原有的符号"."），将下方的"将级别链接到样式"选择"标题1"，"编号之后"选择"空格"如图2-1-66所示。单击选中左侧"级别"列表框中的"2"，将"编号格式"修改为"①.②"，下方的"将级别链接到样式"下拉列表设置为"标题2"，"编号之后"下拉列表设置为"空格"。单击选中左侧"级别"列表框中的"3"，将"编号格式"修改为"①.②.③"，将下方的"将级别链接到样式"下拉列表设置为"标题3"，"编号之后"下拉列表设置为"空格"，单击"确定"按钮，完成编号设置。

图 2-1-65 　　　　　　　　　　　　　　　　图 2-1-66

③ 在"视图"选项卡下单击"大纲"按钮，将"显示级别"设置为"显示级别3"，将光标置于"第一章摘要"后面，切换至"开始"选项卡，单击"编号"按钮，取消编号设置。使用相同方法取消"结论""参考文献""附录1"的编号设置。

4. 删除手动编号

① 按Ctrl+H快捷键调出"查找和替换"对话框，将光标分别置于"查找内容"和"替换为"框中，单击"格式"按钮，在下拉菜单中选择"清除格式设置"命令。在"查找内容"框中先输入文字"第"，单击"特殊格式"按钮，在下拉菜单中选择"任意字符"命令，接着输入文字"章"，"替换为"框不用输入内容，如图2-1-67所示，单击"全部替换"按钮。

图 2-1-67

② 按Ctrl+H快捷键调出"查找和替换"对话框，将光标置于"查找内容"框中，单击"特殊格式"按钮，在下拉菜单中选择"任意数字"命令，然后输入"."，再单击"特殊格式"按钮，在下拉菜单中选择"任意数字"命令，然后输入""（一个空格），如图2-1-68所示，单击"全部替换"按钮（共计17处）。

③ 按Ctrl+H快捷键调出"查找和替换"对话框，将光标置于"查找内容"框中，单击"特殊格式"按钮，在下拉菜单中选择"任意数字"命令，然后输入"."，再单击"特殊格式"按钮，在下拉菜单中选择"任意数字"命令，然后输入"."，再单击"特殊格式"按钮，在下拉菜单中选择"任意数字"命令，然后输入""（一个空格），如图2-1-69所示，单击"全部替换"按钮。

图 2-1-68　　　　　　　　　　　　　图 2-1-69

五、页眉和页脚的设置

1. 设置页眉

① 双击目录页页眉处，将光标置于页眉开头位置，在"页眉页脚"选项卡中取消选中"同前节"选项，单击"页眉横线"按钮，在下拉列表中选择"上粗下细双横线"选项，如图2-1-70所示。

图 2-1-70

② 将光标分别置于"摘要"、"结论"以及"第一章绪论"节页眉处，在"页眉页脚"选项卡中，取消"同前节"选项选中状态。

③ 在目录页页眉处输入"目录"，在"开始"选项卡中，单击"居中对齐"按钮。

④ 将光标置于"摘要"页眉处，在"页眉页脚"选项卡中，单击"域"按钮，弹出"域"对话框。将"域名"设置为"样式引用"，将"样式名"设置为"标题1"，如图2-1-71所示，单击"确定"按钮。在"开始"选项卡中，单击"居中对齐"按钮。使用相同方法为"结论"节添加页眉。

⑤ 将光标置于"第一章绪论"页眉开头位置，在"页眉页脚"选项卡中，单击"页眉页脚"按钮，在弹出的"页眉 / 页脚设置"对话框中勾选"奇偶页不同"复选框，单击"确定"按钮。

⑥ 单击"域"按钮，弹出"域"对话框，将"域名"设置为"样式引用"，"样式名"设置为"标题1"，勾选"插入段落编号"复选框，单击"确定"按钮，如图2-1-72所示。将光标置于"第一章"后面，按空格键，单击"域"按钮，弹出"域"对话框。将"域名"设置为"样式引用"，"样式名"设置为"标题1"，不勾选"插入段落编号"复选框。单击"确定"按钮在"开始"选项卡中，单击"居中对齐"按钮。

图 2-1-71

图 2-1-72

⑦ 将光标置于偶数页页眉位置，单击"页眉横线"按钮，在下拉列表中选择"上粗下细双横线"选项，输入"大学毕业论文"（如果未居中，则单击"开始"选项卡中的"居中对齐"按钮）。

⑧ 将光标分别置于"结论"和"附录1"节页眉处，取消选中"同前节"选项，选中页眉，单击"域"按钮，弹出"域"对话框。将"域名"设置为"样式引用"，"样式名"设置为"标题1"，不勾选"插入段落编号"复选框，单击"确定"按钮。

2. 设置页脚

① 将光标置于目录页页脚，按Backspace键删除前面的首行缩进，选中"同前节"选项，再单击页脚上方的"插入页码"按钮。在弹出的对话框中将"样式"设置为"Ⅰ，Ⅱ，Ⅲ"，"应用范围"设置为"本页及之后"，单击"确定"按钮。

② 将光标移至"第一章绪论"页页脚，选中"同前节"选项，再单击页脚上方的"页码设置"按钮。在弹出的对话框中，将"样式"设置为"第1页"，"应用范围"设置为"本页及之后"，单击"确定"按钮，如图2-1-73所示。双击空白处，退出页脚编辑状态。

图 2-1-73

六、图片设置

1. 创建图片样式

切换到"开始"选项卡,单击"新样式"按钮,在下拉菜单中选择"新样式"命令,弹出"新建样式"对话框。将"名称"修改为"图片",单击下方的"格式"按钮,在下拉菜单中选择"段落"命令,弹出"段落"对话框。将"对齐方式"设置为"居中","特殊格式"设置为"(无)","行距"设置为"1.5倍行距",如图2-1-74所示。依次单击"确定"按钮,选中图片,单击"其他样式"按钮,再单击"图片"样式。使用相同方法,为其他图片应用样式"图片"。

图 2-1-74

2. 插入题注

删除原先的文字"图1",切换至"引用"选项卡,单击"题注"按钮,弹出"题注"对话框。将"标签"设置为"图",如图2-1-75所示,单击"确定"按钮,分别将光标置于其他题注处,删除原本的题注文字,单击"引用"选项卡中的"题注"按钮,弹出"题注"对话框,保持默认设置,单击"确定"按钮。

在"开始"选项卡中用鼠标右键单击"题注"样式,在弹出的快捷菜单中选择"修改样式"命令,单击下方的"格式"按钮,在下拉菜单中选择"段落"命令,在打开的对话框中将"对齐方式"设置为"居中","特殊格式"设置为"(无)","行距"设置为"固定值"并设置其值为20磅,依次单击"确定"按钮,如图2-1-76所示。

图 2-1-75　　　　　　　　　　　　　图 2-1-76

七、插入目录

① 删除文字"请在此插入目录"，在"引用"选项卡中，单击"目录"按钮，在下拉菜单中选择"自定义目录"命令，弹出"目录"对话框。取消勾选"使用超链接"复选框，默认"显示级别"为"3"，单击"确定"按钮。

② 删除文字"请在此插入图目录"，在"引用"选项卡中，单击"插入表目录"按钮，弹出"图表目录"对话框，保持默认属性不变，单击"确定"按钮。

八、设置水印

将光标置于目录页任意位置，在"插入"选项卡中，单击"水印"按钮，在下拉菜单中选择"插入水印"命令，弹出"水印"对话框。勾选"文字水印"复选框，在"内容"框中输入文字"目录"，将"字体"设置为"宋体"，"版式"设置为"倾斜"，"透明度"设置为"80%"，"应用于"设为"本节"，单击"确定"按钮。

九、保存文档

单击"文件"按钮，选择"另存为"命令，打开"另存为"对话框。设置保存位置，将文件名命名为"毕业论文"，其他保持默认属性不变，单击"确定"按钮。

❖ 知识链接

一、使用大纲视图

在编辑WPS文档的过程中，可以为文档中的段落指定大纲级别，即等级结构为1～9级的段落格式。指定了大纲级别后，即可在大纲视图或"导航"任务窗格中处理文档。设置大纲级别的操作步骤如下：

① 切换到"视图"选项卡，单击"大纲"按钮，打开文档的大纲视图，在左上角"大纲级别"列表框中可以看到当前光标所在位置的大纲级别。

② 单击每一个标题的任意位置，从"大纲级别"下拉列表中选择所需的选项，即可将该标题设置为相应的大纲级别。

③ 大纲级别设置完成后，从"显示级别"下拉列表中选择合适的选项，即可显示文档的大纲视图效果，如图2-1-77所示为设置"显示级别2"的效果。

④ 在大纲视图方式下，将光标定位于某段落中，单击"上移"按钮或"下移"按钮，可以将

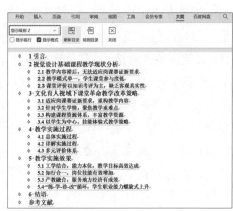

图2-1-77

该段落内容向相应的方向进行移动。单击"关闭"按钮，可以从大纲视图退出，返回页面视图方式。

二、使用"导航"任务窗格

在使用WPS文字编辑文档时，用户有时会遇到长达几十页甚至上百页的超长文档，使用WPS文字的"导航"任务窗格可以为用户提供精确导航。切换到"视图"选项卡，单击"导航窗格"按钮使其处于选中状态，即可在WPS文字编辑区的左侧打开"导航"任务窗格。WPS文字提供"目录"导航和"章节"导航两种方式。

1. "目录"导航

当对超长文档事先设置了标题样式后，即可使用"目录"导航方式。打开"导航"任务窗格后，默认即为"目录"导航模式。WPS文字会对文档进行分析，智能识别出目录，并将文档标题在"导航"任务窗格中列出，单击其中的标题，即可自动定位到相关段落，如图2-1-78所示。

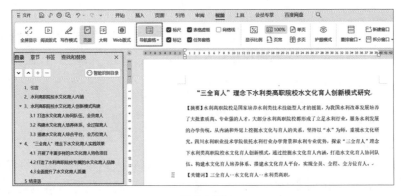

图 2-1-78

2. "章节"导航

为了方便用户对长文档进行编辑和管理，WPS文字提供"章节"导航特色功能，通过"章节"导航功能，用户可快速定位文章，高效调整文章结构。使用WPS文字编辑文档会自动分页，"章节"导航就是根据WPS文字文档的默认分页进行导航的。单击"导航"任务窗格左侧"目录"按钮右侧的"章节"按钮，任务窗格切换到"章节"导航，WPS文字会在任务窗格中以缩略图形式列出文档分页。只要单击分页缩略图，即可定位到相应页面查阅。

操作步骤：单击"视图"选项卡，再单击"导航窗格"按钮，然后切换至"章节"选项卡，打开"章节导航"窗格，如图2-1-79所示。

图 2-1-79

三、制作目录和索引

目录是一篇长文档或一本书的大纲提要，可以通过目录了解文档的整体结构，以便把握全局内容框架。在WPS文字中可以直接将文档中套用样式的内容创建为目录，也可以根据需要添加特定内容到目录中。

1. 自动目录样式

如果文档中应用了WPS文字定义的各级标题样式，则创建目录的操作步骤如下：

① 检查文档中的标题，确保它们已经以标题样式被格式化。

② 将插入点移到需要目录的位置，切换到"引用"选项卡，单击"目录"按钮，在弹出的下拉菜单"目录"栏中选择一种目录样式，即可快速生成该文档的目录。

2. 自定义目录

如果要利用自定义样式生成目录，则参照下列步骤进行操作：

① 将光标移到目标位置，切换到"引用"选项卡，单击"目录"按钮，从下拉菜单中选择"自定义目录"命令，打开"目录"对话框，如图2-1-80所示。

图 2-1-80

② 在"制表符前导符"下拉列表中指定文字与页码之间的分隔符，在"显示级别"下拉列表中指定目录中显示的标题层次。

③ 要从文档的不同样式中创建目录，单击"选项"按钮，打开"目录选项"对话框，在"有效样式"下拉列表中找到标题使用的样式，通过"目录级别"文本框指定标题的级别，单击"确定"按钮，即可在文档中插入目录。

3. 智能识别目录

智能识别目录是WPS文字组件中应用人工智能的特色功能。在文档中的标题未应用标题样式的情况下，它可以自动识别文档的段落结构并生成对应级别的目录，如图2-1-81所示，免去手动设置标题格式的麻烦，提高办公效率。操作步骤如下：

单击"视图"选项卡，再单击"导航窗格"按钮，切换至"目录"视图窗格，单击"智能识别目录"按钮，打开"WPS文字"对话框，单击"确定"按钮，生成智能目录。

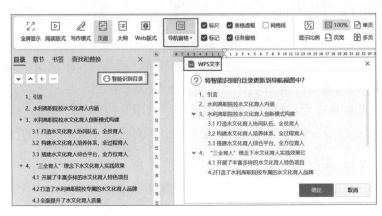

图 2-1-81

4. 更新目录

当文档内容发生变化时，需要对其目录进行更新，操作步骤如下：

① 切换到"引用"选项卡，单击"更新目录"按钮（或者右击目录文本，从弹出的快捷菜单中选择"更新域"命令），打开"更新目录"对话框。

② 如果只是页码发生改变，则选中"只更新页码"单选按钮；如果有标题内容的修改或增减，则选中"更新整个目录"单选按钮。

③ 单击"确定"按钮，目录更新完毕，如图2-1-82所示。

选中整个目录，然后按Ctrl+Shift+F9组合键，中断目录与正文的链接，目录即被转换为普通文本。这时，可以像编辑普通文本那样直接编辑目录。

图 2-1-82

5. 制作索引

由于索引的对象为"关键词"，因此，在创建索引前必须对索引关键词进行标记，操作步骤如下：

① 在文档中选择要作为索引项的关键词，切换到"引用"选项卡，单击"标记索引项"按钮，打开"标记索引项"对话框，如图2-1-83所示。

② 此时，在"主索引项"文本框中显示被选中的关键词，单击"标记"按钮，完成第1个索引项的标记，单击"关闭"按钮。

图 2-1-83

③ 从页面中查找并选定第2个需要标记的关键词，再次打开"标记索引项"对话框，单击"标记"按钮。

④ 完成后单击"关闭"按钮，将"标记索引项"对话框关闭。

⑤ 定位到文档结尾处，单击"插入索引"按钮，打开"索引"对话框，如图2-1-84所示。在"类型"栏中选择索引的类型，通常选择"缩进式"类型；在"栏数"文本框中指定栏数以编排索引。此外，还可以设置排序依据、页码右对齐等选项。

图 2-1-84

四、设置页眉和页脚

位于页面顶部、底部的说明信息分别称为页眉和页脚，其内容可以是页码、日期、作者姓名、单位名称、徽标及章节名称等。在WPS文字中，预设了丰富的页眉、页脚和页码模板以及页眉页脚的配套组合，方便用户快速并统一地美化文档。此外，页眉横线可一键添加。

1. 创建页眉和页脚

在使用WPS文字编辑文档时，可以在进行版式设计时直接为所有的页面添加页眉和页脚。WPS文字提供了许多漂亮的页眉、页脚格式，添加页眉和页脚的操作步骤如下：

① 切换到"插入"选项卡，单击"页眉页脚"按钮，显示"页眉页脚"选项卡。

② 单击"页眉"按钮，从下拉列表中选择所需的样式，即可在页眉区中添加相应的内容。

③ 输入页眉的内容，或者单击"日期和时间"等按钮来插入一些特殊的信息。

④ 单击"页眉页脚切换"按钮，切换到页脚区进行设置。

⑤ 单击"页眉页脚"选项卡中的"关闭"按钮，返回到正文编辑状态，如图2-1-85所示。

图 2-1-85

2. 使用模板创建页眉和页脚

方法一：双击文档页眉或页脚，激活"页眉页脚"选项卡，单击"配套组合""页眉"

"页脚""页码"或"页眉横线"下拉按钮,然后选择合适的模板应用,如图2-1-86所示。

方法二:单击"章节"选项卡,选择"页眉页脚",单击"配套组合""页眉""页脚""页码"或"页眉横线"下拉按钮,然后选择合适的模板应用。

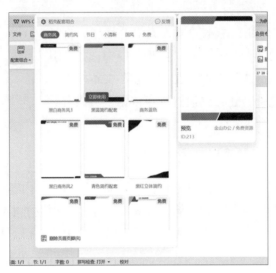

图 2-1-86

3. 为奇偶页创建不同的页眉和页脚

如果文档要双面打印,则通常需要为奇偶页设置不同的页眉和页脚,操作步骤如下:

① 双击文档首页的页眉或页脚区,进入页眉和页脚编辑状态。

② 切换到"页眉页脚"选项卡,选中"奇偶页不同"复选框,如图2-1-87所示。此时,页眉区的顶部显示"奇数页 页眉-第×节-"字样,可以根据需要创建奇数页的页眉。

图 2-1-87

③ 单击"后一项"按钮,在页眉的顶部显示"偶数页 页眉"字样,根据需要创建偶数页的页眉。

④ 如果想创建偶数页的页脚,则单击"页眉页脚切换"按钮,切换到页脚区进行设置。

⑤ 设置完毕后,单击"页眉页脚"选项卡中的"关闭"按钮。

4. 修改与删除页眉和页脚

对页眉和页脚内容进行修改编辑的操作步骤如下:

① 双击页眉区或页脚区，进入对应的编辑状态，然后修改其中的内容，或者进行排版。

② 如果要调整页眉顶端或页脚底端的距离，则在"页眉上边距"和"页脚下边距"微调框中输入数值。

③ 单击"页眉页脚"选项卡中的"关闭"按钮，返回正文编辑状态。

当用户不想显示页眉下方的默认横线时，可以参考以下操作步骤进行删除。

方法一：单击"页眉页脚"选项卡，再单击"页眉横线"按钮，在下拉列菜单中选择"删除横线"命令，如图2-1-88所示。

图 2-1-88

方法二：单击滚动条右侧的"样式"按钮，打开"样式"任务窗格。在列表框中右击"页眉"选项，在快捷菜单中选择"修改"命令，并在打开的"修改样式"对话框中单击左下角的"格式"按钮，从弹出的下拉菜单中选择"边框"命令，打开"边框和底纹"对话框。接着在"边框"选项卡的"设置"栏中选择"无"选项，单击"确定"按钮，返回"修改样式"对话框，最后单击"确定"按钮，完成对"页眉"样式的修改，如图2-1-89所示。

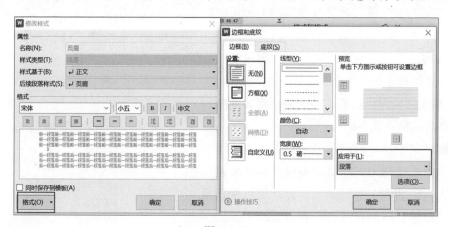

图 2-1-89

当文档中不再需要页眉时，可以将其删除，方法为：双击要删除的页眉区，然后按Ctrl+A组合键选取页眉文本和段落标记，接着按Delete键。

5. 设置页码

当一篇文章由多页组成时，为便于按顺序排列与查看，可以为文档添加页码，操作步骤如下：

① 切换到"插入"选项卡，单击"页码"按钮，从下拉菜单"预设样式"中选择页码出现的位置，如图2-1-90所示。

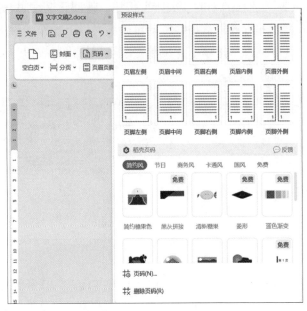

图 2-1-90

② 如果要设置页码的格式，则从"页码"下拉菜单中选择"页码"命令，打开"页码"对话框。

③ 在"样式"下拉列表框中选择一种页码格式，如"1，2，3，…"或"i，ii，iii，…"等。

④ 如果不想从1开始编制页码，则设置"起始页码"微调框中的数字。

⑤ 单击"确定"按钮，关闭对话框，此时可以看到修改后的页码。

图 2-1-91

快捷页码工具：用户除了采用传统方法添加页码外，也可以利用WPS文字提供的快捷页码工具（插入页码功能）进行添加。此功能可快速插入页码并设置页码的样式、位置以及应用范围，操作步骤如下：将光标定位至页眉或页脚位置，双击"插入页码"按钮，在展开面板中设置页码"样式""位置"以及"应用范围"，单击"确定"按钮，如图2-1-91所示。

五、使用样式

样式是WPS文字中最重要的排版工具。应用样式可以直接将文字和段落设置成事先定义好的格式，样式是字体、段落和编号等格式集合而成的格式模板，它是长文档编辑和管理的关键。通过应用样式，可高效统一规范长文档的格式，也便于批量快速修改文档格式。同时，借助样式可以生成精准的文档目录。

1. 创建新样式

样式是一套预先调整好的文本格式。系统自带的样式为内置样式，用户无法将它们删除，但可以对其进行修改。可以根据需要创建新样式，操作步骤如下：

① 单击垂直滚动条右侧的"样式和格式"按钮，打开"样式和格式"任务窗格，如图2-1-92所示。单击"新样式"按钮，打开"新建样式"对话框，如图2-1-93所示。

图 2-1-92

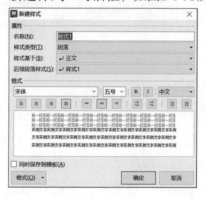

图 2-1-93

② 在"名称"文本框中输入新建样式的名称。注意，要尽量取有意义的名称，并且不能与系统默认的样式同名。

③ 在"样式类型"下拉列表中选择样式类型，其中包括段落和字符两个选项。

④ 在"样式基于"下拉列表中列出了当前文档中的所有样式。如果要创建的样式与其中某个样式比较接近，选择该样式，新样式会继承选择样式的格式，只要稍作修改即可。

⑤ 在"后续段落样式"下拉列表中显示了当前文档中的所有样式，其作用是在编辑文档的过程中按Enter键后，转到下一段落时自动套用样式。

⑥ 在"格式"栏中，可以设置字体、段落的常用格式，还可以单击"格式"按钮，从弹出的列表中选择要设置的格式类型，对格式进行详细的设置。

⑦ 单击"确定"按钮，新样式创建完成。

2. 应用样式

借助样式可以生成精准的文档目录。需要注意不同类型的样式代表了不同的文档层级。应用样式的操作步骤如下：选中目标文字或段落，单击"开始"选项卡，打开"样式"库，单击"标题1"等样式。

3. 修改与删除样式

对于内置样式和自定义样式都可以进行修改。先打开"修改样式"对话框，步骤如下：

① 在垂直滚动条右侧的"样式和格式"任务窗格中选中要修改的样式，上方文本框内的样式名称会发生相应的改变。

② 单击样式名右侧的箭头按钮，从弹出的下拉菜单中选择"修改"命令。在打开的"修改样式"对话框中可以根据需要重新设置样式，其方法与操作"新建样式"对话框基本类似。

③ 打开"样式"任务窗格，单击样式名右侧的箭头按钮，或右击样式名，从弹出的快捷菜单（见图2-1-94）中选择"删除样式"命令，即可删除不再使用的样式。

图 2-1-94

4. 样式关联多级编号

在长文档编辑中，标题常常与编号同时出现，可将样式与多级编号关联，使在应用样式的同时也应用多级编号，具体操作步骤如下：

单击"开始"选项卡，打开"样式"库，将光标移至目标样式上方，单击右键，在弹出的快捷菜单中选择"修改样式"命令，打开"修改样式"对话框。单击"格式"按钮，选择"编号"命令，打开"项目符号和编号"对话框。根据需求选择"多级编号"或"自定义列表"选项卡进行设置，或者单击"自定义"按钮，在弹出的"自定义多级编号列表"对话框中进行设置，最后单击"确定"按钮，如图2-1-95所示。

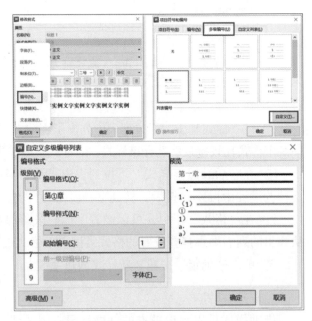

图 2-1-95

六、文档审阅与修订

1. 修订文档

修订文档是一个便于审阅者与作者沟通修改意见的功能。启用修订功能后，WPS文字将自动记录文档中所有内容的变更痕迹，并且将这些变更痕迹标记出来。对于修订的标记，作者可选择接受或拒绝，操作步骤如下：单击"审阅"选项卡，再单击"修订"按钮，进入修订状态后修改文档内容，将自动记录并显示标记。

2. 添加批注

在审阅文档时，给文档添加批注可以让审阅者与作者的沟通更清晰与方便，操作步骤如下：将光标定位至目标位置，单击"审阅"选项卡，再单击"插入批注"按钮，在批注框中输入批注内容。

3. 文档校对

WPS文字提供文档校对功能，能智能识别文档所属领域（也可手动添加）匹配关键字，对文档内容进行校对，找出常见错误，操作步骤如下：单击"审阅"选项卡，再单击"文档校对"按钮，打开"WPS文件校对"对话框。单击"开始校对"按钮，再单击"马上修正文档"按钮，进入"文档校对"窗口，根据需求对文档进行修正。

任务 2　WPS 表格处理

子任务 2.1　创建学生成绩管理表格

❖ 任务详情

小明是某水利院校大数据技术专业学生，期末考试结束后作为班长的他要辅助老师进行班级成绩分析与总结，老师希望他利用WPS表格制作本班同学的成绩表，主要内容包括：

1. 表格内容包括序号、学生的学号、班级、姓名和各个科目成绩。
2. 对表格中的内容进行统计和图表显示。

❖ 任务目标

1. 掌握WPS表格提供的自动填充功能，可以自动生成序号。
2. 掌握单元格数据的格式、字体、对齐方式等设置。
3. 掌握数据有效性设置。
4. 掌握数据快速录入的方法。

❖ 任务实施

一、创建学生成绩表基本数据

1. 创建新工作簿

在WPS表格的快速访问工具栏左侧单击"文件"按钮，选择"新建"命令，在级联菜单中选择"新建"命令，创建空白工作簿如图2-1-96所示。

2. 输入数据

（1）输入表格标题及列标题。

① 单击单元格A1，输入标题"大数据技术1班成绩汇总表"，然后按Enter键，使光标移至单元格A2中。

② 在单元格A2中输入列标题"序号"，然后按Tab键，使单元格B2成为活动单元格，并在其中输入标题"学号"。使用相同的方法，在单元格区域C2：H2中依次输入标题"姓名""高数""英语""数据分析""云计算技术""非关系数据库"和"综合实训"。

（2）输入"序号"列的数据。

增加"序号"列，可以直观地反映出班级的人数。

① 单击单元格A3，在其中输入数字"1"。

② 将鼠标指针移至单元格A3的右下角，当出现控制句柄"+"时，按住鼠标左键拖动至单元格A42，单元格区域A4：A42内会自动生成序号。

（3）输入"学号"列的数据。

学生的学号由数字组成，作为区分不同学生的标记，因此，将学号输入成文本型数据即可。

① 按住鼠标左键拖动选定单元格区域B3：B42，切换到"开始"选项卡，在"数字"选项组中单击"常规"下拉列表框右侧的箭头按钮，在下拉列表框中选择"文本"选项，如图2-1-97所示。

图 2-1-96

图 2-1-97

② 在单元格B3中输入学号"2023301"，然后利用控制句柄在单元格区域B4：B42中自动填充学号。

（4）录入姓名及各科目成绩。

① 在单元格区域 C3：C42中依次输入学生的姓名，在输入课程成绩前，先使用"数据验证"功能将相关单元格的值限定在0～100，输入的数据一旦越界，就可以及时发现并改正。

② 选定单元格区域D3：H42，切换到"数据"选项卡，单击"有效性"按钮，打开"数据有效性"对话框。

③ 在"设置"选项卡中，将"允许"设置为"整数"，"数据"设置为"介于"，在"最小值"和"最大值"文本框中分别输入数字0和100，如图2-1-98所示。

图 2-1-98

④ 切换到"输入信息"选项卡，在"标题"文本框中输入"注意"，在"输入信息"文本框中输入"请输入0—100之间的整数"。

⑤ 切换到"出错警告"选项卡，在"标题"文本框中输入"出错啦"，在"错误信息"文本框中输入"您所输入的数据不在正确的范围!"，最后单击"确定"按钮。

⑥ 在单元格区域 D3：H42中依次输入学生课程成绩。如果不小心输入了错误数据，就会弹出提示框。此时，可以在单元格中重新输入正确的数据。

（5）录入实训成绩。实训成绩只能是"优""良""中""及格"和"不及格"中的某一项，可以考虑将其制作成有效序列，输入数据时只需从中选择即可。

① 在I2单元格中输入"综合实训"，选定单元格区域I3：I42，打开"数据有效性"对话框。切换到"设置"选项卡将"允许"设置为"序列"，在"来源"文本框中输入构成序列的值"优，良，中，及格，不及格"。注意，序列中的逗号需要在英文状态下输入。

② 单击单元格区域I3：I42中的任意单元格，其右侧均会显示一个下拉箭头按钮，单击该按钮会弹出含有自定义序列的列表，如图2-1-99所示，使用列表中的选项依次输入学生的实训成绩。

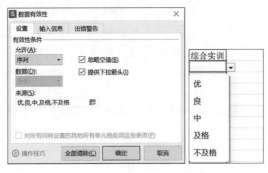

图 2-1-99

（6）保存工作簿。基础数据输入完成后的结果如图2-1-100所示，按Ctrl+S组合键，在打开的"另存文件"对话框中选择适当的保存位置以"学生考试成绩"为文件名保存工作簿。

	A	B	C	D	E	F	G	H	I
1	大数据技术1班成绩汇总表								
2	序号	学号	姓名	高数	英语	云计算技	数据分析	非关系数据库	综合实训
3	1	2023301	谢民航	60	89	90	89	86	优
4	2	2023302	杨茜	61	90	69	56	92	良
5	3	2023303	王雪梅	49	85	85	54	85	良
6	4	2023304	罗敏	38	96	45	85	63	中
7	5	2023305	王家其	63	81	98	86	51	及格
8	6	2023306	王琴梅	61	74	99	84	57	良
9	7	2023307	王金莎	37	72	56	75	59	优
10	8	2023308	王前程	66	59	85	76	83	中
11	9	2023309	聂佳淇	33	80	76	66	55	中
12	10	2023310	郑甜甜	60	77	85	65	58	优
13	11	2023311	杨愉彬	49	77	86	98	54	良
14	12	2023312	陈林秀	37	77	59	96	98	中
15	13	2023313	曾容鑫	61	77	89	95	86	及格
16	14	2023314	李茂亭	34	77	74	74	35	良
17	15	2023315	赵俊华	15	75	75	75	67	不及格
18	16	2023316	杨俊	64	75	96	85	68	良

图 2-1-100

二、单元格格式设置

1. 标题格式设置

选定单元格区域 A1：I1，切换到"开始"选项卡，单击"合并居中"按钮，使标题行居中显示。继续选定标题行单元格，单击"单元格"按钮，从下拉菜单中选择"设置单元格格式"命令（或者按Ctrl+1组合键），打开"单元格格式"对话框，在"字体"选项卡中将"字体"设置为"楷体"，"字号"设置为"20"，"字形"设置为"粗体"，完成标题行设置，如图2-1-101所示。

2. 边框设置

选定单元格区域A2：I42，切换到"开始"选项卡，单击"单元格"按钮，从下拉菜单中选择"设置单元格格式"命令，打开"单元格格式"对话框，选择"边框"选项卡，单击"外边框"按钮和"内部"按钮，并单击"确定"按钮。接着单击"开始"选项卡中的"水平居中"按钮，完成表格区域的格式。

3. 美化单元格

选定单元格区域A2：I2，切换到"开始"选项卡，单击"单元格"按钮，从下拉菜单中选择"设置单元格格式"命令，打开"单元格格式"对话框，选择"图案"选项卡，设置单元格底纹颜色，实现对行标题的美化效果，如图2-1-102所示。

4. 设置条件格式

将学生成绩表中数字型成绩小于60分的和文本型成绩为"不及格"的单元格设置为倾斜、加粗、红色字体。

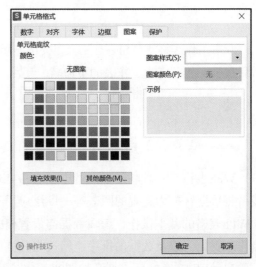

图 2-1-101　　　　　　　　　　　　　　　　图 2-1-102

选定单元格区域 D3：H42，单击"开始"选项卡中的"条件格式"按钮，从下拉菜单中选择"新建规则"命令，打开"新建格式规则"对话框，如图2-1-103所示。

在"选择规则类型"列表框中选择"只为包含以下内容的单元格设置格式"选项，将"编辑规则说明"组中的条件设置为"小于"，并在后面的数据框中输入数字"60"，如图2-1-103所示。接着单击"格式"按钮，打开"单元格格式"对话框。切换到"字体"选项卡，在"字形"框中选择"加粗 倾斜"选项，将"颜色"设置为"标准色"组中的"红色"选项，如图2-1-104所示。

图 2-1-103　　　　　　　　　　　　　　　　图 2-1-104

选定单元格区域I3：I42，再次打开"新建格式规则"对话框，参照上述步骤完成对综合实训成绩的条件格式设置。

三、重命名工作表

双击工作表标签"Sheet1",在突出显示的标签中输入新的名称"学生成绩汇总表",然后按Enter键,完成工作表的重命名。最后,按Ctrl+S组合键将工作簿再次保存,任务完成。

❖ 知识链接

一、WPS 表格简介

WPS表格是一款功能强大的电子表格处理软件,可以管理账务、制作报表分析数据,或者将数据转换为直观的图表等,广泛应用于财务、统计、经济分析等领域,主要操作包含WPS表格的基本操作,编辑数据与设置格式的方法和技巧,公式和函数的使用,图表的制作与美化,以及数据的排序、筛选与分类汇总等内容。

启动WPS 表格后,打开如图2-1-105所示的WPS表格工作界面。WPS表格的工作界面有选项卡、功能区、状态栏等。WPS表格与WPS文字工作界面类似,以下主要介绍它与WPS文字不同的部分。

图 2-1-105

1. 数据编辑区

数据编辑区位于选项卡的下方,由名称框和编辑栏两个部分组成。名称框也称活动单元格地址框,用于显示当前活动单元格的位置。编辑栏用于显示和编辑活动单元格中的数据和公式,选定某单元格后,即可在编辑框中输入或编辑数据。其左侧有以下3个按钮。

"取消"按钮:该按钮用于恢复到单元格输入之前的状态。

"输入"按钮:该按钮用于确认编辑框中的内容为当前选定单元格的内容。

"插入函数"按钮:该按钮用于在单元格中插入函数。

2. 工作表区域

数据编辑区和状态栏之间的区域就是工作表区域，也称为工作簿窗口。工作表区域包含行号、列号、滚动条、工作表标签等。

工作表标签：工作表标签位于工作簿窗口的左下角。工作表是通过工作表标签来标识的，当工作簿中包含多个工作表时，单击不同的工作表标签可在各工作表之间进行切换。默认情况下，WPS表格新建的工作簿中只包含一个工作表Sheet1。

二、WPS表格基本操作

1. 工作簿、工作表和单元格的基本操作

（1）工作簿的基本操作。

启动WPS Office后，在打开的"首页"界面中单击左侧或上方的"新建"，打开"新建"界面，单击"表格"图标，选择"新建空白文档"，WPS表格会自动创建一个名为"工作簿 1"的空白工作簿，并进入其工作界面。如果要新建其他工作簿，可直接按Ctrl+N组合键，快速创建一个空白工作簿。

（2）工作表的基本操作。

在WPS表格中，一个工作簿可以包含多个工作表，用户可以根据需要对工作表进行插入、重命名、移动和删除等操作。

① 插入工作表：单击工作表右侧的"新建工作表"按钮，在所有工作表的右侧插入一个新工作表。

② 选择工作表：要选择单个工作表，直接单击相应的工作表标签即可。

③ 重命名工作表：用户可以为工作表设置一个与其保存内容相关的名字，以方便区分工作表。

④ 移动工作表：要在同一工作簿中移动工作表，可单击要移动的工作表标签，然后按住鼠标左键将其沿标签栏拖动到所需位置即可。

⑤ 保护工作表。右击工作表标签，从弹出的快捷菜单中选择"保护工作表"命令，打开"保护工作表"对话框。如果要给工作表设置密码，则在"密码（可选）"文本框中输入密码。

（3）单元格的基本操作。

① 选择单元格或单元格区域。

选择单元格：单击某个单元格，即可将其选中。

选择单元格区域：按住鼠标左键并拖过要选择的单元格，释放鼠标即可。

选择不相邻的多个单元格或单元格区域：可首先利用前面介绍的方法选择第一个单元格或单元格区域，然后在按住Ctrl键的同时再选择其他单元格或单元格区域。

选择行或列：将鼠标指针移到该行左侧的行号上或该列顶端的列标上，当鼠标指针变成➜形状时单击。

选择整个工作表：按Ctrl+A组合键或单击工作表左上角行号与列标交叉处的"全选"按钮。

② 插入或删除单元格、行和列。

插入单元格、行和列：在要插入单元格的位置选中与要插入的单元格数量相等的单元格，然后单击"开始"选项卡中的"行和列"按钮，在展开的下拉列表中选择"插入单元格"/"插入单元格"选项，打开"插入"对话框，根据需要选择一种插入方式，最后单击"确定"按钮即可。

删除单元格、行和列：首先单击某个单元格或选定要删除的单元格区域，然后在选定区域中右击，从弹出的快捷菜单中选择"删除"命令（或按Ctrl+-组合键），打开"删除"对话框。接着在"删除"栏中做合适的选择，最后单击"确定"按钮，完成操作。

③ 合并与拆分单元格。合并单元格是指将相邻的多个单元格合并为一个单元格。要合并单元格，可首先选中要进行合并的单元格区域，然后单击"开始"选项卡中的"合并居中"按钮，或单击"合并居中"下拉按钮，在展开的下拉列表中选择一种合并方式。要拆分合并后的单元格，只需选中该单元格，再次单击"合并居中"按钮即可。

2. 数据录入与编辑

（1）选定单元格及单元格区域。当一个单元格成为活动单元格时，它的边框会变成绿线，其行号、列标会突出显示，用户可以在名称框中看到其坐标。选定工作表的操作见表2-1-7。

表 2-1-7

选定对象	选定方法
单个单元格	单击相应的单元格，或用方向键移动到相应的单元格
连续单元格区域	单击要选定单元格区域的第 1 个单元格，然后按住鼠标左键拖动直到要选定的最后一个单元格，或者按住 Shift 键单击单元格区域中的最后一个单元格，或者在名称框中输入单元格区域的地址，并按 Enter 键
不相邻的单元格或单元格区域	选定第 1 个单元格或单元格区域，然后按住 Ctrl 键选定其他的单元格或单元格区域，或者在名称框中输入使用逗号间隔的每个单元格区域地址，并按 Enter 键
单行或单列	单击行号或列标
相邻的行或列	按住鼠标左键沿行号或列标拖动，或者先选定第 1 行或第 1 列，然后按住 Shift 键选定其他的行或列
不相邻的行或列	先选定第 1 行或第 1 列，然后按住 Ctrl 键选定其他的行或列
连续的数据区域	单击数据区域中的任意单元格，然后按 Ctrl+A 组合键
工作表中的全部单元格	单击行号和列标交叉处的"全部选定"按钮，或者单击空白单元格，再按 Ctrl+A 组合键
增加或减少活动区域中的单元格	按住 Shift 键，并单击新选定区域中的最后一个单元格，在活动单元格和所单击单元格之间的矩形区域将成为新的选定区域
取消选定的区域	单击工作表中的其他任意单元格，或按方向键

若选定的是单元格区域，该区域将反白显示，其中，用鼠标单击的第1个单元格正常显示，表明它是活动单元格。也可以利用工具快速选取数量众多、位置比较分散的相同数据类型的单元格。

（2）输入数据。

① 输入数值。直接输入的数值数据默认为右对齐。在输入数值数据时，除0～9、正/负号和小数点外，还可以使用以下符号。

"E"和"e"：用于指数的输入，如2.6E-3；圆括号：表示输入的是负数，如（312）表示-312；以"＄"或"￥"开始的数值：表示货币格式；以符号"%"结尾的数值：表示输入的是百分数，如40%表示0.4；逗号：表示千位分隔符，如1，234.56。可以先输入基本数值数据，然后切换到"开始"选项卡，通过"数字"选项组中的下拉列表框或按钮实现上述效果，如图2-1-106所示。

图 2-1-106

当输入的数值长度超过单元格的宽度时，将会自动转换成文本类型；选择"转换为数字"命令，将会自动转换成科学记数法，即以指数法表示。当输入真分数时，应在分数前加0和一个空格，即"0"，如输入"0 1/2"表示分数$\frac{1}{2}$。

② 输入文本。文本也就是字符串，默认为左对齐。当文本不是完全由数字组成时，直接由键盘输入即可。若文本由一串数字组成，输入时可以使用下列方法：在该串数字的前面加一个半角单引号，例如，要输入手机号码18380351145，则应输入"'18380351145"。

选定要输入文本的单元格区域，切换到"开始"选项卡，将"数字格式"下拉列表框设置为"文本"选项，然后输入数据。

③ 输入日期和时间。日期的输入形式比较多，可以使用斜杠"/"或连字符"-"对输入的年、月、日进行间隔，如输入"2019-6-8""2019/6/8"均表示2019年6月8日。

如果输入"4/5"形式的数据，则系统默认为当前年份的月和日。如果要输入当天的日期，则可以按Ctrl+；组合键，在输入时间时，时、分、秒之间用冒号":"隔开，也可以在后面加上"A"（或"AM"）或者"P"（或"PM"）表示上午、下午。注意，表示秒的数值和字母之间应有空格，如输入"10：34：52A"。

当输入"10：29"形式的时间数据时，表示的是小时和分钟。如果要输入当前的时间，则可以按Ctrl+Shift+；组合键。

另外，也可以输入"2019/6/8 10：34：52A"形式的日期和时间数据。注意，二者之间要留有空格。在单元格中输入"=NOW( )）"时，可以显示当前的日期和时间。

如果需要对日期或时间数据进行格式化，则可以单击"单元格"按钮，从下拉菜单中选择"设置单元格格式"命令，打开"单元格格式"对话框。然后在"数字"选项卡"分类"列表框中选择"日期"或者"时间"选项，在右侧的"类型"列表框中进行选择。

（3）快速输入工作表数据。

① 使用鼠标填充项目序号。向单元格中输入数据后，在控制句柄处按住鼠标左键向下或向右拖动（也可以向上或向左拖动），如果原单元格中的数据是文本，则鼠标经过的区域中会用原单元格中相同的数据填充；如果原数据是数值，则WPS表格会进行递增式填充。

在按住Ctrl键的同时拖动控制句柄进行数据填充时，则在拖动的目标单元格中复制原来的数据。

在单元格A1中输入数字"1"，向下填充单元格后，单击右下角的"自动填充选项"按钮，从下拉菜单中选择所需的填充选项，如"以序列方式填充"，可改变填充方式，结果如图2-1-107所示。

② 使用鼠标填充等差数列。在开始的两个单元格中输入数列的前两项，然后将这两个单元格选定，并沿填充方向拖动控制句柄，即可在目标单元格区域填充等差数列。

③ 填充日期和时间序列。选中单元格输入第1个日期或时间，按住鼠标左键向需要的方向拖动，然后单击"自动填充选项"按钮，从下拉菜单中选择适当的选项即可。例如，在单元格A1中输入日期"2024/05/10"，向下拖动并选择"以工作日填充"选项后的结果如图2-1-108所示。

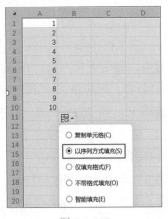

图 2-1-107

图 2-1-108

④ 使用对话框填充序列。用鼠标填充的序列范围比较小，如果要填充等比数列，则可以使用对话框方式。下面以在单元格区域A1：E1中的单元格填充序列1、3、9、27、81为例说明操作步骤：在单元格A1中输入数字1，然后选中单元格区域A1：E1，切换到"开始"选项卡，单击"填充"按钮，从下拉菜单中选择"序列"命令，打开"序列"对话框如图2-1-109所示。在"类型"栏中选中"等比序列"单选按钮，在"步长值"文本框中输入数字3，最后单击"确定"按钮。

⑤ 自定义序列。根据实际工作需要，可以更加快捷地填充固定的序列，方法为：单击快速访问工具栏左侧的"文件"按钮，在下拉菜单中选择"选项"命令，打开"选项"对话框，在其中选择"自定义序列"选项卡，如图2-1-110所示。

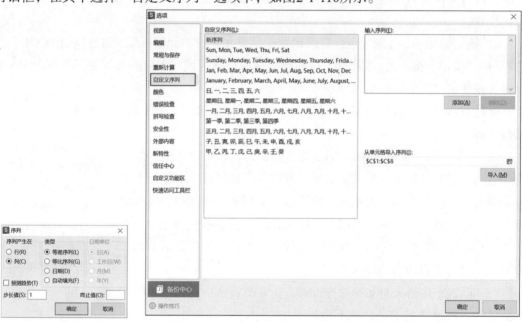

图 2-1-109   图 2-1-110

在"输入序列"文本框中输入自定义的序列项，每项输入完成后按Enter键进行分隔，然后单击"添加"按钮，新定义的序列就会出现在"自定义序列"列表框中。单击"确定"按钮，回到工作表窗口，在单元格中输入自定义序列的第1个数据，通过拖动控制句柄的方法进行填充，到达目标位置后释放鼠标按键即可完成自定义序列的填充。

3. 编辑与设置表格数据

（1）修改与删除单元格内容。当需要对单元格的内容进行编辑时，可以通过下列方式进入编辑状态：

① 双击单元格，可以直接对其中的内容进行编辑。

② 将光标定位到要修改的单元格中，然后按F2键。

③ 激活需要编辑的单元格，然后在编辑框中修改其内容。

单元格进入编辑状态后，光标变成了垂直竖条的形状，可以用方向键来控制插入点的移动。按Home键，插入点将移至单元格的开始处；按End键，插入点将移至单元格的尾部。

修改完毕后，按Enter键或单击编辑栏中的"输入"按钮对修改予以确认。若要取消修改，按Esc键或单击编辑栏中的"取消"按钮。

选定单元格或单元格区域，然后按Delete键，可以快速删除单元格中的数据内容，并保留单元格具有的格式。

（2）移动与复制表格数据。

① 使用鼠标拖动。移动单元格内容时，将鼠标指针移至所选区域的边框上，然后按住鼠标左键将数据拖曳到目标位置，再释放鼠标按键。

复制数据时，首先将鼠标指针移至所选区域的边框上，然后按住Ctrl键并拖动鼠标到目标位置。

② 使用剪贴板。首先选定含有移动数据的单元格或单元格区域，然后按Ctrl+X组合键（或单击"剪切"按钮），接着单击目标单元格或目标区域左上角的单元格，并按Ctrl+V组合键（或单击"粘贴"按钮）。

复制过程与移动过程类似，只是按Ctrl+C组合键（或单击"复制"按钮）即可。

③ 复制到邻近的单元格。WPS表格为复制到邻近单元格提供了附加选项。例如，要将单元格复制到下方的单元格区域，则先选中要复制单元格，然后向下扩大选区，使其包含复制到的单元格，接着切换到"开始"选项卡，单击"填充"按钮，从下拉菜单中选择"向下填充"命令即可，如图2-1-111所示。在使用"填充"下拉菜单中的命令时，不会将信息放到剪贴板中。

图2-1-111

（3）设置字体格式与文本对齐方式。在WPS表格中设置字体格式的方法与WPS文字类似，此处不再赘述。

（4）设置表格边框和填充效果。

① 设置表格的边框。默认情况下，工作表中的表格线都是浅色的，称为网格线，它们在打印时并不显示。为了打印带边框线的表格，可以为其添加不同线型的边框，方法为：选择要设置的单元格区域，切换到"开始"选项卡，单击"边框"按钮，然后从下拉菜单中选择适当的边框样式。

如果对下拉菜单中列举的边框样式不满意，则选择"其他边框"命令，打开"单元格格式"对话框并切换到"边框"选项卡，然后在"样式"列表框中选择边框的线条样式，在"颜色"下拉列表框中选择边框的颜色，在"预置"栏中为表格添加内、外边框或清除表格线，在"边框"栏中自定义表格的边框位置。

② 添加表格的填充效果。选择要设置的单元格区域，切换到"开始"选项卡，单击"填充颜色"按钮右侧的箭头按钮，从下拉列表中选择所需的颜色。

在"单元格格式"对话框的"图案"选项卡中，还可以设置单元格区域的背景色、填充效果、图案颜色和图案样式等。

（5）套用表格格式。WPS表格提供了"表"功能，用于对工作表中的数据套用"表"格式，从而实现快速美化表格外观的目的。其操作步骤如下：

① 选定要套用"表"格式的单元格区域，切换到"开始"选项卡，单击"表格样式"按钮，从弹出的下拉列表中选择一种表格样式，如图2-1-112所示。

② 在打开的"套用表格样式"对话框中，确认表数据的来源区域是否正确。如果希望转换成表格，则选中"转换成表格，并套用表格样式"单选按钮；如果希望标题出现在套用样式的表中，则选中"表包含标题"复选框；如果希望筛选按钮出现在表中，则选中"筛选按钮"复选框，如图2-1-113所示。

③ 单击"确定"按钮，表格式套用在选择的数据区域中。

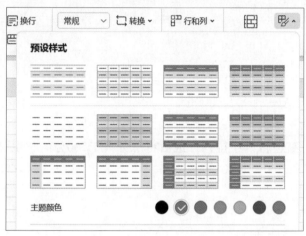

图 2-1-112

图 2-1-113

如果要将表转换为普通的区域，则切换到"表格工具"选项卡，单击"转换为区域"按钮，在弹出的对话框中单击"确定"按钮。

（6）设置条件格式。若只对选定单元格区域中满足条件的数据进行格式设置，就要用到条件格式。在为数据设置默认条件格式时首先选择要设置的数据区域，然后切换到"开始"选项卡，单击"条件格式"按钮，从下拉菜单中选择设置条件的方式，如图2-1-114所示。

（7）格式的复制与清除。

① 复制格式。和WPS文字一样，在WPS表格中复制格式最简单的方法是使用格式刷。

② 清除格式。当用户对单元格区域中设置的格式不满意时，切换到"开始"选项卡，单击"字体"选项组中的"清除"按钮，从下拉菜单中选择"格式"命令将其格式清除，如图2-1-115所示。此时，单元格中的数据将以默认的格式显示，即文本左对齐、数字右对齐。

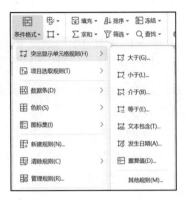

图 2-1-114

图 2-1-115

子任务 2.2 学生成绩统计与分析

❖ 任务详情

小明需要对成绩汇总表进行数据的统计与分析，主要内容包括：

1. 计算考试成绩平均分、总评成绩、排名及奖学金。

2. 分段统计人数及比例。

3. 对数据按照"排名"从低到高进行升序排列，最后将总分大于500分的学生筛选出来。

❖ 任务目标

1. 掌握WPS表格中工作表的移动和复制。

2. 掌握常用函数的使用方法。

3. 掌握数据的排序和筛选。

❖ 任务实施

一、设置格式

1. 工作表复制

① 首先打开工作簿文件"学生考试成绩"，然后双击工作表标签"学生成绩汇总表"，将其重命名为"原始成绩数据"。

② 在按住Ctrl键的同时拖动工作表标签"原始成绩数据"，当小黑三角形出现时，释放鼠标左键，再松开Ctrl键，建立该工作表的副本，并重命名为"成绩统计表"。

2. 设置单元格格式

① 选中单元格A1，切换到"开始"选项卡，单击"合并居中"按钮，将单元格区域A1：I1拆分开。

② 选定单元格区域A1：N1，然后单击"合并居中"按钮。

③ 将单元格区域D3：N42中的数据格式化为保留2位数字。

④ 为单元格区域A1：N42设置边框，使其中的内容水平居中对齐，并在J2:N2单元格中录入"百分制实训成绩""平均分""总分""排名""奖学金"等内容，如图2-1-116所示。最后，按Ctrl+S组合键保存工作簿。

⑤ 选定单元格区域K3：K42，单击"单元格"按钮，从下拉菜单中选择"设置单元格格式"命令，打开"单元格格式"对话框。切换到"数字"选项卡，在"分类"列表框中选择"数值"选项，其他设置保持默认值，然后单击"确定"按钮，将平均成绩保留2位数字。

序号	学号	姓名	高数	英语	云计算技术	数据分析	非关系数据库	综合实训	百分制实训成绩	平均分	总分	排名	奖学金
1	2023301	谢民航	90	89	90	89	86	优					
2	2023302	杨茜	61	90	69	56	92	良					
3	2023303	王雪梅	81	85	85	60	85	良					
4	2023304	罗敏	65	96	45	85	63	中					
5	2023305	王家其	63	81	98	86	51	及格					
6	2023306	王琴梅	61	74	99	84	57	良					
7	2023307	王金莎	85	87	88	94	79	优					
8	2023308	王前程	66	59	85	76	83	中					
9	2023309	聂佳淇	33	80	76	66	55	中					
10	2023310	郑甜甜	60	77	85	65	68	优					
11	2023311	杨偷彬	49	77	86	98	54	良					
12	2023312	陈林秀	64	77	59	96	98	中					
13	2023313	曾容鑫	61	77	89	95	86	及格					
14	2023314	李茂亭	34	77	74	74	88	良					
15	2023315	赵俊华	59	52	62	61	51	不及格					
16	2023316	杨俊	64	75	96	85	68	良					
17	2023317	谢冰	60	89	90	89	86	优					
18	2023318	丁浩楠	61	90	69	56	92	良					
19	2023319	游冰雨	60	85	85	54	85	良					
20	2023320	胡铃	66	96	60	85	63	中					

大数据技术1班成绩汇总表

图 2-1-116

二、学生成绩数据处理

1. 计算百分制实训成绩

① 在"成绩统计表"工作表中将光标移至单元格J3中，并输入公式"=IF(I3="优",95,IF(I3="良",85,IF(I3="中",75,IF(I3="及格",65,55))))"，按Enter键，将序号为1的学生的实训成绩转换成百分制。

② 利用控制句柄，将其他学生的实训成绩转换成百分制，结果如图2-1-117所示。

序号	学号	姓名	高数	英语	云计算技术	数据分析	非关系数据库	综合实训	百分制实训成绩
1	2023301	谢民航	60	89	90	89	86	优	95
2	2023302	杨茜	61	90	69	56	92	良	85
3	2023303	王雪梅	49	85	85	54	85	良	85
4	2023304	罗敏	38	96	45	85	63	中	75
5	2023305	王家其	63	81	98	86	51	及格	65
6	2023306	王琴梅	61	74	99	84	57	良	85
7	2023307	王金莎	37	72	56	75	59	优	95
8	2023308	王前程	66	59	85	76	83	中	75
9	2023309	聂佳淇	33	80	76	66	55	中	75
10	2023310	郑甜甜	60	77	85	65	58	优	95
11	2023311	杨偷彬	49	77	86	98	54	良	85
12	2023312	陈林秀	37	77	59	96	98	中	75
13	2023313	曾容鑫	61	77	89	95	86	及格	65
14	2023314	李茂亭	34	77	74	74	35	良	85
15	2023315	赵俊华	15	75	75	75	67	不及格	55
16	2023316	杨俊	64	75	96	85	68	良	85

大数据技术1班成绩汇总表

图 2-1-117

3. 计算平均分和总分

① 计算平均分。在单元格K3中输入公式"=(D3+E3+F3+G3+H3+J3)/6",接着按Enter键,计算出第一位学生的平均成绩。在输入过程中,可单击选中课程成绩所在的单元格,进行单元格引用。利用控制句柄,计算出所有学生的平均成绩。

② 计算总分。在单元格L3中输入函数"=SUM(D3:I3,J3)",接着按Enter键,计算出第一位学生的总分。利用控制句柄,计算出所有学生的总分。

4. 计算排名及奖学金

① 计算排名。选中单元格M3,并打开"插入函数"对话框,选择RANK函数,打开"函数参数"对话框。当光标位于"数值"框中时,单击单元格L3选中总分成绩,再将光标移至"引用"框,选定工作表区域L3:L42,并将其修改为"L\$3:L\$42"。或者在M3单元格中输入函数"=RANK.EQ(L3,L\$3:L\$42)"。最后单击"确定"按钮,计算出序号为"1"的学生的排名,利用控制句柄,填充其他学生的总评成绩。

② 计算奖学金。获得奖学金名额一、二、三等奖学金的人数分别为1人、2人和2人,根据排名结果,自动计算出获得奖学金的学生名单。单击单元格N3,然后在单元格中输入公式"=IF(M3<2,"一等",IF(M3<4,"二等",IF(M3<6,"三等","")))",按Enter键,计算出序号为"1"的学生是否获得了奖学金。如果不满足条件,则该单元格中不显示任何字符。利用控制句柄,自动填充其他学生获得奖学金的情况。

5. 分段统计人数及比例

① 建立统计分析表。在工作表"成绩统计表"中的A44开始的单元格区域建立统计分析表,如图2-1-118所示,然后为该区域添加边框、设置对齐方式。

② 计算分段人数。选中单元格B46,切换到"公式"选项卡,然后单击"插入函数"按钮,打开"插入函数"

44	学生平均分分段统计		
45	分段数	人数	比例
46	90分以上		
47	80-89分		
48	70-79分		
49	60-69分		
50	0-59分		
51	总计		
52	最高平均分		
53	最低平均分		

图2-1-118

对话框。将"或选择类别"设置为"统计",然后在"选择函数"列表框中选择"COUNTIF"选项,如图2-1-119所示,接着单击"确定"按钮,打开"函数参数"对话框。在工作表中选择单元格区域K3:K42,将"函数参数"对话框中"区域"框内显示的内容修改为"\$K\$3:\$K\$12",接着在"条件"框中输入条件">=90",单击"确定"按钮,返回工作表。此时,在单元格B46中显示出计算结果。在编辑框中显示了对应的公式"=COUNTIF(\$K\$3:\$K\$42,">=90")",统计出平均分在90分以上的人数。

再次单击单元格B46,按Ctrl+C组合键复制公式,然后在单元格B47中按Ctrl+V组合键粘贴公式,将其修改为"=COUNTIF(\$K\$3:\$K\$42,">=80")-COUNTIF(\$K\$3:\$K\$42,">=90")",并按Enter键,统计出平均分在80~89分之间的人数。后续单元格中的公式分别设置为" =COUNTIF(\$K\$3:\$K\$42,">=70")-COUNTIF(\$K\$3:\$K\$42,">=80") "" =COUNTIF(\$K\$3:\$K\$42,">=60")-COUNTIF(\$K\$3:\$K\$42,">=70")"和"=COUNTIF(\$K\$3:\$K\$42,"<60")",统

计出各分数段的人数，如图2-1-120所示。

图 2-1-119　　　　　　　　　　　　　　　　　图 2-1-120

③ 选定单元格区域B46：B50，单击"自动求和"按钮，单元格B51中将计算出班级的总人数。

④ 计算比例。在单元格C46中输入"="，然后单击单元格B46，选择90分以上的人数，接着输入"/"，再单击单元格B51，将公式修改为"=B46/B\$51"，最后按Enter键计算结果。利用控制句柄，自动填充其他分数段的比例数据。选定单元格区域C46：C50，切换到"开始"选项卡，然后单击"百分比样式"按钮，则数值均以百分比形式显示，如图2-1-121所示。

6. 计算最高平均分与最低平均分

将光标定位到单元格B52中，切换到"公式"选项卡，单击"自动求和"按钮下方的箭头按钮，从下拉菜单中选择"最大值"命令，然后拖动鼠标选中平均成绩所在的单元格区域K3：K42，按Enter键计算出平均成绩的最高分。使用函数MIN，在单元格E25中计算出最低平均分，然后设置边框、对齐效果，如图2-1-122所示。

学生平均分分段统计		
分段数	人数	比例
90分以上	2	5%
80–89分	10	25%
70–79分	25	63%
60–69分	2	5%
0-59分	1	3%
总计	40	
最高平均分		
最低平均分		

图 2-1-121

学生平均分分段统计		
分段数	人数	比例
90分以上	2	5%
80–89分	10	25%
70–79分	25	63%
60–69分	2	5%
0-59分	1	3%
总计	40	
最高平均分	90.17	
最低平均分	56.67	

图 2-1-122

三、学生成绩排序和筛选

1. 对成绩进行排序

① 打开工作簿文件"学生考试成绩"，按住Ctrl键的同时拖动工作表标签"成绩统计表"，当小黑三角形出现时，释放鼠标左键，再松开Ctrl键，建立该工作表的副本，并重命名为"排序"。

② 单击"排序"工作表"排名"列中的任意单元格，然后单击"开始"选项卡中的"排序"下拉按钮，在展开的下拉列表中选择"升序"选项，即可将该列数据从高到低排列，如图2-1-123所示。

图 2-1-123

2. 对成绩进行筛选

① 单击"排序"工作表标签，按住Ctrl键的同时向右拖动，到"排序"工作表的右侧后释放鼠标，复制一份工作表，并将复制的工作表重命名为"自动筛选"。

② 选中要参与数据筛选的单元格区域A2:N42，然后单击"开始"选项卡中的"筛选"按钮，此时列标题行单元格的右侧会出现筛选按钮，如图2-1-124所示。

图 2-1-124

③单击"总分"列标题右侧的筛选按钮 ，在展开的下拉列表中选择"数字筛选"→"大于或等于"选项，打开"自定义自动筛选方式"对话框。在"显示行"设置区"大于或等于"选项右侧的编辑框中输入"500"，如图2-1-125所示。单击"确定"按钮，此时总分小于500分的记录会被隐藏。

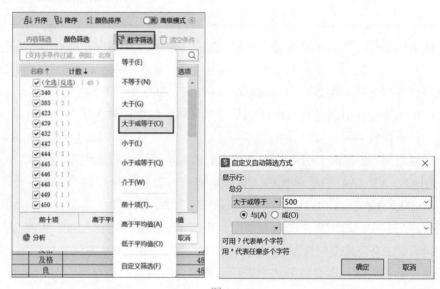

图 2-1-125

❖ 知识链接

一、使用公式

公式由运算符和参与运算的操作数组成。运算符可以是算术运算符、比较运算符、文本运算符和引用运算符；操作数可以是常量、单元格引用和函数等。要输入公式必须先输入"="，然后在其后输入运算符和操作数，否则表格会将输入的内容作为文本型数据处理。

1. 公式中的运算符

运算符是用来对公式中的元素进行运算而规定的特殊符号。WPS表格包含4种类型的运算符：文本运算符、比较运算符、算术运算符和引用运算符。

（1）文本运算符：使用文本运算符"&"（与号）可将两个或多个文本值串起来产生一个连续的文本值，"生日"&"快乐"的结果为"生日快乐"。

（2）比较运算符：比较运算符如表2-1-8所示。它们的作用是比较两个值并得出一个逻辑值，即"TRUE"（真）或"FALSE"（假）。比较运算符包括等于"="、大于">"、小于"<"、大于或等于">="、小于或等于"<="和不等于"<>"，用于对两个数值或文本进行比较，并产生一个逻辑值，如果比较的结果成立，则逻辑值为TRUE，否则为FALSE。例如，"12>2"的结果为TRUE，而"12<2"的结果为FALSE。

表 2-1-8

比较运算符	含义	比较运算符	含义
>（大于号）	大于	>=（大于等于号）	大于等于
<（小于号）	小于	<=（小于等于号）	小于等于
=（等于号）	等于	<>（不等号）	不等于

（3）算术运算符。算术运算符的作用是完成基本的数学运算并产生计算结果。算术运算符包括加号"+"、减号"-"、乘号"*"、除号"/"、乘方"∧"和百分号"%"，用于对数值数据进行四则运算。例如，5%表示0.05，$6^\wedge2$表示36。

（4）引用运算符。引用运算符的作用是对单元格区域中的数据进行合并计算，包括区域运算符"："（冒号）和联合运算符"，"（逗号）以及空格，如表2-1-9所示。区域运算符是对指定区域之间，包括两个引用单元格在内的所有单元格进行的引用，如A2：A4单元格区域是引用A2、A3、A4共3个单元格，联合运算符可以将多个引用合并为一个引用，如SUM(B2:B6,D3,F5)是对B2、B3、B4、B5、B6、D3和F5共7个单元格进行求和运算。

当用户在公式中同时用到多个运算符时，应该了解运算符的优先级。WPS按照优先级顺序进行运算。如果公式中包含了相同优先级的运算符，则按照从左到右的原则进行运算。如果要更改计算的顺序，则要将公式中先计算的部分用圆括号括起来。

表 2-1-9

引用运算符	含义	实例
：（冒号）	区域运算符，用于引用单元格区域	B5:D15
，（逗号）	联合运算符，用于引用多个单元格区域	B5:D15,F5:I15
（空格）	交叉运算符（单个空格），用于引用不连续的两个单元格区域的重叠部分	B7:D7C6:C8

2. 单元格引用

单元格引用用于指明公式中所使用数据的位置，它可以是单个单元格地址，也可以是单元格区域。通过单元格引用，可以在一个公式中使用工作表中不同部分的数据，或者在多个公式中使用同一个单元格中的数据，还可以引用同一个工作簿不同工作表或不同工作簿中的数据。

当公式中引用的单元格数值发生变化时，公式的计算结果会自动更新。

（1）相同或不同工作簿、工作表间的引用。

① 对于同一个工作表中的单元格引用，直接输入单元格或单元格区域地址即可。

② 在当前工作表中引用同一工作簿、不同工作表中的单元格或单元格区域地址的表示方法为：

工作表名称!单元格或单元格区域地址

例如，Sheet2!F8:F16，表示引用Sheet2工作表的单元格区域F8:F16中的数据。

③ 在当前工作表中引用不同工作簿中的单元格或单元格区域地址的表示方法为：

[工作簿名称.xlsx]工作表名称!单元格或单元格区域地址

（2）相对引用、绝对引用和混合引用。WPS表格公式中的引用分为相对引用、绝对引用和混合引用3种。

① 相对引用。相对引用是WPS表格默认的单元格引用方式。它直接用单元格的列标和行号表示单元格，如B5；或用引用运算符表示单元格区域，如B5:D15。默认情况下，在公式中对单元格的引用都是相对引用，如果公式所在单元格的位置发生改变，那么引用也会随之改变。

② 绝对引用。绝对引用指的是当复制公式到其他单元格时，WPS表格保持公式所引用的单元格绝对位置不变。也就是说，它与包含公式的单元格的位置无关。其引用形式为在列标和行号的前面都加上"$"符号。例如，在公式中引用$B$5单元格，则不论将公式复制或移动到什么位置，引用的单元格地址的行和列都不会改变。

③ 混合引用。混合引用指的是引用中既包含绝对引用又包含相对引用，如$A1或A$1等，用于表示行变列不变或列变行不变的引用。如果公式所在单元格的位置改变，则相对引用改变，绝对引用不变。

3. 输入与编辑公式

公式以"="开始，后面是用于计算的表达式。表达式是用运算符将常数、单元格引用和函数连接起来所构成的算式，其中可以使用括号改变运算的顺序。

公式输入完毕后，按Enter键或单击编辑栏中的"输入"按钮，即可在输入公式的单元格中显示出计算结果，公式内容显示在编辑栏中。

二、使用函数

1. 使用规则

函数是按照特定语法进行计算的一种表达式。WPS提供了数学、财务、统计等丰富的函数，用于完成复杂、烦琐的计算或处理工作。WPS中的函数可以嵌套，即某一函数或公式可以作为另一个函数的参数使用。

函数的一般形式为"函数名([参数 1]，[参数 2]，…)"，其中，函数名是系统保留的名称，参数可以是数字、文本、逻辑值、数组、单元格引用、公式或其他函数。当函数有多个参数时，它们之间用逗号隔开；当函数没有参数时，其圆括号也不能省略。例如，函数SUM(A1：E6)中有一个参数，表示计算单元格区域A1：E6中的数据之和。

2. 输入函数的方法

（1）手动录入函数。以获取一组数字中的最大值为例进行说明，操作步骤如下：

① 选定要输入函数的单元格，输入等号"="，然后输入函数名的第1个字母，WPS会

自动列出以该字母开头的函数名。

② 多次按↓键定位到MAX函数,并按Tab键进行选择,单元格内函数名的右侧会自动输入一对"( )",此时,WPS表格会出现一个带有语法和参数的工具提示。

③ 选定要引用的单元格或单元格区域,然后按Enter键,函数所在的单元格中显示出公式的结果。

(2)使用函数向导输入函数。当用户记不住函数的名称或参数时,可以使用粘贴函数的方法,即启动函数向导引导建立函数运算公式,操作步骤如下:

① 首先选定需要应用函数的单元格,然后使用下列方法打开"插入函数"对话框。切换到"公式"选项卡,单击某个函数分类,从下拉菜单中选择所需的函数,如图2-1-126所示,单击"插入"按钮。

图 2-1-126

② 在打开的"插入函数"对话框会显示函数类别的下拉列表。在"或选择类别"下拉列表框中选择要插入的函数类别,从"选择函数"列表框中选择要使用的函数,然后单击"确定"按钮,打开"函数参数"对话框。

③ 在参数框中输入数值、单元格或单元格区域。在WPS表格中,所有要求用户输入单元格引用的编辑框都可以使用这样的方法输入:首先单击编辑框,然后使用鼠标选定要引用的单元格区域,此时,对话框自动缩小;如果对话框挡住了要选定的单元格,则可以单击编辑框右侧的"折叠"按钮将对话框缩小,选择结束后,再次单击该按钮恢复对话框。

④ 单击"确定"按钮,在单元格中显示出公式的结果。

3. 使用自动求和

选定要参与求和的数值所在的单元格区域,然后切换到"开始"选项卡,单击"求和"按钮,WPS表格将自动出现求和函数SUM以及求和数据区域。如果WPS推荐的数据区域正是自己想要的,则直接按Enter键即可。

单击"求和"按钮下侧的箭头按钮,会弹出一个下拉菜单,其中包含了其他常用函数,供用户在计算时快速调用。

4. 在函数中使用单元格名称

① 命名单元格或单元格区域。对选定单元格或单元格区域命名有以下几种方法:

● 单击编辑栏左侧的名称框,输入所需的名称,然后按 Enter 键。

● 切换到"公式"选项卡,单击"名称管理器"按钮,打开"名称管理器"对话框,单击"新建"按钮,打开"新建名称"对话框,输入名称并指定名称的有效范围,如图 2-1-127 所示,然后单击"确定"按钮。

- 切换到"公式"选项卡，单击"指定"按钮，打开"指定名称"对话框，根据标题名称所在的位置选中相应的复选框，如图 2-1-128 所示。

图 2-1-127

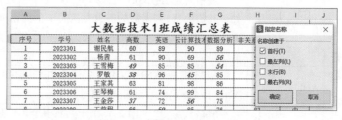

图 2-1-128

② 定义常量和公式的名称。定义常量名称就是为常量命名，例如，将圆周率定义为一个名称，以后通过该名称对其引用即可。此时，只需要打开"新建名称"对话框，在"名称"文本框中输入要定义的常量名称，在"引用位置"文本框中输入常量值，然后单击"确定"按钮。

③ 在公式和函数中使用命名区域。在使用公式和函数时，如果选定了已经命名的数据区域，则公式和函数内会自动出现该区域的名称。此时，按Enter键就可以完成公式和函数的输入。

例如，单击单元格D13，切换到"公式"选项卡，单击"粘贴"按钮，打开"粘贴名称"对话框。选择定义的公式名称"高数平均值"，单击"确定"按钮，然后按Enter键即可得到计算结果。

5. 常用函数

WPS表格提供了12大类、300多个函数，其中，常见的函数及说明见表2-1-10。

表 2-1-10

分类	名称	说明
数学函数	SUM	一般格式是 SUM(计算区域)，功能是计算各参数的和，参数可以是数值也可以是对含有数值的单元格区域的引用，下同
	SUMIF	一般格式是 SUMIF(条件判断区域，条件，求和区域)用于根据指定条件对若干单元格求和。其中，条件可以用数字、表达式 单元格引用或文本形式定义，下同
	AVERAGE	一般格式是 AVERAGE(计算区域)，功能是计算各参数的算术平均值
	AVERAGEIF	一般格式是 AVERAGEIF(条件判断区域，条件，求平均值区域)，用于根据指定条件对若干单元格计算算术平均值
	MAX	一般格式是 MAX(计算区域)，功能是返回一组数值中的最大值
	MIN	一般格式是 MIN(计算区域)，功能是返回一组数值中的最小值
	RANK	一般格式是 RANK(查找值,参照的区域,排序方式)，用于返回某数字在一组数字中相对其他数值的大小排名。当参数"排序方式"省略时，名次基于降序排列
	COUNT	一般格式是 COUNT(计算区域)，用于统计区域中包含数字的单元格的个数
	COUNTIF	一般格式是 COUNTIF(计算区域,条件)，用于统计区域内符合指定条件的单元格数目。其中，计算区域表示要计数的非空区域，空值和文本值将被忽略

（续表）

分类	名称	说明
逻辑函数	IF	一般格式是 IF(Exp,T,F)，其中，第1个参数 Exp 是可以产生逻辑值的表达式，如果其值为真，则函数的值为表达式 T 的值否则函数的值为表达式 F 的值。例如，IF(4>6,"大于","不大于")的结果为"不大于"，IF("abc"="ABC","相同","不相同")的结果为"相同"
	AND	一般格式是 AND(L1,L2,)，用于判断两个以上条件是否同时具备。例如，AND(5>4,2<6)的结果为 TRUE
	OR	一般格式是 OR(L1,L2..)，用于判断多个条件是否具备之一 例如，OR(1=3, 7<9)的结果为 TRUE
文本函数	EN	一般格式是 LEN(文本串)，用于统计字符串的字符个数。例如 LEN("Hello,World")的结果为 11
	LEFT	一般格式是 LEFT(文本串,截取长度)，用于从文本的开始返回指定长度的子串。例如，LEFT("abcdefg",4)的结果为 abcd
	MID	一般格式是 MID(文本串,起始位置,截取长度)，用于从文本的指定位置返回指定长度的子串。例如，MID("abcdefg",4<2)的结果为 de
	RIGHT	一般格式是 RIGHT(文本串,截取长度)，用于从文本的尾部返回指定长度的子串。例如，RIGHT("abcdefg"3)的结果为 efg

三、数据排序

排序是指按指定的字段值重新调整记录的顺序，这个指定的字段称为排序关键字。通常数字由小到大、文本按照拼音字母顺序、日期从最早的日期到最晚的日期的排序称为升序，反之称为降序。另外，若要排序的字段中含有空白单元格，则该行数据总是排在最后。

1. 简单排序

① 按列简单排序是指对选定的数据按照所选定数据的第1列数据作为排序关键字进行排序的方法，即单击待排序字段列包含数据的任意单元格，然后切换到"数据"选项卡，单击"排序"按钮下侧的箭头按钮，从下拉菜单中选择"升序"或"降序"命令。

② 按行简单排序是指对选定的数据按其中的一行作为排序关键字进行排序的方法。

2. 多关键字复杂排序

多关键字复杂排序是指对选定的数据区域，按照两个以上的排序关键字按行或按列进行排序的方法。

① 单击数据区域的任意单元格，切换到"数据"选项卡，单击"排序"按钮下侧的箭头按钮，从下拉菜单中选择"自定义排序"命令，打开"排序"对话框。

② 在"主要关键字"下拉列表中选择排序的首要条件，并设置"排序依据"和"次序"。

③ 单击"添加条件"按钮，在打开的对话框中添加次要条件，设置"次要关键字""排序依据""次序"，设置完毕后，单击"确定"按钮，即可看到排序后的结果。

3. 自定义排序

自定义排序是指对选定数据区域按用户定义的顺序进行排序。操作步骤如下：

① 单击数据区域的任意单元格，切换到"数据"选项卡，单击"排序"按钮下侧的箭头按钮，从下拉菜单中选择"自定义排序"命令，打开"排序"对话框。设置"主要关键字"，"次序"下拉列表中选择"自定义序列"选项，打开"自定义序列"对话框。

② 在"自定义序列"选项卡的"输入序列"列表框中依次输入排序序列，每输入一行，按一次Enter键，全部输完后单击"添加"按钮，序列就被添加到"自定义序列"列表框中。

③ 单击"确定"按钮，返回"排序"对话框，然后单击"确定"按钮，数据区域按上述指定的序列排序完成。

四、数据筛选

筛选数据是指隐藏不希望显示的数据，只显示指定条件的数据行的过程。自动筛选是指按单一条件进行数据筛选。

1. 自动筛选

① 单击数据区域的任意单元格，切换到"开始"选项卡，单击"筛选"按钮，表格中的每个标题右侧将显示自动筛选箭头按钮。

② 单击某个字段名右侧的自动筛选箭头按钮，从下拉列表中取消选中"(全选)"复选框，并选中某些复选框，单击"确定"按钮，即可显示符合条件的数据。

2. 自定义筛选

当基于某一列的多个条件筛选记录时，可以使用"自定义自动筛选"功能。单击某列的自动筛选箭头按钮，从下拉菜单中选择"数字筛选"→"介于"命令，打开"自定义自动筛选方式"对话框，如图2-1-129所示。

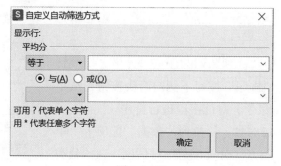

图 2-1-129

4. 高级筛选

自动筛选只能对某列数据进行两个条件的筛选，并且在不同列之间同时筛选时，对应的关系只能是"与"关系。对于其他筛选条件，需要使用高级筛选功能。如在"学生成绩汇总表"中筛选出"综合实训"成绩为"优"且总分大于等于520分的数据，操作步骤如下：

综合实训	总分
优	>=520

图 2-1-130

① 在工作表中建立条件区域，输入筛选条件的列标题和对应的值，以指定筛选结果必须满足的条件，如图2-1-130所示。

② 选中要进行筛选的数据区域A2:N42，然后切换到"开始"选项卡，单击"筛选"按钮下侧的箭头按钮，从下拉菜单中选择"高级筛选"命令，打开"高级筛选"对话框。

③ 在"方式"栏中选中"将筛选结果复制到其他位置"单选按钮（如选中"在原有区域显示筛选结果"单选按钮，则不用指定"复制到"区域）。

④ 在"列表区域"框中设定数据区域为＄A＄2:＄N＄42。

⑤ 将光标移至"条件区域"框中，然后拖动鼠标指定包括列标题在内的条件区域＄P＄2:＄Q＄3，将光标移至"复制到"框中，然后单击单元格A61。若要从结果中排除相同的行，则选中该对话框中的"选择不重复的记录"复选框。

⑥ 单击"确定"按钮，系统将根据筛选条件对选中的工作表数据进行筛选，并将筛选结果放置到指定区域。

五、分类汇总

分类汇总是指根据指定的类别将数据以指定的方式进行统计，从而快速地将大型表格中的数据汇总与分析，获得所需的统计结果。

1. 创建分类汇总

在插入分类汇总之前需要将数据区域按关键字排序，从而使相同关键字的行排列在相邻行中。下面将学生成绩分析表按"性别"汇总"高数""英语"的平均值，操作步骤如下：

① 复制一份"学生成绩汇总表"到工作表的最右侧，并将复制的工作表重命名为"分类汇总"。在"姓名"列右侧插入一列，在D2单元格输入"性别"，然后在D3:D42单元格中输入男和女。

② 单击数据区域中"性别"列的任意单元格，切换到"数据"选项卡，单击"排序"按钮下侧的箭头按钮，从下拉菜单中选择"升序"命令，对该字段进行排序。

③ 选中数据区域A2:N42，切换到"数据"选项卡，单击"分类汇总"按钮，打开"分类汇总"对话框。在"分类字段"下拉列表中选择"性别"字段，在"汇总方式"下拉列表中选择汇总计算方式"平均值"，在"选定汇总项"列表框中选中"高数""英语"复选框，如图2-1-131所示。

图 2-1-131

④ 单击"确定"按钮，即可得到分类汇总结果。分类汇总后，在数据区域的行号左侧出现了一些层次按钮，这是分级显示按钮，在其上方还有一排数值按钮，用于对分类汇总的数据区域分级显示数据，以便用户看清其结构。

2. 嵌套分类汇总

当需要在一项指标汇总的基础上按另项指标进行汇总时，使用分类汇总的嵌套功能。

① 对数据区域中要实施分类汇总的多个字段进行排序。

② 选中数据区域A2:N42，切换到"数据"选项卡，然后使用上面介绍的方法，按第一关键字对数据区域进行分类汇总。

③ 选中数据区域A2:N42，然后单击"分类汇总"按钮，再次打开"分类汇总"对话框，在"分类字段"下拉列表中选择次要关键字，将"汇总方式"和"选中汇总项"保持与第一关键字相同的设置，并取消选中"替换当前分类汇总"复选框。

④ 单击"确定"按钮，完成操作。

3. 删除分类汇总

对于已经设置了分类汇总的数据区域，再次打开"分类汇总"对话框，单击"全部删除"按钮，即可删除当前的所有分类汇总。

任务 2.3　制作学生成绩统计图表

❖ 任务详情

小明需要利用WPS表格提供的图表直观地反映工作表中的数据，方便大家进行数据的比较和预测。本任务需要制作学生平均分分段统计柱形图。

❖ 任务目标

1. 掌握WPS表格中图表的类型并可以快速地创建图表。
2. 掌握图表相关数据设置的方法。
3. 掌握更换图表布局、图表格式化处理的方法。

❖ 任务实施

一、创建图表

① 打开工作簿文件"学生考试成绩"，按住Ctrl键的同时拖动工作表标签"成绩统计表"，当小黑三角形出现时，释放鼠标左键，再松开Ctrl键，建立该工作表的副本，并重命名为"图表"。

② 选中单元格区域A44:C50，切换到"插入"选项卡，单击"插入柱形图"按钮，在下拉列表中选择"簇状柱形图"选项，完成图表的创建，如图2-1-132所示。

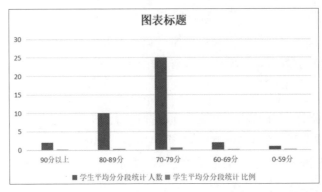

图 2-1-132

③ 单击图表中的文字"图表标题",重新输入标题文本"学生平均分分段统计",将光标移至图表的边框上,当指针形状变为十字形箭头时,拖动图表到合适位置。

④ 将鼠标指针移至图表边框的控制点上,当鼠标指针变为双向箭头形状时,按住鼠标左键拖动调整图表的大小。

二、设置图表

①单击图表右上角的"图表元素"按钮,展开下拉列表,将鼠标指针移到下拉列表中的"数据标签"选项上,然后单击其右侧的按钮,在展开的子列表中依次选择"数据标签内"选项,如图2-1-133所示。

图 2-1-133

②在"属性"任务窗格的"标签选项"下拉列表中选择"图例"选项,在"图例选项"设置区中选中"靠上"单选按钮,将图例置于图表的上方,如图2-1-134所示。

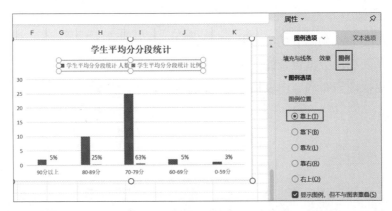

图 2-1-134

③将鼠标指针移到图表的空白处,待显示"图表区"字样时单击,以选中图表区,然后在"绘图工具"选项卡单击"填充"下拉按钮,在展开的下拉列表中选择"亮天蓝色,着色1,浅色60%"选项,如图2-1-135所示。

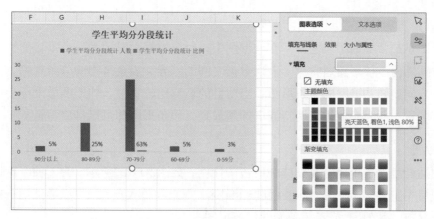

图 2-1-135

三、更改图表类型

①选中图表，切换到"图表工具"选项卡，单击"更改类型"按钮，打开"更改图表类型"对话框。

② 在"图表类型"列表框中选择"饼图"，然后从右侧列表项中选择"饼图"选项，如图2-1-136所示。

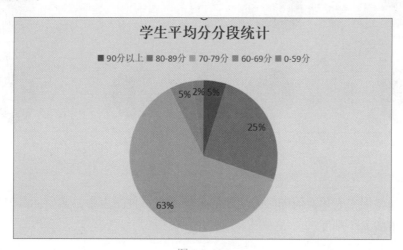

图 2-1-136

❖　知识链接

一、WPS 图表简介

图表是WPS最常用的对象之一，它是依据选定区域中的数据按照一定的数据系列生成的，是对工作表中数据的图形化表示方法。图表使抽象的数据变得形象化，当数据源发生变化时，图表中对应的数据也会自动更新，使得数据显示更加直观、一目了然。WPS表格提供的图表类型有15种之多。

1. 柱形图和条形图

柱形图是最常见的图表之一。在柱形图中，每个数据都显示为一个垂直的柱体，其高度对应数据的值。柱形图通常用于表现数据之间的差异，表达事物的分布规律。将柱形图沿顺时针方向旋转 90°就成为条形图。当项目的名称比较长时，柱形图横坐标上没有足够的空间写名称，此时只能排成两行或者倾斜放置，而条形图却可以排成一行。

2. 饼图

饼图适合表达各个成分在整体中所占的比例，如图2-1-137所示。为了便于阅读，饼图包含的项目不宜太多，原则上不要超过5个扇区。如果项目太多，则可以尝试把一些不重要的项目合并成"其他"，或者用条形图代替饼图。

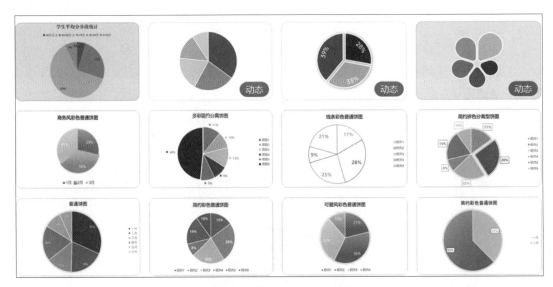

图 2-1-137

3. 折线图

折线图通常用来表达数值随时间变化的趋势。在这种图表中，横坐标是时间刻度，纵坐标则是数值的大小刻度。

二、图表的基本操作

1. 创建图表

创建图表时，首先在工作表中选定要创建图表的数据，然后切换到"插入"选项卡，单击要创建的图表类型按钮，如图2-1-138所示。将创建的图表选定后，功能区中将显示"图表工具"选项卡，通过其中的命令，可以对图表进行编辑处理。

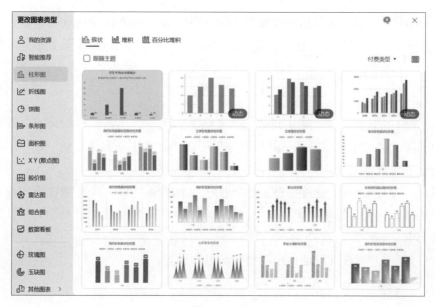

图 2-1-138

2. 选定图表项

在对图表进行修饰之前，应当单击图表项将其选定，有些成组显示的图表项会细分为单独的元素。例如，为了在数据系列中选定一个单独的数据标记，可以单击数据系列，再单击其中的数据标记。

也可以单击图表的任意位置将其激话，然后切换到"图表工具"选项卡，单击"图表区"下拉列表右侧的箭头按钮，从下拉列表中选择要处理的图表项。

3. 调整图表的大小和位置

将鼠标指针移动到图表边框的控制点上，当指针形状变为双向箭头时按住鼠标左键拖动即可。也可以切换到"图表工具"选项卡，单击"设置格式"按钮，打开"属性"任务窗格，自动切换到"图表选项"选项卡，在"大小与属性"选项卡中精确地设置图表的高度和宽度。

三、修改图表

1. 修改图表标题

① 首先选中图表，然后切换到"图表工具"选项卡，单击"添加元素"按钮，从下拉菜单中选择"图表标题"命令，然后从其级联菜单中选择一种放置标题的方式，如图2-1-139所示，然后在文本框中输入标题文本。

图 2-1-139

② 右击标题文本，从弹出的快捷菜单中选择"设置图表标题格式"命令，打开"属性"任务窗格，自动切换到"标题选项"选项卡，可以在标题选项中设置填充效果和边框样式等。

2. 设置坐标轴及标题

① 首先选中图表，然后切换到"图表工具"选项卡，单击"添加元素"按钮，从下拉菜单中选择"坐标轴"命令，从其级联菜单中选择"主要横向坐标轴"或"主要纵向坐标轴"命令进行设置。

② 选择"更多选项"命令，或者右击图表坐标的纵（横）坐标轴数值，在弹出的快捷菜单中选择"设置坐标轴格式"命令，可打开"属性"任务窗格，自动切换到"坐标轴选项"选项卡，如图2-1-140所示。

③ 在打开的"属性"对话框中对坐标轴进行设置。

3. 添加图例

首先选中图表，然后切换到"图表工具"选项卡，单击"添加元素"按钮，从下拉菜单中选择"图例"命令，从其级联菜单中选择一种放置图例的方式，WPS会根据图例的大小重新调整绘图区的大小，如图2-1-141所示。

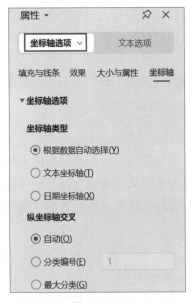

图 2-1-140

图 2-1-141

4. 添加数据标签

数据标签是显示在数据系列上的数据标记。可以为图表中的数据系列、单个数据点或者所有数据点添加数据标签，添加的标签类型由选定数据点相连的图表类型决定。

如果要添加数据标签，则可以单击图表区，切换到"图表工具"选项卡，单击"添加元素"按钮，从下拉菜单中选择"数据标签"命令，从其级联菜单中选择添加数据标签的位置。

5. 更改图表类型

① 如果是一个嵌入式图表，则可以单击将其选中，如果是图表工作表，则可以单击相应的工作表标签将其选中。

② 切换到"图表工具"选项卡，单击"更改类型"按钮，打开"更改图表类型"对话框，如图2-1-142所示。

图 2-1-142

③ 在"图表类型"列表框中选择所需的图表类型，再其右侧选择所需的子图表类型。单击"插入"按钮，完成对图表类型的更改操作。

任务 3　WPS 演示文稿

子任务 3.1　光盘行动宣传演示文稿

❖ 任务详情

为了倡导文明用餐，制止餐饮浪费行为，形成文明、科学、理性、健康的饮食消费理念，学校宣传部决定开展一次全校师生的宣讲会，以加强宣传引导。姜涛是学校宣传部干事，将负责为此次宣传会制作一份演示文稿。

❖ 任务目标

1. 掌握母版功能，对演示文稿进行整体性设计。
2. 掌握版式布局。
3. 掌握页面排版美化。

❖ 任务实施

一、通过编辑母版功能，对演示文稿进行整体性设计

① 设置幻灯片背景色，为所有幻灯片设置背景色"矢车菊蓝，着色1"。双击打开素材文档"光盘行动.pptx"，在"视图"选项卡中单击"幻灯片母版"按钮，选中第1页幻灯片，在"幻灯片母版"选项卡中单击"背景"按钮，在右侧出现"对象属性"任务窗格，将"填充"设置为"纯色填充"，单击色块按钮，选择"矢车菊蓝，着色1"。

②　设置幻灯片右下角logo，将图片"光盘行动logo.png"批量添加到所有幻灯片页面的右下角，单独调整"标题幻灯片"版式的背景格式，使其"隐藏背景图形"。在"插入"选项卡中，单击"图片"按钮，弹出"插入图片"对话框。选中"光盘行动logo.png"图片，单击"打开"按钮，选中图片，在"图片工具"选项卡中，单击"对齐"下拉按钮，在下拉列表中选择"靠下对齐"和"右对齐"，选中"标题幻灯片"版式幻灯片（第2页），在右侧出现"对象属性"任务窗格，勾选"隐藏背景图形"复选框，如图2-1-143所示。

③　设置幻灯片字体，将所有幻灯片中的标题字体统一修改为"微软雅黑"；将所有应用了"仅标题"版式的幻灯片的标题字体颜色修改为自定义颜色，RGB值为"红色249、绿色184、蓝色59"。选中第1页幻灯片，选中标题内容，在"开始"选项卡中，将"字体"设置为"微软雅黑"，选中"仅标题"版式幻灯片（第4页），选中其标题内容，在"文本工具"选项卡中，单击"文本填充"下拉按钮，在下拉列表中选择"其他字体颜色"命令，弹出"颜色"对话框。将"颜色模式"设置为"RGB"，"红色"设置为"249"，"绿色"设置为"184"，"蓝色"设置为"59"，如图2-1-144所示，单击"确定"按钮。

图 2-1-143

图 2-1-144

二、设置过渡页版式布局

将过渡页幻灯片（第3、6、9页）的版式布局更改为"节标题"版式。在"视图"选项卡中，单击"普通"按钮，按住Ctrl键不松，选中第3、6、9页幻灯片，单击"版式"下拉按钮，在下拉列表中选择"节标题"，如图2-1-145所示。

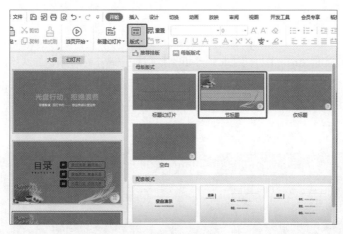

图 2-1-145

三、排版美化标题幻灯片

① 美化幻灯片标题文本，为主标题应用艺术字的预设样式"填充 - 橙色，着色4，软边缘"，为副标题应用艺术字的预设样式"填充 - 黑色，文本1，阴影"。选中第1页幻灯片，选中主标题内容，在"文本工具"选项卡中，单击"预设样式"下拉按钮，在下拉列表中选择"填充 - 橙色，着色4，软边缘"，再选中副标题内容，在"文本工具"选项卡中，单击"预设样式"下拉按钮，在下拉列表中选择"填充 - 黑色，文本1，阴影"。

② 为幻灯片标题设置动画效果，主标题以"盒装"方式进入、方向为"外"，副标题以"飞入"方式进入、方向为"自底部"，并设置动画开始方式为鼠标单击时。选中主标题文本框，在"动画"选项卡中，选择"劈裂"，单击"自定义动画"按钮，在右侧出现"自定义动画"任务窗格中将"方向"设置为"外"，"开始"设置为"单击时"，如图2-1-146所示；选中副标题文本框，在"动画"选项卡中，单击"其他"下拉按钮，选择"进入 - 飞入"，在右侧的"自定义动画"任务窗格中将"开始"设置为"单击时"，默认"方向"为"自底部"。

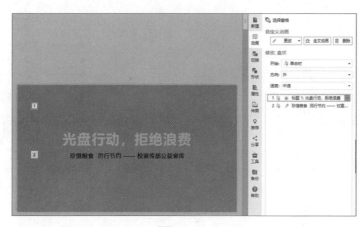

图 2-1-146

四、正文页排版美化

① 将"餐饮浪费.jpg"图片插入到本页幻灯片左侧。选中第4页幻灯片，在"插入"选项卡中，单击"图片"按钮，弹出"插入图片"对话框。找到"餐饮浪费.jpg"图片并选中；单击"打开"按钮，并适当调整图片的大小及位置，使图片位于左侧中间位置，如图2-1-147所示。

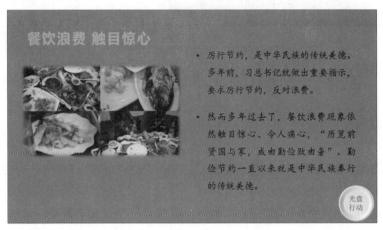

图 2-1-147

② 为两段内容文本设置段落格式，段落间距为段后12磅、1.5倍行距。选中两段内容文本，单击鼠标右键，在弹出的快捷菜单中选择"段落"命令，弹出"段落"对话框。将"段后"设置为"12磅"，"行距"设置为"1.5倍行距"，如图2-1-148所示，单击"确定"按钮。

③ 应用"小圆点"样式的预设项目符号。保持两段内容文本为选中状态，单击鼠标右键，在弹出的快捷菜单中选择"项目符号和编号"命令，弹出"项目符号和编号"对话框，选择"小圆点"样式，如图2-1-149所示，单击"确定"按钮。

图 2-1-148

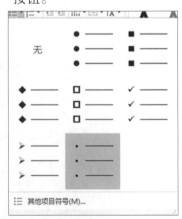

图 2-1-149

五、插入图形及文本框

① 将"近期各国收紧粮食出口的消息"文本框设置为"燕尾形"箭头的预设形状。选中"近期各国收紧粮食出口的消息"文本框，在"绘图工具"选项卡中，单击"编辑形状"下拉按钮，在下拉菜单中选择"更改形状"命令，选择"箭头汇总 - 燕尾形"，结果如图2-1-150所示。

② 将3段内容文本分别置于3个竖向文本框中，并沿水平方向上依次并排展示。按Ctrl+X组合键剪切第1段内容文本，在"绘图工具"选项卡中，单击"文本框"按钮，在下拉列表中选择"竖向文本框"，用鼠标在幻灯片中绘制一个竖向文本框，按Ctrl+V组合键将第1段内容文本粘贴到刚绘制的文本框中，同理将其他两段内容文本置于竖向文本框中，删除原有的横向文本框。通过"对齐"选项对齐三个文本框。

图 2-1-150

③ 相邻文本框之间以12厘米高、2.25磅粗的白色"直线"形状相分隔，并适当进行排版对齐。在"插入"选项卡中，单击"形状"按钮，在下拉列表中选择"线条 - 直线"，在第1、2个竖向文本框之间绘制一个竖向直线。在右侧的"对象属性"任务窗格的"大小与属性"选项卡中，将"高度"设置为"12.00厘米"，切换到"填充与线条"选项卡，将线条的"颜色"设置为"白色，背景1"，"宽度"设置为"2.25磅"，按Ctrl+C组合键复制刚绘制的直线，将其移至第2、3个竖向文本框之间，如图2-1-151所示。

图 2-1-151

六、插入智能对象

① 在第10页幻灯片中插入高度3.6cm，与幻灯片同宽的矩形条，填充色为"橙色，着色4"。在"插入"选项卡中，单击"形状"按钮，在下拉列表中选择"矩形"，在右侧的"对象属性"任务窗格的"大小与属性"选项卡中将"高度"设置为"3.6厘米"，"宽度"设置为"33.86厘米"。切换到"填充与线条"选项卡，将填充的"颜色"设置为"橙色，着色4"。

② 将第11页幻灯片中的三段文本，转换为智能图形中的"梯形列表"来展示。在"插入"选项卡中，单击"Smartart"按钮，在弹出的"选择智能图形"对话框中，选中"列表"选项卡，在"基本图形"列表框中选择"梯形列表"，结果如图2-1-152所示，单击"确定"按钮。按Ctrl+C组合键复制第一段文本，按Ctrl+V组合键将其粘贴到第一个智能图形中，删除二级文本标识，同理，将另外两段文本插入到智能图形中。

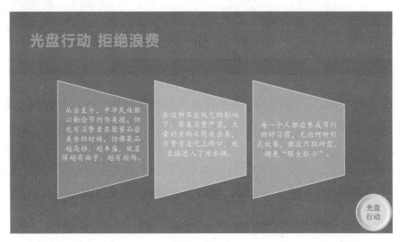

图2-1-152

③ 将梯形列表的方向修改为"从右往左"，颜色更改为预设的"彩色 - 第4个色值"，并将整体高度设置为8厘米、宽度设置为25厘米。选中智能图形，在"设计"选项卡中单击"从右往左"按钮，单击"更改颜色"按钮，在下拉列表中选择"彩色 - 第4个色值"，在"大小和位置"组中，将"高度"设置为"10.00厘米"，"宽度"设置为"25.00厘米"，适当调整一下智能图形的位置。

④ 将12页文本框的"文字边距"设置为"宽边距"（上、下、左、右边距各0.38厘米），并将文本框的背景填充颜色设置为透明度40%，为图片应用"柔化边缘25磅"效果，将图层置于文本框下方，使其不遮挡文本。选中文本框，在右边的"对象属性"任务窗格中选择"文本选项 - 文本框"，将"上边距""下边距""左边距"和"右边距"均设置为"0.38厘米"，如图2-1-153所示。选中文本框，在右边的"对象属性"任务窗格中选择"形状选项 - 填充与线条"，"透明度"设置为"30%"，如图2-1-154所示。选中图片，在"图片工具"选项卡中，单击"图片效果"按钮，在下拉列表中选择"柔化边缘 - 5磅"，单击"下移一层"按钮。

图 2-1-153

图 2-1-154

❖ 知识链接

一、界面认识

启动WPS演示文稿处理软件及创建文档的方法与WPS文字相同。单击"开始"按钮，在"开始"菜单中依次选择"WPS Office"→"WPS Office"命令，打开软件。在首页单击"新建"按钮，在顶栏中切换到"P演示"选项卡，单击下侧列表"推荐模板"中的"新建空白文档"选项，建立一个新的演示文稿，如图2-1-155所示。WPS Office中的P演示文件被称为WPS演示。如果需要关闭演示或者退出WPS演示，可以使用与退出WPS文字同样的方法。

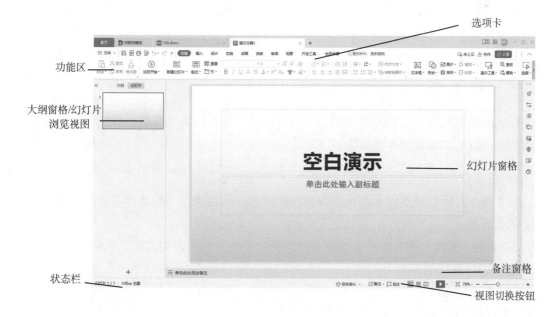

图 2-1-155

从图2-1-155中可以看出，WPS演示的工作界面与WPS文字、WPS表格有类似之处，下面对其独有的部分进行介绍。

1. 工作界面中的窗格

① 幻灯片窗格。该窗格位于工作界面最中间，其主要任务是进行幻灯片的制作、编辑和添加各种效果，还可以查看每张幻灯片的整体效果。

② 大纲窗格。大纲窗格位于幻灯片窗格的左侧，主要用于显示幻灯片的文本并负责插入、复制、删除、移动整张幻灯片，可以很方便地对幻灯片的标题和段落文本进行编辑。

③ 备注窗格。备注窗格位于幻灯片窗格下方，主要用于给幻灯片添加备注，为演讲者提供更多的信息。

2. 视图的切换

通过单击工作界面底部的"普通视图"按钮、"幻灯片浏览"按钮、"幻灯片放映"按钮和"备注页"按钮，可以在不同的视图中预览演示文稿。

① 普通视图。创建演示文稿的默认视图。左侧显示了幻灯片的缩略图，右侧上面显示的是当前幻灯片，下面显示的是备注信息，用户可以根据需要调整窗口的大小比例。

② 幻灯片浏览视图。单击工作界面底部右侧的"幻灯片浏览"按钮（或切换到"视图"选项卡，单击"幻灯片浏览"按钮），可以切换到幻灯片浏览视图。在该视图中，幻灯片整齐排列，有利于用户从整体上浏览幻灯片，调整背景、主题，同时对多张幻灯片进行复制、移动、删除等操作。

③ 备注页视图。切换到"视图"选项卡，单击"备注页"按钮，即可切换到备注页视图。在一个典型的备注页视图中会看到幻灯片图像的下方带有备注页方框。

④ 幻灯片放映视图。幻灯片放映视图显示的是演示文稿的放映效果，是制作演示文稿的最终目的。在这种全屏视图中，可以看到图像、影片、动画等对象的动画效果以及幻灯片的切换效果。

二、创建演示文稿

WPS演示文稿由一系列幻灯片组成。幻灯片可以包含醒目的标题、合适的文字说明、生动的图片以及多媒体组件等元素。

1. 新建空白演示文稿

如果用户对所创建文件的结构和内容比较熟悉，可以从空白的演示文稿开始设计，操作步骤如下：

① 单击"文件"按钮，在下拉菜单中选择"新建"命令，切换到"P演示"选项卡，打开如图2-1-156所示界面。

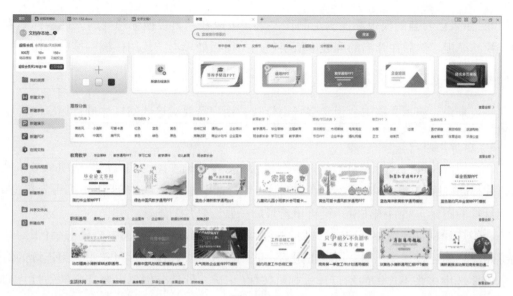

图 2-1-156

② 单击"新建空白文档"选项，即可创建一个空白演示文稿。

③ 向幻灯片中输入文本，插入各种对象。借助于演示文稿的华丽性和专业性，观众可以被充分感染。

2. 根据模板新建演示文稿

可以利用演示模板来构建缤纷靓丽的具有专业水准的演示文稿，操作步骤如下：

① 单击"文件"按钮，在下拉菜单中选择"新建"命令，切换到"P演示"选项卡，中间窗格列表中将显示"推荐模板"，其中有大量模板稻壳会员可免费使用。

② 单击要使用的模板，即可利用模板创建演示文稿，如图2-1-157所示。

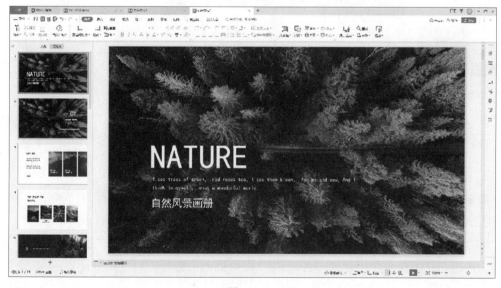

图 2-1-157

③ 如果已安装的模板不能满足制作要求，可以在"直接搜你想要的"搜索框中输入要查找的模板，然后在弹出的列表中所要使用的模板处单击"使用模板"按钮使用。

三、处理幻灯片

一般来说，演示文稿中会包含多张幻灯片，用户需要对这些幻灯片进行相应的管理。

1. 选择幻灯片

在对幻灯片进行编辑之前，首先要将其选中。在普通视图的"大纲"选项卡中，单击幻灯片标题前面的图标，即可选中该幻灯片。想要选中连续的一组幻灯片，则可先单击第1张幻灯片的图标，然后按住Shift键再单击最后一张幻灯片的图标。

在幻灯片浏览视图中，单击幻灯片的缩略图可以将该幻灯片选中。单击第1张幻灯片的缩略图，然后按住Shift键，再单击最后一张幻灯片的缩略图，即可选中一组连续的幻灯片。若要选中多张不连续的幻灯片，则可按住Ctrl键，然后分别单击要选中的幻灯片缩略图，如图2-1-158所示。

图 2-1-158

在普通视图和幻灯片浏览视图中，按Ctrl+A组合键可以选中所有幻灯片。

2. 插入幻灯片

如果要在幻灯片浏览视图中插入一张幻灯片，则可以参照以下步骤进行操作：

① 切换到"视图"选项卡，单击"幻灯片浏览"按钮，切换到幻灯片浏览视图。

② 单击要插入新幻灯片的位置，切换到"开始"选项卡，单击"新建幻灯片"下侧的箭头按钮，从下拉菜单中选择一种版式，即可插入一张新幻灯片，如图2-1-159所示。

图 2-1-159

3．复制幻灯片

在制作演示文稿的过程中，可能有几张幻灯片的版式和背景是相同的，只是其中的文本不同而已。如果要在演示文稿中复制幻灯片，可以参照以下步骤进行操作：

① 在幻灯片浏览视图中或者在普通视图的"大纲"选项卡中，选定要复制的幻灯片。

② 按住Ctrl键，然后按住鼠标左键拖动选定的幻灯片。在拖动过程中，会出现一个竖条表示选定幻灯片的新位置。

③ 释放鼠标按键，再松开Ctrl键，选定的幻灯片将被复制到目标位置。

4．移动幻灯片

在视图窗格中选定要移动的幻灯片，然后按住鼠标左键并拖动，此时长条直线就是插入点，到达新的位置后松开鼠标按键即可。也可以利用"剪贴板"选项组中的"剪切"按钮和"粘贴"按钮或对应的快捷键来移动幻灯片。

5．删除幻灯片

选中要删除的一张或多张幻灯片，然后使用下列方法进行处理：

① 按Delete键。

② 在普通视图的"幻灯片"选项卡中，右击选定幻灯片的缩略图，从弹出的快捷菜单中选择"删除幻灯片"命令。幻灯片被删除后，后面的幻灯片会自动向前排列，如图2-1-160所示。

6．更改幻灯片的版式

选定要设置的幻灯片，切换到"开始"选项卡，单击"版式"按钮，从下拉菜单中选择一种版式，即可快速更改当前幻灯片的版式，如图2-1-161所示。

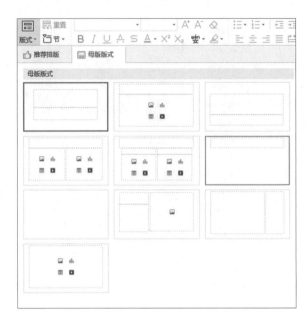

图 2-1-160   图 2-1-161

四、使用幻灯片对象

对象是幻灯片的基本成分，包括文本对象、可视化对象和多媒体对象三大类。在WPS演示中新建幻灯片时，只要选择含有内容的版式，就会在内容占位符上出现内容类型选择按钮。单击其中的某个按钮，即可在该占位符中添加相应的内容。

1. 使用表格

如果需要在演示文稿中添加排列整齐的数据，可以使用表格来完成。

① 向幻灯片中插入表格。单击"插入"选项卡中的"表格"按钮，从下拉菜单中选择"插入表格"命令，打开"插入表格"对话框，调整"行数"和"列数"调框中的数值，然后单击"确定"按钮，即可将表格插入到幻灯片中。

② 选定表格中的项目。在对表格进行操作之前，首先要选定表格中的项目。在选定一行时，单击该行中的任意单元格，切换到"表格工具"选项卡，单击"选择"按钮右侧的箭头按钮，从下拉菜单中选择"选择行"命令即可。

③ 修改表格的结构。对于已经创建的表格，用户可以修改表格的行、列结构。如果要插入新行，则将插入点置于表格中希望插入新行的位置，然后切换到"表格工具"选项卡，单击"在上方插入行"按钮或"在下方插入行"按钮。插入新列可以参照此方法进行操作。

④ 设置表格格式。为了增强幻灯片的感染力，还需要对插入的表格进行格式化，从而给观众留下深刻的印象。选定要设置格式的表格，切换到"表格样式"选项卡，在选项组的"预设样式"列表框中选择一种样式，即可利用WPS演示提供的表格样式快速设置表格的格式。

2. 使用图表

用图表来表示数据，可以使数据更容易理解。默认情况下，在创建好图表后，需要在关联的WPS表格中输入图表所需的数据。也可以打开WPS表格工作簿并选择所需的数据区域，然后将其添加到WPS演示的图表中。

向幻灯片中插入图表的操作步骤如下：

① 单击内容占位符上的"插入图表"按钮，或者单击"插入"选项卡中的"图表"按钮下侧的箭头按钮，从下拉菜单中选择"图表"命令，打开"图表"对话框。

② 在对话框的左、右列表框中分别选择图表的类型、子类型，然后单击"确定"按钮，如图2-1-162所示。在图表右侧单击"图表筛选器"按钮，在下拉列表中单击"选择数据"按钮，此时会自动启动WPS表格，让用户在工作表的单元格中直接编辑数据源，WPS演示中的图表会自动更新，如图2-1-163所示。

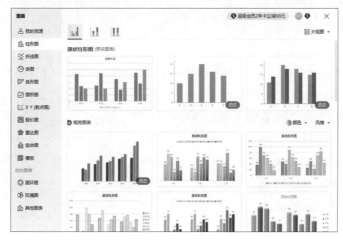

图 2-1-162

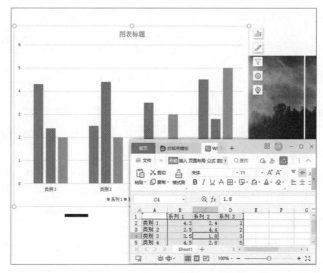

图 2-1-163

③ 数据输入结束后，单击WPS表格窗口的"关闭"按钮，并单击WPS演示窗口的"最大化"按钮。接下来，可以利用"图表工具"选项卡中的"快速布局"和"图表样式"等工具快速设置图表的格式。

3. 插入图片

如果要向幻灯片中插入图片，则可以参照以下步骤进行操作：

① 在普通视图中显示要插入图片的幻灯片，切换到"插入"选项卡，单击"图片"按钮，打开"插入图片"对话框。

② 选定含有图片文件的驱动器和文件，然后在文件名列表框中单击图片缩略图。

③ 单击"打开"按钮，将图片插入到幻灯片中。

在含有内容占位符的幻灯片中，单击内容占位符上的"插入图片"按钮，也可以在幻灯片中插入图片。对于插入的图片，可以利用"图片工具"选项卡中的工具进行适当的修饰，如裁剪、旋转、色彩、效果、图片拼接等。

4. 插入智能图形

在WPS演示文稿中，可以向幻灯片插入新的智能图形对象，包括列表、循环图、层次结构图、关系图等，操作步骤如下：

① 在普通视图中显示要插入智能图形的幻灯片，切换到"插入"选项卡，单击"智能图形"按钮，从下拉菜单中选择"智能图形"命令，打开"选择智能图形"对话框。

② 从左侧的列表框中选择一种类型，再从右侧的列表框中选择子类型，然后单击"插入"按钮，即可创建一个智能图形。

③ 输入图形中所需的文字，并利用"设计"选项卡设置图形的版式、颜色、样式等格式。

④ 单击包含要转换的文本占位符，切换到"开始"选项卡，在"段落"选项组中单击"转智能图形"按钮，在弹出的下拉列表中选择所需的智能图形布局，即可将幻灯片文本转换为智能图形，如图2-1-164所示。

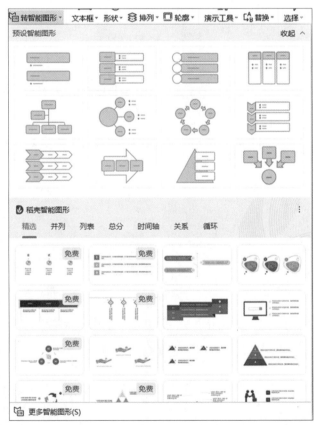

图 2-1-164

5. 插入音频文件

在演示文稿中适当添加声音，能够吸引观众的注意力和新鲜感。WPS演示支持MP3文件（MP3)、Windows音频文件（WAV）、Windows Media Audio（WMA）以及其他类型的声音文件，添加音频文件可以参照以下步骤进行操作：

① 显示需要插入声音的幻灯片，切换到"插入"选项卡，在"媒体"选项组中单击"音频"按钮下方的箭头按钮，在下拉列表中列出了插入音频的方式，有"嵌入音频""链接到音频""嵌入背景音乐"和"链接背景音乐"4种，从中选择一种插入音频的方式。同时，菜单项中会出现"音频工具"选项卡，在"播放"选项组中可以选择功能菜单方便地剪辑插入的音频，同时幻灯片中会出现声音图标和播放控制条，如图2-1-165所示。

② 选中声音图标，切换到"音频工具"选项卡，在选项组中选择一种播放方式，如"当前页播放"或"循环播放，直至停止"等。

③ 在"音频工具"选项组中单击"音量"按钮，从下拉列表中选择一种音量。

6. 使用视频文件

视频是解说产品的最佳方式，可以为演示文稿增添活力。视频文件包括最常见的Windows视频文件（AVI）、影片文件（MPG或MPEG）、Windos Media Video文件（WMV）以及其他类型的视频文件。

① 添加视频文件。首先选中需要插入视频的幻灯片，然后切换到"插入"选项卡，在"媒体"选项组中单击"视频"按钮下方的箭头按钮，在下拉列表中列出了插入视频的方式，有"嵌入本地视频""链接到本地视频""网络视频""Flash"和"开场动画视频"5种。例如，选择"嵌入本地视频"命令，打开"插入视频"对话框，在其中定位到已经保存到计算机中的影片文件，如图2-1-166所示。单击"打开"按钮，幻灯片中会显示视频画面的第一帧。

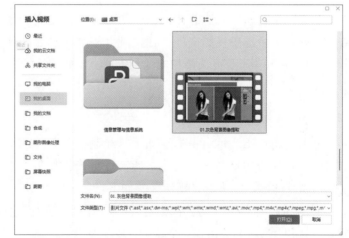

图 2-1-165　　　　　　　　　　　　　　　　图 2-1-166

② 调整视频文件画面效果。选中幻灯片中的视频文件，单击选项卡中的"对象属性"

按钮，打开"对象属性"任务窗格。切换到"大小与属性"选项卡，在"大小"选项组中，选中"锁定纵横比"复选框和"相对于图片原始尺寸"复选框，然后在"高度"微调框中调整视频的大小，如图2-1-167所示。

③ 剪辑视频文件及设置视频封面样式。在WPS演示中有视频文件的剪辑功能，能够直接剪裁多余的部分并设置视频的起始点。方法为：选中视频文件，切换到"视频工具"选项卡，单击"裁剪视频"按钮，打开"裁剪视频"对话框。向右拖动左侧的绿色滑块，设置视频播放时从指定时间开始播放；向左拖动右侧的红色滑块，设置视频播放时在指定时间点结束播放，如图2-1-168所示。单击"确定"按钮，返回幻灯片中。

图 2-1-167

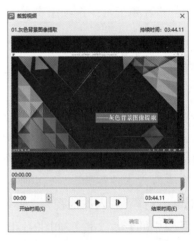

图 2-1-168

设置视频封面样式能够让视频与幻灯片切换更完美地结合。方法为：选中视频文件，切换到"视频工具"选项卡，单击"视频封面"可选择相应的封面样式，如图2-1-169所示。

7. 绘制图形

可以利用WPS演示自带的绘图工具绘制一些简单的平面图形，然后应用动画设计功能，使其变得栩栩如生。下面以绘制立体圆球图为例，操作步骤如下：

① 新建"仅标题"版式的幻灯片，切换到"插入"选项卡，单击"形状"按钮，从下拉列表中选择"同心圆"选项，然后按住鼠标左键拖曳，绘制一个合适的空心圆对象。

② 拖曳黄色句柄调整空心圆的厚度，拖曳回旋箭头句

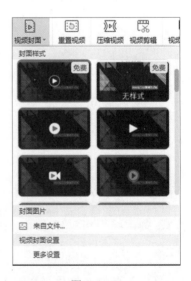

图 2-1-169

柄调整空心圆的角度，拖曳白色句柄调整空心圆的大小。

③ 右击空心圆，从弹出的快捷菜单中选择"设置对象格式"命令，打开"对象属性"任务窗格，在"形状选项"-"填充与线条"选项卡中设置一种渐变填充效果，结果如图2-1-170所示。

图 2-1-170

④ 切换到"插入"选项卡，在选项组中单击"形状"按钮，从下拉列表中选择"椭圆"，然后按住Shift键绘制正圆。

⑤ 右击正圆，在弹出的快捷菜单中选择"设置对象格式"命令，打开"对象属性"任务窗格。在"形状选项"-"填充与线条"选项卡中选中"渐变填充"单选按钮，然后在"渐变样式"选项中选择"射线渐变"，在下拉列表中选择"中心辐射"。

⑥ 切换到"绘图工具"选项卡，单击"形状效果"按钮，从下拉列表中选择一种透视效果，然后关闭对话框。

⑦ 右击正圆，从弹出的快捷菜单中选择"编辑文字"命令，在其中输入文字"自动化"，并适当调整字体、字号与颜色。

⑧ 复制制作好的圆球，放在同心圆轨道上，设置不同的颜色、文字，结果如图2-1-171所示。

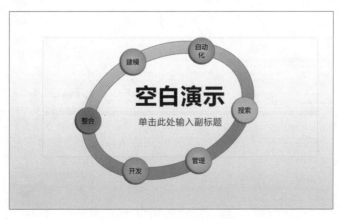

图 2-1-171

五、设计幻灯片外观

一个好的演示文稿，应该具有一致的外观风格。母版和主题的使用、幻灯片背景的设置以及模板的创建，可以使用户更容易控制演示文稿的外观。

1. 使用幻灯片母版

幻灯片母版就是一张特殊的幻灯片，可以将它看作是一个用于构建幻灯片的框架。在演示文稿中，所有幻灯片都基于该幻灯片母版创建。如果更改了幻灯片母版，则会影响所有基于母版创建的演示文稿幻灯片。

① 添加幻灯片母版和版式。在WPS演示中，每个幻灯片母版都包含一个或多个标准或自定义的版式集。当用户创建空白演示文稿时，将显示名为"空白演示"的默认版式，还有其他标准版式可以使用。

如果用户找不到合适的标准母版和版式，可以添加和自定义新的母版和版式。首先切换"视图"选项卡，单击"幻灯片母版"按钮，进入幻灯片母版视图，如果要添加母版，则单击"插入母版"按钮，如图2-1-172所示。在包含幻灯片母版和版式的左侧窗格中，单击幻灯片母版下方要添加新版式的位置，然后切换到"幻灯片母版"选项卡，单击"插入版式"按钮即可。

WPS演示的"母版版式"中默认提供了内容、标题、文本、日期等各种占位符，如图2-1-173所示。在设计版面时，如果用户不能确定其内容，也可以插入通用的"内容"占位符，它可以容纳任意内容，以便版面具有更广泛的可用性。

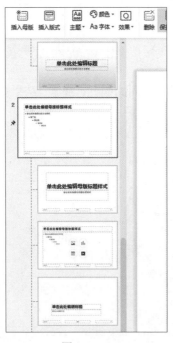

图 2-1-172

图 2-1-173

②　删除母版或版式。如果在演示文稿中创建数量过多的母版和版式，则在选择幻灯片版式时会造成不必要的混乱。为此，要进入幻灯片母版视图，在左侧的母版和版式列表中右击要删除的母版或版式，从弹出的快捷菜单中选择"删除母版"或"删除版式"命令，将一些不用的母版和版式删除。

③　设计母版内容。进入幻灯片母版视图，在标题区中单击"单击此处编辑母版标题样式"字样，激活标题区，选定其中的提示文字，并且改变其格式，可以一次性更改所有的标题格式。单击"幻灯片母版"选项卡上的"关闭"按钮，返回普通视图中，可见每张幻灯片的标题均发生了变化。

同理，对母版文字进行编辑，可以一次性更改幻灯片中同层的所有文字格式。另外，用户也可以在母版中加入任何对象，使每张幻灯片中都自动出现该对象。

2. 使用设计方案

设计方案包括一组主题颜色、一组主题字体和一组主题效果（包括线条和填充效果）。通过应用主题，可以快速而轻松地设置整个文档的格式，赋予它专业和时尚的外观。

①　智能美化。可以选择想要美化的页面，进行"全文换肤""智能配色"和"统一字体"等设置，并预览效果，如图2-1-174所示。

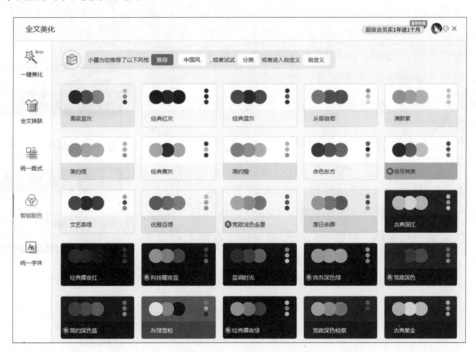

图 2-1-174

②　应用默认的主题。在快速为幻灯片应用一种主题时，先打开要应用主题的使用设计方案演示文稿，然后切换到"设计"选项卡，在"设计方案"列表框中单击要应用的文档主题，或单击右侧的"更多设计"按钮，查看所有可用的设计方案，如图2-1-175所示。

图 2-1-175

③ 修改设计方案。如果默认的设计方案不符合需求，用户还可以修改设计笔记方案。首先，切换到"设计"选项卡，单击"配色方案"按钮，弹出列表选项，然后在"推荐方案"中单击要更改的主题颜色元素对应的选项，如图2-1-176所示，如果仍不满足需求，还可以选择"更多颜色"命令打开"主题色"任务窗格。

在"演示工具"下拉列表中选择"替换字体"命令，打开"替换字体"对话框。在"替换"和"替换为"框中选择所需的字体名称，单击"替换"按钮，如图2-1-177所示。

在"演示工具"下拉列表中选择"自定义母版字体"命令，打开"自定义母版字体"对话框。在图中对应文本框中设置文本格式，单击"应用"按钮，如图2-1-178所示。

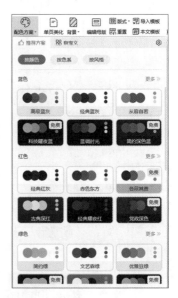

图 2-1-176

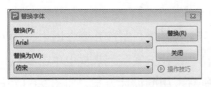

图 2-1-177

图 2-1-178

3. 设置幻灯片背景

在WPS演示中，对幻灯片设置背景其实是添加一种背景样式，在更改文档主题后，背景样式会随之更新以反映新的主题颜色和背景。如果用户希望只更改演示文稿的背景，则可以选择其他背景样式。

在向演示文稿中添加背景样式时，单击要添加背景样式的幻灯片，切换到"设计"选项卡，单击"背景"按钮下侧的箭头按钮，从下拉列表中选择渐变填充预设颜色，如图2-1-179所示。

如果内置的背景样式不符合需求，用户可以进行自定义操作，方法为：单击要添加背景样式的幻灯片，切换到"设计"选项卡，单击"背景"按钮，在下拉列表中选择"背景"选项，在打开的"对象属性"任务窗格中进行相关的设置，如图2-1-180所示。

如果要将幻灯片中背景清除，则可以单击"重置"按钮即可。

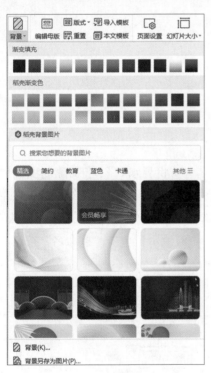

图2-1-179

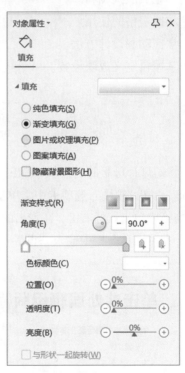

图2-1-180

子任务 3.2　制作节水宣传演示文稿并设置演示效果

❖　任务详情

李明明是稻香社区的工作人员，负责社区的公益活动的宣传组织工作。3月22日是世界水日，为了倡导节约用水，社区准备做一场"世界水日　节约用水"的公益宣讲，以加强宣传引导。

❖　任务目标

1．掌握母版设计。
2．掌握幻灯片编号设置。
3．掌握页版式调整。
4．掌握表格的使用。
5．掌握动画设计方法。
6．掌握自定义放映设置。

❖　任务实施

一、对演示文稿灯片母版进行设计

① 将幻灯片母版的名称从"Office主题"重命名为"世界水日"。打开素材文档"世界水日.pptx"，在"视图"选项卡中，单击"幻灯片母版"按钮，选中第1页幻灯片，在左侧的幻灯片窗格中单击鼠标右键，在弹出的快捷菜单中选择"重命名母版"命令，弹出"重命名"对话框。在"名称"框中输入"世界水日"，如图2-1-181所示，单击"重命名"按钮。

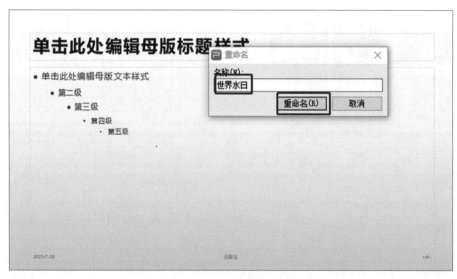

图 2-1-181

② 使用"标题页.jpg"图片作为"标题幻灯片"版式的背景图片。选中第2页幻灯片，在"幻灯片母版"选项卡中，单击"背景"按钮，在右侧出现"对象属性"任务窗格中将"填充"设置为"图片或纹理填充"，单击"图片填充"按钮，在下拉列表中选择"本地文件"命令，弹出"选择纹理"对话框。在考生文件夹下找到并选中"标题页.jpg"图片，单击"打开"按钮。

③ 使用"章节页.jpg"作为"节标题"版式的背景图片。选中第4页幻灯片，在"幻灯片母版"选项卡中，单击"背景"按钮，在右侧出现"对象属性"任务窗格中将"填充"设置为"图片或纹理填充"。单击"图片填充"按钮，在下拉列表中选择"本地文件"命令，弹出"选择纹理"对话框。在考生文件夹下找到并选中"节标题页.jpg"图片，单击"打开"按钮。

④ 为"标题幻灯片"版式的标题和副标题占位符、"节标题"版式的标题和文本占位符，设置文本格式：中文字体为"华文中宋"、西文字体为"Calibri"，文字颜色为主题色"白色，背景2"，文本效果设置"发光"为"矢车菊蓝，5pt发光，着色2"。选中第2页幻灯片的标题和副标题占位符，单击鼠标右键，在弹出的快捷菜单中选择"字体"命令，弹出"字体"对话框，将"中文字体"设置为"华文中宋"，"西文字体"设置为"Calibri"，"文字颜色"设置为"白色，背景1"，如图2-1-182所示，单击"确定"按钮。在"文本工具"选项卡中，单击"文本效果"按钮，在下拉列表中选择"发光-发光变体-矢车菊蓝，5pt发光，着色2"，同理设置第4页幻灯片（节标题版式）的标题和副标题占位符的字体效果。

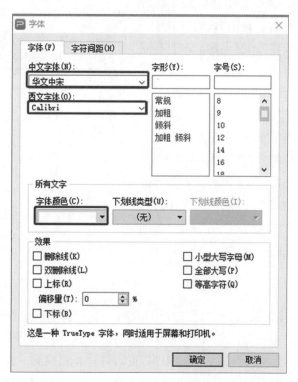

图 2-1-182

二、设置日期和幻灯片编号

除了标题幻灯片外，分别让其他幻灯片左下角显示日期，日期保持自动更新，右下角显示幻灯片编号。在"幻灯片母版"选项卡中，单击"关闭母版视图"按钮。在"插入"选项卡中，单击"日期和时间"按钮，弹出"页眉和页脚"对话框。勾选"日期和时间"复选框，选择"自动更新"，勾选"幻灯片编号"和"标题幻灯片不显示"复选框，如图2-1-183所示，单击"全部应用"按钮。

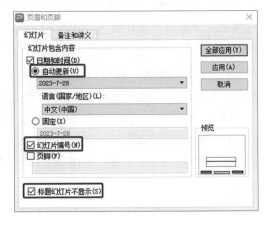

图 2-1-183

三、更改幻灯片版式

将第3、6、8页幻灯片的幻灯片版式改为"节标题"。按住Ctrl键不松，选中第3页、第6页和第8页幻灯片，在"开始"选项卡中单击"版式"按钮，在下拉列表中选择"节标题"。

四、设置进入动画效果

在第5页幻灯片中，同时选中左侧图片和右侧文字内容，添加"进入 - 切入"动画，放映时图片最先出现，文本在图片动画完成后延迟1s自动出现。步骤为：在第5页幻灯片中，先选中左侧图片，再按住Ctrl键不松，选中右侧文字内容，切换到"动画"选项卡，单击"其他"按钮，在下拉列表中选择"进入-切入"。单独选中右侧文字内容，单击"自定义动画"按钮，在右侧的"自定义动画"任务窗格中，将光标放在"内容占位符2：联合国……"上方，单击鼠标右键，在弹出的快捷菜单中选择"计时"命令，弹出"切入"对话框。在"计时"选项卡中，将"延迟"设置为"1.0"秒，如图2-1-184所示，单击"确定"按钮。

图 2-1-184

五、插入并修饰表格

① 在第7页幻灯片中插入一个2列12行的表格，用来显示占位符中的内容，表格的标题分别为"年份"和"主题"，原本显示文本的内容占位符需彻底删除；单元格中的所有内容设置"居中对齐"，且不换行显示。选中第7页幻灯片，切换到"插入"选项卡中，单击"表格"按钮，在下拉列表中选择"插入表格"，弹出"插入表格"对话框。将"行数"设

置为"13"，"列数"设置为"2"，单击"确定"按钮。在第一行中分别输入文字"年份"和"主题"，将原来占位符中的内容相对应地复制粘贴到表格中。选中内容占位符，按两次Delete键删除，适当调整一下表格的大小和位置。选中插入的表格，在"表格工具"选项卡中单击"居中对齐"按钮，适当调整表格位置和大小使得所有内容不换行显示。

② 修改表格样式为"中度样式1-强调3"，修改标题行的填充颜色为标准色"绿"。选中插入的表格，在"表格样式"选项卡中单击"其他样式"按钮，在下拉列表中选择"中度样式1-强调3"。选中标题行，在"表格样式"选项卡中单击"填充"按钮，在下拉列表中选择"绿"。

六、插入视频

① 在第10页幻灯片通过内容占位符插入一个视频"节约用水人人有责.mp4"。选中第10页幻灯片，单击内容占位符中的"插入媒体"按钮，弹出"插入视频"对话框。找到"节约用水.mp4"视频并选中，单击"打开"按钮。

② 设置放映时全屏播放。选中插入的视频，在"视频工具"选项卡中勾选"全屏播放"复选框。

七、自定义放映方案

新建3个自定义放映方案，方案名称为"01设立起源"，包含幻灯片3～5，"02历年主题"包含幻灯片6、7，"03节约用水"包含幻灯片8、9。在"幻灯片放映"选项卡中单击"自定义放映"按钮，弹出"自定义放映"对话框。单击"新建"按钮，弹出"定义自定义放映"对话框。在"幻灯片放映名称"中输入"01设立起源"，选中"在演示文稿中的幻灯片"的幻灯片3～5，单击"添加"按钮，再单击"确定"按钮。同理新建另外两个自定义放映方案，单击"关闭"按钮。

八、为目录页设置超链接

设置要求如表2-1-11所示。

表 2-1-11

目录内容	链接位置
01 世界水日设立起源	本文档中的位置：自定义放映"01 设立起源"；勾选"显示并返回"播放完返回目录页
02 世界水日历年主题	1. 本文档中的位置：自定义放映"02 历年主题" 2. 勾选"显示并返回"播放完返回目录页
03 节约用水人人有责	幻灯片 8

在第2页幻灯片中，选中文字"01世界水日确立起源"，单击鼠标右键，在弹出的快捷菜单中选择"超链接"命令，弹出"插入超链接"对话框。选择"本文档中的位置"，将右

侧的"请选择文档中的位置"设置为"自定义放映 - 01设立起源",勾选"显示并返回"复选框,如图2-1-185所示,单击"确定"按钮。同理,为"02历年主题"超链接到相应的自定义放映方案中。选中文字"03节约用水人人有责",单击鼠标右键,在弹出的快捷菜单中选择"超链接"命令,弹出"插入超链接"对话框。选择"本文档中的位置",将右侧的"请选择文档中的位置"设置为第8页幻灯片"8.03"。

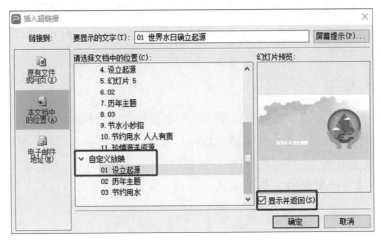

图 2-1-185

九、设置幻灯片切换方式

为演示文稿中的幻灯片3～10应用切换效果,幻灯片切换效果为"形状",效果选项为"菱形",速度设置为"1s",每一页的自动换片时间为10s。步骤为:先选中第3页幻灯片,按住Shift键不松手再选中第11页幻灯片,就选中了幻灯片3～11页,在"切换"选项卡中单击"形状"按钮,再单击"效果选项"按钮,在下拉列表中选择"圆形"命令,将"速度"设置为"01.00","自动换片"设置为"10：00",如图2-1-186所示。

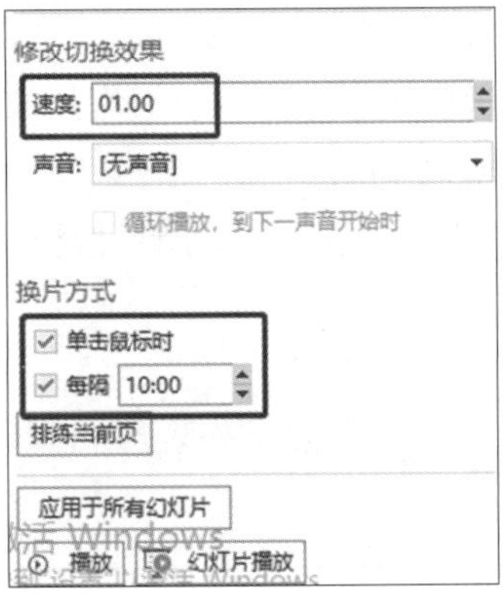

❖ 知识链接

图 2-1-186

一、设置动画效果与切换方式

对幻灯片设置动画,可以让原本静止的演示文稿更加生动。可以利用WPS演示提供的动画方案、智能动画、自定义动画和幻灯片切换效果等功能,制作出形象的演示文稿。

1. 使用动画

① 创建基本动画。在普通视图中,单击要制作成动画的文本或对象,然后切换到"动

画"选项卡，从"动画样式"列表框中选择所需的动画，即可快速创建基本的动画，如图2-1-187所示。在"自定义动画"任务窗格中可以从"方向"下拉列表框中选择动画的运动方向。

图 2-1-187

② 使用智能动画。如果对标准动画不满意，则可以在普通视图中显示包含要设置动画效果的文本或者对象的幻灯片，然后切换到"动画"选项卡，单击"智能动画"按钮，从下拉列表中选择所需的动画效果选项。例如，为了给幻灯片的标题设置进入的动画效果，可以选择推荐效果，如图2-1-188所示。

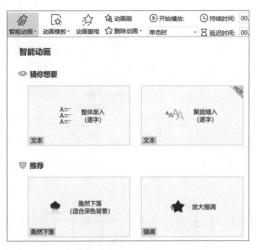

图 2-1-188

③ 删除动画效果。删除自定义动画效果的方法很简单，可以在选定要删除的动画对象后，切换到"动画"选项卡，通过下列两种方法来完成：

- 在"动画样式"列表框中选择"无"选项。
- 单击"自定义动画"按钮，打开"自定义动画"任务窗格，然后在列表区域中右击要删除的动画，从弹出的快捷菜单中选择"删除"命令。

执行"删除"命令后，提示"删除当前选中幻灯片中所有动画"，单击"是"按钮。

④ 设置动画选项。当在同一张幻灯片中添加了多个动画效果后，还可以重新排列动画效果的播放顺序。方法为：显示要调整播放顺序的幻灯片，切换到"动画"选项卡，单击"自定义动画"按钮，在"自定义动画"任务窗格中选定要调整顺序的动画，将其拖到列表框中的其他位置。单击列表框下方的 ↑ ↓ 按钮也能改变动画的顺列。

可以在"动画"选项卡中单击"预览效果"按钮，预览当前幻灯片中设置动画的播放效果。如果对动画的播放效果不满意，则在"动画窗格"中选定要调整播放速度的动画效果，在"速度"选项的下拉框中选择播放速度，如图2-1-189所示。

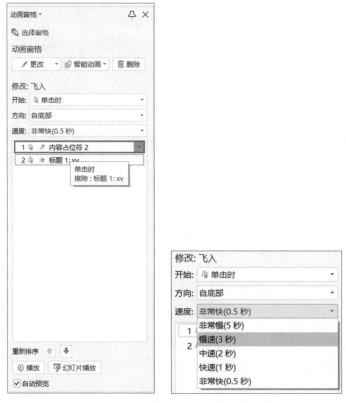

图 2-1-189

也可以在"自定义动画"任务窗格中单击所需要设计播放时间的动画，再单击要设置的动画右侧的箭头按钮，从下拉菜单中选择"效果选项"命令，在打开的对话框中切换到"计时"选项卡，如图2-1-190所示。然后在"延迟"微调框中输入该动画与上一动画之间的延迟时间；在"速度"下拉列表中选择动画的速度；在"重复"下拉列表中设置动画的重复次数。设置完毕后，单击"确定"按钮。

如果要将声音与动画联系起来，则可以采取以下方法：在"自定义动画"任务窗格中选定要添加声音的动画，单击其右侧的箭头按钮，从下拉菜单中选择"效果选项"命令，打开"劈裂"对话框（对话框的名称与选择的动画名称对应）。然后切换到"效果"选项卡，在"声音"下拉列表中选择要增强的声音，如图2-1-191所示。

图 2-1-190

图 2-1-191

2. 设置幻灯片的切换效果

所谓幻灯片切换效果，就是指两张连续幻灯片之间的过渡效果。设置幻灯片切换效果的操作步骤如下：

① 在普通视图的"幻灯片"选项卡中单击某个幻灯片缩略图，然后切换到"切换"选项卡，在"切换方案"列表框中选择一种幻灯片切换效果，如图2-1-192所示。

图 2-1-192

② 如果要设置幻灯片切换效果的速度，则在右侧选项组的"速度"微调框中输入幻灯片切换的速度值，如图2-1-193所示。

图 2-1-193

③ 如有必要，在"声音"下拉列表中选择幻灯片换页的声音。

④ 单击"应用到全部"按钮，则会将切换效果应用到整个演示文稿。

3. 设置交互动作

通过使用绘图工具在幻灯片中绘制图形按钮，然后为其设置动作，能够在幻灯片中起到提示作用、引导或控制播放的作用。

① 在幻灯片中放置动作按钮。在普通视图中创建动作按钮时，先切换到"插入"选项卡，然后在"插图"选项组中单击"形状"按钮，从下拉列表中选择"动作按钮"组中的按钮选项。

如果要插入一个预定义好的动作按钮，选择预设置好的 4个动作按钮即可，如图2-1-194所示，分别可以设置动作按钮链接到前一项、下一项、开始和结束幻灯片。

选择其中一个动作按钮后，将动作按钮放到幻灯片合适位置，自动打开"动作设置"对话框，可以设置播放声音等效果，如图2-1-195所示。

图 2-1-194

如果要插入一个自定义的动作按钮，选择动作按钮组中最后一个空白按钮 □，然后将动作按钮插入到幻灯片中后，会打开"动作设置"对话框。在"鼠标单击"选项卡中，"单击鼠标时的动作"栏中选中"超链接到"单选按钮，单击右侧下拉箭头，找到合适的选项，如图2-1-196所示。

图 2-1-195

图 2-1-196

如果想要随意切换到其他幻灯片，则可以选择"幻灯片"选项，打开"超链接到幻灯片"对话框。在其中选择该按钮将要执行的动作，然后单击"确定"按钮，如图2-1-197所示。

② 为空白动作按钮添加文本。插入到幻灯片的动作按钮中默认是没有文字的，右击插入到幻灯片中的空白动作按钮，从弹出的快捷菜单中选择"编辑文字"命令，然后在插入点处输入文本，即可向空白动作按钮中添加文字。

③ 格式化动作按钮的形状。选定要格式化的动作按钮，切换到"绘图工具"选项卡，从"编辑形状"下拉列表中选择"更改形状"中的一种形状，即可对动作按钮的形状进行格式化。还可以进一步利用按钮图标右侧的"样式""填充"和"轮廓"按钮，对动作按钮进行美化。

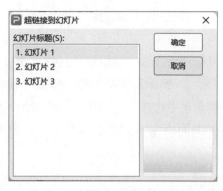

图 2-1-197

4. 使用超链接

通过在幻灯片中插入超链接，可以直接跳转到其他幻灯片、文档或Internet的网页中。

① 创建超链接。在普通视图中选定幻灯片中的文本或图形对象，切换到"插入"选项卡，在"链接"选项组中单击"超链接"按钮，打开"插入超链接"对话框，在"链接到"列表框中选择超链接的类型。

- 选择"原有文件或网页"选项，在弹出的对话框中选择要链接到的文件或 Web 页面的地址，可以通过右侧文件列表中选择所需链接的文件名。
- 选择"本文档中的位置"选项，可以选择跳转到某页幻灯片上，如图 2-1-198 所示。
- 选择"电子邮件地址"选项，可以在右侧列表框中输入邮件地址和主题。

单击"屏幕提示"按钮，打开"设置超链接屏幕提示"对话框，设置当鼠标指针位于超链接上时出现的提示内容，如图2-1-199所示。最后单击"确定"按钮，超链接创建完成。

图 2-1-198

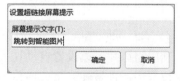

图 2-1-199

在放映幻灯片时，将鼠标指针移到超链接上，鼠标指针将变成手形，单击即可跳转到相应的链接位置。

② 编辑"超链接"。在更改超链接目标时，先选定包含超链接的文本或图形，然后切换到"插入"选项卡，单击"超链接"按钮，在打开的"编辑超链接"对话框中输入新的目标地址或者重新指定跳转位置即可。

③ 删除超链接。如果仅删除超链接关系，则右击要删除超链接的对象，从弹出的快捷菜单中选择"超链接"→"取消超链接"命令。若选定包含超链接的文本或图形，然后按Delete键，超链接以及代表该超链接的对象将全部被删除。

二、放映幻灯片

制作幻灯片的最终目标是为观众进行放映。幻灯片的放映设置包括控制幻灯片的放映方式、设置放映时间等。

1. 幻灯片的放映控制

考虑到演示文稿中可能包含不适合播放的半成品幻灯片，但将其删除又会影响以后再次修订。此时，需要切换到普通视图，在幻灯片窗格中选择不进行演示的幻灯片，然后右击，从弹出的快捷菜单中选择"隐藏幻灯片"命令，将它们进行隐藏，接下来就可以播放幻灯片了。

① 启动幻灯片。在WPS演示中，按F5键或者单击"放映"选项卡中的"从头开始"按钮，即可开始放映幻灯片。如果不是从头放映幻灯片，则单击工作界面右下角的"放映"按钮，或者按Shift+F5组合键。在幻灯片放映过程中，按Ctrl+H和Ctrl+A组合键能够分别实现隐藏、显示鼠标指针的操作。

② 控制幻灯片的放映。查看整个演示文稿最简单的方式是移动到下一张幻灯片，方法有：单击；按Space键；按Enter键；按N键；按Page Down键；按↓键；按→键；右击，从弹出的快捷菜单中选择"下一页"命令；将鼠标指针移到屏幕的左下角，单击➡ 按钮。

如果要回到上一张幻灯片，可以使用以下任意方法：按BackSpace键；按P键；按Page Up键；按↑键；按←键；右击，从弹出的快捷菜单中选择"上一张"命令。

在幻灯片放映时，如果要切换到指定的某一张幻灯片，则首先右击，从弹出的快捷菜单中选择"定位"菜单项，然后在级联菜单中选择"按标题"命令，选择目标幻灯片的标题。另外，如果要快速回转到第一张幻灯片，可以按Home键。

③ 退出幻灯片放映。如果想退出幻灯片的放映，则可以使用下列方法：右击，从弹出的快捷菜单中选择"结束放映"命令；按Esc键；再按-键。

2. 设置放映时间

利用幻灯片可以设置自动切换的特性，能够使幻灯片在无人操作的展台前，通过大型投影仪进行自动放映。可以通过以下两种方法设置幻灯片在屏幕上显示时间的长短：

① 人工设置放映时间。如果要人工设置幻灯片的放映时间（例如，每隔8秒自动切换到下一页幻灯片），可以参照以下方法进行操作：首先，切换到幻灯片浏览视图，选定要设

置放映时间的幻灯片，单击"切换"选项卡，在选项组中选中"自动换片"复选框，然后在右侧的微调框中输入希望幻灯片在屏幕上显示的秒数。单击"应用到全部"按钮，所有幻灯片的换片时间间隔将相同；否则，设置的是选定幻灯片切换到下一页幻灯片的时间。

接着，设置其他幻灯片的换片时间。此时，在幻灯片浏览视图中，会在幻灯片缩略图的左下角显示每张幻灯片的放映时间，如图2-1-200所示。

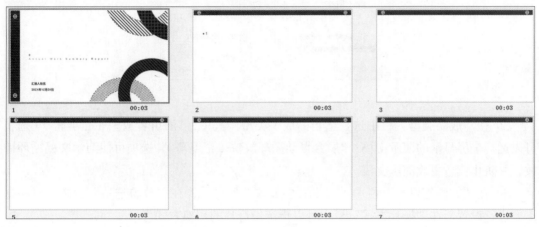

图 2-1-200

② 使用排练计时。使用排练计时功能可以为每页幻灯片设置放映时间，使幻灯片能够按照设置的排练计时时间自动放映，操作步骤如下。

首先，切换到"放映"选项卡，单击"排练计时"按钮，系统将切换到幻灯片放映视图，如图2-1-201所示。

在放映过程中，屏幕上会出现"预演"工具栏，如图2-1-202所示。单击该工具栏中的"下一项"按钮，即可播放下一页幻灯片，并在"幻灯片放映时间"文本框中开始记录新幻灯片的时间。

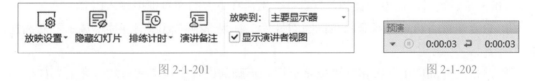

图 2-1-201　　　　　　　　　　　　　　　　　图 2-1-202

排练结束放映后，在出现的对话框中单击"是"按钮，即可接受排练的时间；如果要取消本次排练，则单击"否"按钮即可。

3. 设置放映方式

默认情况下，演示者需要手动放映演示文稿，当然也可以创建自动播放演示文稿，在商贸展示或展台中播放。设置幻灯片放映方式的操作步骤如下。

① 切换到"放映"选项卡，单击"放映设置"按钮，打开"设置放映方式"对话框，如图2-1-203所示。

图 2-1-203

② 在"放映类型"栏中选择适当的放映类型。其中,"演讲者放映(全屏幕)"选项可以运行全屏显示的演示文稿;"展台自动循环放映(全屏幕)"选项可使演示文稿循环播放,并防止读者更改演示文稿。

③ 在"放映幻灯片"栏中可以设置要放映的幻灯片,在"放映选项"栏中可以根据需要进行设置,在"换片方式"栏中可以指定幻灯片的切换方式。

④ 设置完成后,单击"确定"按钮。

三、打包与打印演示文稿

1. 设置页眉和页脚

如果要将幻灯片编号、时间和日期、公司标志等信息添加到演示文稿的顶部或底部,则可以使用设置页眉和页脚功能,操作步骤如下:

① 切换到"插入"选项卡,单击"页眉页脚"按钮,打开"页眉和页脚"对话框。

② 选中"幻灯片编号"复选框,可以为幻灯片添加编号。如果要为幻灯片添加一些辅助性的文字,则可以选中"页脚"复选框,然后在下方的文本框中输入内容。

③ 想要使页眉和页脚不显示在标题幻灯片上,则选中"标题幻灯片不显示"复选框即可。

④ 单击"全部应用"按钮,可以将页眉和页脚的设置应用于所有幻灯片上。如果要将页眉和页脚的设置应用于当前幻灯片中,单击"应用"按钮即可。返回到编辑窗口后,可以看到在幻灯片中添加了设置的内容。

2. 页面设置

幻灯片的页面设置决定了幻灯片、备注页、讲义及大纲在屏幕和打印纸上的尺寸和放置方向,操作步骤如下:

① 切换到"设计"选项卡,在选项组中单击"幻灯片大小"按钮右侧的下拉箭头按钮。

② 在"幻灯片大小"下拉列表中选择幻灯片的大小,有3种选项,分别是"标准

（4∶3）""宽屏（16∶9）"和"自定义大小"，现在一般的计算机都选择"宽屏（16∶9）"。如果要建立自定义的尺寸，可选择"自定义大小"选项，打开"页面设置"对话框。可在"幻灯片大小"下的"宽度"和"高度"微调框中输入需要的数值，如图2-1-204所示。

③ 在"幻灯片编号起始值"微调框中输入幻灯片的起始号码。

④ 在"方向"栏中指明幻灯片、备注、讲义和大纲的打印方向。

⑤ 单击"确定"按钮，完成设置。

3. 打包演示文稿

当需要将制作好的演示文稿复制到U盘中，然后到他人的计算机中放映时，有时可能会发现其中遗漏了部分素材。为了避免出现这样的尴尬场面，可以使用打包演示文稿功能。所谓打包是指将与演示文稿有关的各种文件都整合到同一个文件夹中，只要将这个文件夹复制到其他计算机中，即可正常播放演示文稿。

如果要对演示文稿进行打包，则可以参照下列步骤进行操作：

① 单击窗口左上角的"文件"按钮，在下拉菜单中选择"文件打包"→"将演示文档打包成文件夹"命令，打开"演示文件打包"对话框，如图2-1-205所示，在"文件夹名称"文本框中输入打包后演示文稿的名称。

图 2-1-204

图 2-1-205

② 选中"同时打包成一个压缩文件"复选框，会在指定位置生成一个同名的压缩文件。

③ 单击"确定"按钮，完成打包操作。

④ 在"计算机"窗口中打开文件，可以看到打包的文件夹和文稿。

4. 打印演示文稿

同WPS文字和WPS表格一样，用户可以在打印之前预览WPS演示文稿，满意后再打印，操作步骤如下：

① 单击"文件"按钮，在弹出的下拉菜单中选择"打印"→"打印预览"命令，在打开的窗格中可以预览幻灯片打印的效果。如果要预览其他幻灯片，则单击上方的"下一页"按钮。

② 在中间窗格的"份数"微调框中指定打印的份数。

③ 在"打印机"下拉列表中选择所需的打印机。

④ 单击“更多设置”按钮打开“打印”对话框，在“打印范围”中指定演示文稿的打印范围。

⑤ 在“打印内容”下拉列表中确定打印的内容，如整张幻灯片、备注页、大纲等，如图2-1-206所示，讲义可以选择1页或多页幻灯片打印在一张纸上。

⑥ 单击“直接打印”按钮，即可开始打印演示文稿。

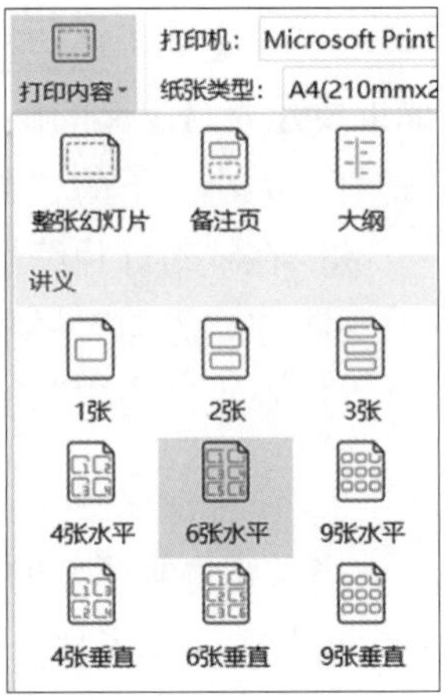

图 2-1-206

单元习题

一、WPS文字处理操作练习

操作题1：某学校融媒体中心是代表学校官方的新媒体平台，为讲好学校故事、传播好学校声音，宣传好学校形象，在新学期面向全校学生进行实习岗位招聘。请你根据以下要求对招聘文案进行设计。

（1）设置标题文字“招聘”的字体为华文彩云，一号，字形为“加粗”，颜色为“标准色 红色”，对齐方式为“居中”。

（2）设置正文所有内容字号为四号，段落首行缩进为“2字符”，段前间距为1行，段后间距为0.5行；行距为单倍行距。正文第1段设置首字下沉，下沉字体为“华文彩云”，下沉行数为“2行”，距正文“0.5厘米”。

（3）为正文第2段和第3段添加加粗空心方形的项目符号，并将这两个段落分为等宽的2栏，加分隔线。

（4）在文章最后插入3行4列的表格，表格对齐方式为“居中对齐”；外框线为“第3种线型”、1.5磅粗细、红色；内框线为实线、1磅、颜色为“培安紫，着色4，浅色60%”。

（5）合并表格第1行，并输入内容“报名表”，在第二行单元格中一次输入“姓名”、“班级”、“学号”、“联系电话”，将单元格内容水平居中对齐，效果如图2-1-207所示。

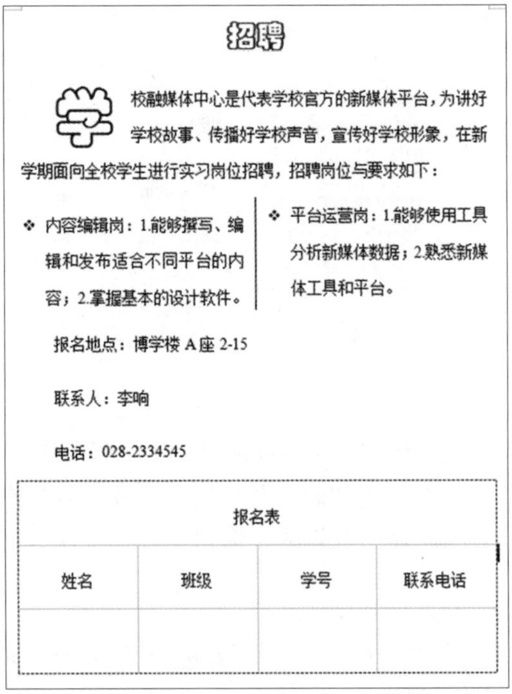

招聘

学校融媒体中心是代表学校官方的新媒体平台，为讲好学校故事、传播好学校声音，宣传好学校形象，在新学期面向全校学生进行实习岗位招聘，招聘岗位与要求如下：

- 内容编辑岗：1.能够撰写、编辑和发布适合不同平台的内容；2.掌握基本的设计软件。
- 平台运营岗：1.能够使用工具分析新媒体数据；2.熟悉新媒体工具和平台。

报名地点：博学楼 A 座 2-15

联系人：李响

电话：028-2334545

报名表			
姓名	班级	学号	联系电话

图 2-1-207

操作题2：文档排版是WPS文字处理十分重要的一项功能，一个精心排版的文档不仅能够清晰、准确地传达信息，还能提升读者的阅读效率，增强文档的整体美观性和专业性。请根据以下要求对素材文字进行排版设计，效果如图2-1-208所示。

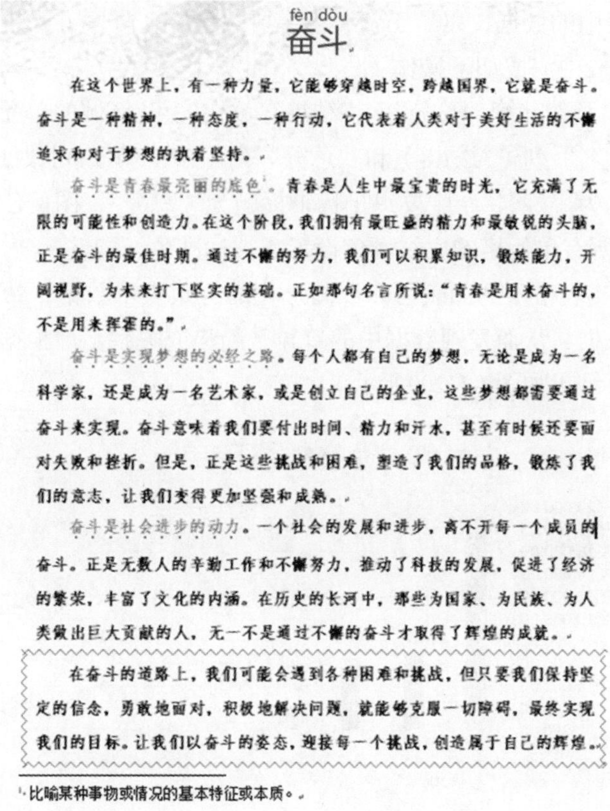

fèn dòu
奋斗

在这个世界上，有一种力量，它能够穿越时空，跨越国界，它就是奋斗。奋斗是一种精神，一种态度，一种行动，它代表着人类对于美好生活的不懈追求和对于梦想的执着坚持。

奋斗是青春最亮丽的底色[1]。青春是人生中最宝贵的时光，它充满了无限的可能性和创造力。在这个阶段，我们拥有最旺盛的精力和最敏锐的头脑，正是奋斗的最佳时期。通过不懈的努力，我们可以积累知识，锻炼能力，开阔视野，为未来打下坚实的基础。正如那句名言所说："青春是用来奋斗的，不是用来挥霍的。"

奋斗是实现梦想的必经之路。每个人都有自己的梦想，无论是成为一名科学家，还是成为一名艺术家，或是创立自己的企业，这些梦想都需要通过奋斗来实现。奋斗意味着我们要付出时间、精力和汗水，甚至有时候还要面对失败和挫折。但是，正是这些挑战和困难，塑造了我们的品格，锻炼了我们的意志，让我们变得更加坚强和成熟。

奋斗是社会进步的动力。一个社会的发展和进步，离不开每一个成员的奋斗。正是无数人的辛勤工作和不懈努力，推动了科技的发展，促进了经济的繁荣，丰富了文化的内涵。在历史的长河中，那些为国家、为民族、为人类做出巨大贡献的人，无一不是通过不懈的奋斗才取得了辉煌的成就。

在奋斗的道路上，我们可能会遇到各种困难和挑战，但只要我们保持坚定的信念，勇敢地面对，积极地解决问题，就能够克服一切障碍，最终实现我们的目标。让我们以奋斗的姿态，迎接每一个挑战，创造属于自己的辉煌。

[1] 比喻某种事物或情况的基本特征或本质。

图 2-1-208

（1）设置标题“奋斗”字体为标准色 蓝色，微软雅黑，字号为“二号”，对齐方式为“居中”，并添加拼音。

（2）设置正文所有段落字体为“仿宋”，加粗，字号为“小四”，首行缩进2字符，文本之前和之后缩进均为1字符，行距为1.5倍。为正文第2段中的“底色”插入尾注“比喻某种事物或情况的基本特征或本质。”，为第2、3、4段落的第一句话添加圆点型着重号，并设置字体颜色为“培安紫，文本2，浅色40%”。

（3）为正文第5段添加“单波浪线、标准色 浅蓝、1.5磅”的边框（应用于段落）。将素材图片“纹理.jpg”作为图片水印插入页面中，缩放“350%”、“冲蚀”，并水平垂直居中对齐。

二、WPS 表格处理操作练习

操作题1：WPS表格允许用户输入、编辑、计算和分析各种类型的数据。用户可以轻松地进行加减乘除等基本运算，也可以使用公式和函数进行更复杂的数学、财务、统计等计算。请根据以下要求对素材提供的数据进行处理。

在工作表Sheet1中完成如下操作：

（1）设置“姓名”列（A1:A11）所有单元格的字体为“黑体”，字号为“16”。

（2）使用本表中的数据，以"工资"为主要关键字，降序方式排序。

在工作表Sheet2中完成如下操作：

（1）利用SUM函数计算"总分"，将结果存放在F3:F8区域的单元格中。

（2）选取"姓名"列（A2:A8）和"总分"列（F2:F8）两列数据，插入簇状柱形图，主要横坐标轴标题为"姓名"，主要纵坐标轴标题为"总分"；图例位于图表顶部。

（3）将A2:F8所有单元格的底纹颜色设置成"标准色 浅蓝"。

操作题2：WPS表格中的图表可以以图形化的方式表示数据，帮助用户更方便、更直观地分析和比较数据，从而发现数据中的差异、趋势或关系。请根据以下要求对素材提供的数据进行处理，结果如图2-1-209所示。

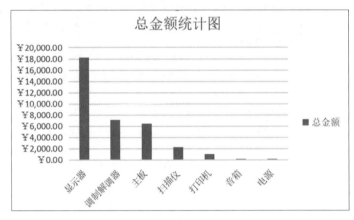

图 2-1-209

（1）在工作表Sheet1中的"产品名称"左侧加入一列，并在A1内输入文本"产品编号"，依次在A2:A8单元格区域中写入"01"到"07"。

（2）使用公式计算出每种产品的总金额（总金额=数量*单价），设置"单价"列和"总金额"列所有单元格的货币格式为"¥"(负数格式使用第二行)。

（3）复制A1:F8区域内容到Sheet2工作表A1处，对A1:F8区域按主要关键字"总金额"进行降序排序。选取"产品名称"列（B1:B8）和"总金额"列（F1:F8）两列数据，插入簇状柱形图，图标标题为"总金额统计图"，图例位于图表右侧。

三、WPS 演示文稿操作练习

操作题1：工作总结是团体或个人对前一阶段的工作的回顾、分析和反思的一种应用文书，用户可以从中得到经验与教训，并用其指导今后的工作。本实训练习通过制作工作总结演示文稿来巩固任务讲解的知识，如幻灯片母版的母版、版式和背景，以及在幻灯片中插入图片、视频等对象。要求制作并放映演示文稿，最终效果如图2-1-210所示。

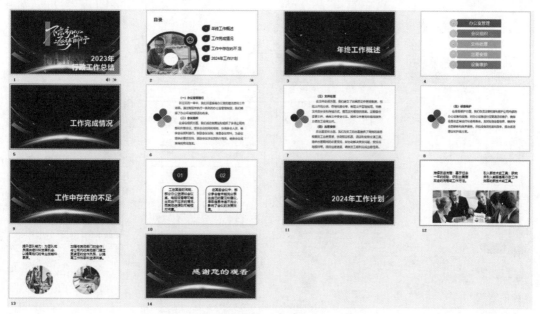

图 2-1-210

（1）设置标题幻灯片母版，选择"标题幻灯片 版式"选项，设置背景颜色为蓝色，移动标题占位符和副标题占位符到版面右下角，并设置占位符文字对齐方式为右对齐。

（2）设置仅标题版式，在版面左下角插入"目录.png"，并设置标题文字样式为Arial，字号为36号。

（3）设置节标题 版式设置背景颜色为蓝色，插入素材文件夹中的"标题.png"图片。设置标题文字样式为微软雅黑，字号为60号。

（4）制作文稿封面，插入素材文件夹中的"标题.png"图片，在标题文本框和副标题文本框输入文字，并设置文字格式。

（5）制作目录页，插入泪滴形状并输入对应文字。

（6）制作节标题页，输入文字并调整格式。

（7）制作内容页。在"年终工作概述"中插入智能图形。在"工作完成情况"中插入泪滴形状并复制组合成花朵形状，然后进行配色填充，插入文本框并填入文字，对文字进行格式设置。在"工作中存在的不足"中插入水滴形及同侧圆角矩形并输入对应文字。在"2024年工作计划"中插入文本框和图片。

操作题2：本实训练习通过制作中华书法之美演示文稿并为其设置放映效果来巩固任务讲解的知识，如幻灯片母版的设置、插入对象、设置切换效果、添加动作按钮，为幻灯片中的对象设置动画效果、添加超级链接等。汉字书法是中国文化的代表符号，承载中华民族传统文化精神，浓缩了中国历史文化发展进程。通过本实训可弘扬中国传统文化，展现书法之美。要求制作并放映演示文稿，最终效果如图2-1-211所示。

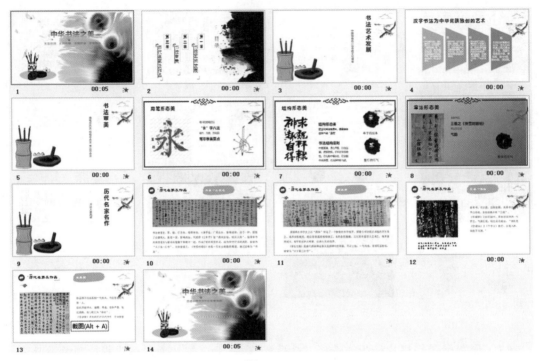

图 2-1-211

（1）幻灯片整体风格设计，插入素材文件夹下的"背景图.png"并编辑母版标题样式使字符间距加宽5磅。

（2）编辑幻灯片版式，隐藏母版背景图形。主标题和副标题全部应用"渐变填充 - 亮石板灰"预设艺术字样式；为主标题和副标题添加相同动画效果，要求在单击时主标题和副标题依次开始非常快地似扇形展开进入，动画文本按字母10%延迟发送。

（3）设置节标题版式，将标题和文本占位符中的文字方向全部改为竖排，将占位符的尺寸均设为高度15cm宽度3cm，并将占位符移动至幻灯片右侧区域保证版面美观；为标题和文本添加相同的动画效果，在单击时标题和文本依次开始快速地自顶部擦除进入。

（4）设置幻灯片版式，幻灯片3、5、9应用节标题版式；幻灯片2、10、11、12、13应用空白版式；幻灯片4、6、7、8应用仅标题版式。

（5）设计交互动作方案，在幻灯片2（目录）中设置导航动作，使鼠标单击各条目录时可以导航到对应的节标题幻灯片；在节标题版式中统一设置返回动作，使鼠标单击左下角的图片时可以返回目录。

（6）设置智能图形。在幻灯片4中，插入样式为梯形列表的智能图形，以美化多段文字（请保持内容间的上下级关系）；智能图形采用彩色第4种预设颜色方案，并且整体尺寸为高度12cm宽度25cm。

（7）设计内容页动画效果方案。幻灯片6：右下角的四方连续图形，在单击时开始，非常快、忽明忽暗强调，并且重复3次；衬底的边线纹路图片，与上一动画同时并延迟0.5秒开始，快速渐变式缩放进入。幻灯片7：右侧2个图片，在单击时同时开始，快速飞入进入，飞入方向依次为自顶部、自底部，并且全部平稳开始、平稳结束；幻灯片8：衬底的渐变色背景形状，在单击时开始，快速自右侧向左擦除进入，右下角的四合如意云龙纹图片，与上一动画同时开始，快速放大150%并在放大后自动还原大小（自动翻转）。

设计幻灯片切换效果方案，幻灯片1、14应用溶解切换；幻灯片11、13应用平滑淡出切换；其余幻灯片应用向下推出切换，并且全部幻灯片都以5秒间隔自动换片放映。

单元2　新媒体工具应用

▶ 单元导读

随着信息技术的飞速发展，新媒体工具已成为我们日常生活和工作中不可或缺的一部分。本单元旨在介绍新媒体工具在内容制作方面的应用，包括图片内容制作、音视频内容制作以及融媒体内容制作。通过学习这些工具和技术，读者将能够掌握从创意设计到内容制作再到发布推广的全流程，提升自己的新媒体素养和创意表达能力。

▶ 知识目标

- 掌握新媒体工具的基本概念、分类及其在新媒体内容制作中的作用。
- 了解图片、音频、视频及融媒体内容制作的基本流程和技术要点。
- 熟悉常用新媒体编辑工具的功能、操作方法及适用场景。
- 学习新媒体内容创作的理论知识，包括色彩学、声音设计、视频剪辑原理等。

▶ 能力目标

- 能够独立使用新媒体编辑工具完成图片、音频、视频及融媒体内容的制作。
- 具备根据不同平台和受众需求，创作和定制新媒体内容的能力。
- 能够运用所学知识对新媒体内容进行优化，提升其吸引力和传播效果。
- 具备一定的项目管理和团队协作能力，在内容制作过程中能够有效沟通并解决问题。

▶ 素质目标

- 培养学生的创新思维和审美能力，能够创作出具有独特风格和观点的新媒体内容。
- 提升学生的自主学习和持续学习能力，以适应新媒体技术的快速发展。
- 培养学生的职业道德和版权意识，在内容制作过程中遵守相关法律法规和行业规范。
- 增强学生的团队合作精神和服务意识，能够在团队中发挥积极作用并服务于社会。

任务 1　图片内容制作

❖ 任务详情

李欣作为一名新媒体从业人员，即将参与一场新媒体课程预热直播活动。为了吸引更多的观众关注并参与直播，需要设计一份具有吸引力的直播预热海报。

❖ 任务目标

本任务旨在通过设计一张高质量的海报，提升直播活动的曝光度和参与度，要求掌握图片内容制作的基本流程。

1. 设计高质量海报：设计一张符合活动主题和品牌形象的高质量海报，提升活动的视觉吸引力。

2. 传递关键信息：确保海报中包含了直播活动的关键信息，如活动名称、主讲嘉宾、时间地点等，方便观众了解并参与活动。

3. 提升活动曝光度：通过设计有吸引力的海报，提高活动在社交媒体和新媒体平台上的曝光度，吸引更多潜在观众关注。

4. 增强品牌形象：通过海报设计展示新媒体课程的品牌形象和风格调性，提升品牌知名度和美誉度。

❖ 任务实施

一、新建并保存文档

1. 明确设计需求
① 与活动策划团队深入沟通，明确直播活动的主题、目标、亮点以及海报的设计目的和期望效果。
② 确定海报的尺寸、分辨率、文件格式等输出要求。

2. 收集素材资料
① 根据设计需求，收集相关的素材资料，如活动背景图片（可以是与主题相关的图片、矢量图形或背景纹理）、主讲嘉宾的照片或插图、品牌LOGO等。
② 确保所有素材的版权问题已解决，避免侵权。

3. 制定设计方案
① 根据活动主题和目标受众，确定海报的设计风格、色彩搭配、字体选择等。
② 设计出几个不同的布局方案，可以是草图或简单的线框图，以便后续选择和优化。

4. 设计初稿

① 在选定的设计软件和工具中（如Photoshop、Illustrator等），根据设计方案开始制作海报初稿。

② 先设计背景，可以使用渐变、纹理或图片作为背景。

③ 添加关键信息，如活动名称、日期、时间、地点、主讲嘉宾等，使用合适的字体和大小，确保信息的清晰可读。

④ 插入收集到的素材，如主讲嘉宾的照片、品牌LOGO等，调整位置和大小，使其与整体设计相协调。

⑤ 如有需要，可以添加一些装饰元素，如线条、图形、图标等，以增强海报的视觉吸引力。

5. 内部评审与修改

① 将初稿提交给团队成员或相关领导进行内部评审，收集他们的反馈意见。

② 根据反馈意见对海报进行修改和优化，如调整字体大小、颜色搭配、布局等。

③ 重复以上步骤，直到内部评审满意为止。

6. 最终定稿

① 在经过多次修改和优化后，确定最终的海报设计稿。

② 对海报进行仔细的检查，确保所有信息准确无误，没有拼写错误或遗漏。

③ 保存海报为高质量的图片文件，以便后续输出和发布。

7. 输出与发布

① 根据输出要求，将海报导出为适当的文件格式和分辨率。

② 将海报发布到指定的社交媒体和新媒体平台上，如微博、微信、抖音等。

③ 可以考虑使用不同的图片格式和尺寸，以适应不同平台的展示需求。

8. 推广宣传

① 在社交媒体和新媒体平台上积极推广海报，鼓励观众关注并参与直播活动。

② 可以与合作伙伴或意见领袖合作，通过他们的渠道进行推广。

③ 监测海报的曝光度和参与度，根据反馈调整推广策略。

9. 后续跟踪与总结

① 在直播活动结束后，对海报的推广效果进行评估和总结。

② 分析海报的点击率、分享率、转化率等指标，了解海报在吸引观众和成功推动活动方面的作用。

③ 根据评估结果，对海报设计和推广策略进行改进和优化，为未来的活动提供经验借鉴。

❖ 知识链接

一、图片内容制作概述

1. 图片内容制作重要性

在数字化时代，图片内容已成为信息传递和沟通的重要媒介。无论是在社交媒体、网站、广告还是在营销活动中，高质量的图片内容都能迅速吸引用户的注意力，提升信息的传播效果。图片内容制作的重要性主要体现在以下几个方面。

视觉吸引力：图片具有直观、生动的特点，能够迅速吸引用户的眼球，增加信息的曝光度。

信息传递：通过图片的设计和布局，可以有效地传递信息，使用户在短时间内理解主题和内容。

品牌形象塑造：图片内容能够反映品牌的风格和调性，有助于塑造和巩固品牌形象。

用户体验提升：高质量的图片内容能够提升用户的浏览体验，增加用户的停留时间和参与度。

2. 图片内容制作的基本流程

① 明确需求：明确图片内容的目的、受众和场景，为后续的创作提供方向。
② 收集素材：根据需求收集相关的图片、图形、文字等素材，为创作提供基础。
③ 设计创作：使用图片编辑软件进行设计创作，包括布局、色彩搭配、文字排版等。
④ 优化调整：对初步完成的作品进行优化和调整，确保图片内容的质量和效果。
⑤ 发布推广：将制作好的图片内容发布到合适的平台，进行推广和传播。

二、新媒体编辑工具介绍

1. 常见的图片编辑软件

① Photoshop：功能强大的专业级图片编辑软件，适用于各类复杂的图片处理和设计需求。丰富的工具集和高度自定义性使得Photoshop成为设计师和摄影师的首选工具。

② GIMP：开源的图片编辑软件，功能类似于Photoshop，但免费且可跨平台使用。GIMP适合对图片处理有基本需求的用户，以及希望在开源社区中寻求更多自定义选项的专业人士。

2. 各软件的特点和适用场景

① Photoshop：适合需要进行复杂图像处理、图形设计、排版印刷等工作的专业人士。它提供了丰富的滤镜、笔刷、图层样式等功能，能够创作出高质量的图片内容。

② GIMP：适合对图片处理有基本需求的用户，如个人博客、小型企业等。GIMP提供了基本的图片编辑功能，如裁剪、调整色彩、添加滤镜等，且易于上手。

三、图片内容创作技巧

1. 色彩搭配与构图原理

色彩搭配：根据图片内容的主题和风格，选择合适的色彩搭配方案。要注意色彩的对比度和饱和度，以及色彩之间的协调性和层次感。

构图原理：遵循基本的构图原理，如"三分法""黄金分割法"等，合理安排图片中的元素布局，使画面更加和谐、美观。

2. 创意元素的设计与应用

创意元素：在图片内容中融入创意元素，如独特的图形、文字排版、动态效果等，能够增加图片的吸引力和趣味性。

应用技巧：在创作过程中，要灵活运用各种设计元素和技巧，创造出独特的视觉效果。同时，要关注目标受众的审美喜好和文化背景，确保图片内容的接受度和传播效果。

3. 图片内容的优化与调整

优化技巧：在图片内容制作完成后，要对作品进行整体的优化和调整。这包括色彩调整、锐度增强、降噪处理等，以确保图片内容的高清晰度和高质量。

适应性调整：根据不同的发布平台和应用场景，对图片内容进行适应性调整。例如，在社交媒体上发布时，要考虑到不同平台的尺寸和格式要求；在广告中使用时，要考虑到广告位的尺寸和展示效果等。

任务 2　音视频内容制作

❖　任务详情

刘明明是一位积极投身乡村振兴事业的大学生，回到家乡后发现今年的橙子长势喜人，口感鲜美。为了推广家乡的橙子，提高其知名度和销量，刘明明决定制作一段宣传家乡橙子的短视频。

1. 主题确定：视频主题为"家乡的美味橙子"，展现橙子种植、采摘、品尝等全过程，突出橙子的新鲜、美味和营养。

2. 目标受众：包括消费者、批发商、电商平台等，通过视频吸引他们购买或合作。

3. 内容规划：视频内容包括橙子种植园风光、果农辛勤工作、橙子成熟采摘、品尝体验等，以及介绍橙子的品种、口感、营养价值等信息。

4. 拍摄地点：橙子种植园、果农家、当地市场等。

5. 拍摄时间：选择阳光充足的白天进行拍摄，确保画面明亮、色彩鲜艳。

❖ 任务目标

1. 提升橙子知名度：通过短视频的传播，让更多人了解家乡橙子的特点和优势。

2. 增加橙子销量：吸引消费者购买，同时与批发商、电商平台建立合作关系，拓宽销售渠道。

3. 宣传乡村振兴：展示家乡的自然风光和人文特色，传递乡村振兴的积极信息。

4. 提升品牌形象：建立家乡橙子的品牌形象，为未来发展奠定基础。

❖ 任务实施

1. 前期准备

① 制订详细的拍摄计划和脚本，明确每个场景的内容和拍摄要求。

② 准备拍摄设备，如摄像机、稳定器、麦克风等，确保拍摄质量。

③ 联系果农等合作方，确保拍摄顺利进行。

2. 实地拍摄

① 按照拍摄计划，前往橙子种植园、果农家、当地市场等地进行拍摄。

② 捕捉橙子生长、采摘、品尝等过程的精彩瞬间，确保画面真实、生动。

③ 采访果农、市场摊主等，了解他们与橙子的故事和感受。

3. 后期制作

① 对拍摄素材进行剪辑、拼接、调色等处理，形成初步的视频成品。

② 添加背景音乐、字幕、特效等元素，提升视频的观赏性和吸引力。

③ 邀请专业人士进行配音解说，介绍橙子的品种、口感、营养价值等信息。

4. 审核与修改

① 对初步完成的视频进行内部审核，检查内容准确性、画面质量等方面。

② 根据审核结果对视频进行修改和优化，确保最终成品的质量。

5. 发布与推广

① 将制作好的短视频发布到各大视频平台、社交媒体等渠道。

② 利用搜索引擎优化（SEO）技术提高视频的搜索排名和曝光度。

③ 与当地媒体、网红等合作推广视频，扩大影响力。

6. 效果评估

监测视频的播放量、点赞量、评论量等数据指标，了解观众反馈和喜好。

❖ 知识链接

一、视频内容制作概述

1. 视频内容制作的趋势与前景

随着互联网的快速发展，视频内容已成为人们获取信息、娱乐和社交的重要方式。视频内容制作行业也迎来了前所未有的发展机遇。从短视频到长视频，从直播到虚拟现实（VR）和增强现实（AR），视频内容的形式日益多样化，满足不同用户群体的需求。同时，随着5G、AI等技术的不断进步，视频内容制作将更加高效、智能化，为创作者提供更多可能性。

2. 视频内容制作的基本流程

① 需求分析：明确视频内容的主题、目标受众、目的等信息，为后续的创意策划提供依据。

② 创意策划：根据需求分析结果，进行头脑风暴、市场调研等活动，确定视频的创意方向和亮点。

③ 脚本编写：将创意转化为具体的文字脚本，明确每个镜头的画面、对白、音效等要求。

④ 拍摄准备：准备拍摄所需的设备、场地、人员等资源，确保拍摄顺利进行。

⑤ 视频拍摄：按照脚本要求进行拍摄，捕捉精彩的画面和声音。

⑥ 后期剪辑：对拍摄素材进行剪辑、拼接、调色等处理，形成初步的视频成品。

⑦ 特效添加与转场处理：根据需要添加特效、字幕、转场等元素，提升视频的观赏性和吸引力。

⑧ 审核与修改：对初步完成的视频进行内部审核，检查内容准确性、画面质量等方面，根据反馈进行修改和优化。

⑨ 发布与推广：将视频发布到各大平台，并通过社交媒体、广告投放等方式进行推广。

二、音视频编辑工具介绍

1. 常见的音频编辑软件

① Audacity：一款免费开源的音频编辑软件，适用于音频录制、剪辑、混音、降噪等操作。

② Adobe Audition：专业的音频编辑软件，提供丰富的音频处理功能和效果器，适用于音频后期制作。

2. 常见的视频编辑软件

① Adobe Premiere：功能强大的视频编辑软件，适用于各类视频内容的制作，支持多种视频格式和高清输出。

② Final Cut Pro：苹果公司推出的专业视频编辑软件，具有直观的操作界面和丰富的特效库，适合苹果用户进行视频创作。

3. 各软件的特点和适用场景

① Adobe Premiere：适合专业视频制作人员，提供丰富的插件和扩展功能，满足高端需求。同时，它也适合初学者入门，有丰富的教程和社区支持。

② Final Cut Pro：适合苹果用户进行视频创作，与Mac系统深度集成，操作流畅。同时，它也支持多种视频格式和高清输出，满足专业需求。

三、视频内容创作技巧

1. 脚本编写与分镜设计

脚本编写：注意结构清晰、逻辑严密，避免冗长和复杂，同时，要关注目标受众的喜好和需求，用简洁明了的语言传达信息。

分镜设计：将脚本中的每个场景绘制成详细的分镜图，有助于在拍摄过程中把握节奏和画面效果。

2. 视频拍摄与后期剪辑

视频拍摄：注意光线、构图、色彩等要素，捕捉精彩的画面和声音。同时，要确保画面稳定、音质清晰。

后期剪辑：遵循"先粗剪后精剪"的原则，先去除冗余素材，再对关键镜头进行精细处理。注意保持视频的连贯性和节奏感。

3. 特效添加与转场处理

特效添加：根据视频内容和风格选择合适的特效，如文字动画、滤镜效果等。注意特效的过渡和融合效果，避免过于突兀。

转场处理：选择合适的转场方式，如淡入淡出、缩放等，使画面之间自然过渡。避免过度使用转场效果，保持视频的简洁性。

四、视频内容发布与推广

1. 视频内容的分享平台

视频平台：如抖音、快手等，适合发布短小精悍的视频内容。

长视频平台：如B站、优酷等，适合发布内容丰富的长视频。

社交媒体：如微信、微博等，可以将视频分享到个人或企业账号，吸引粉丝关注。

2. 如何提升视频内容的观看量

优化标题和标签：选择具有吸引力的标题和关键词标签，提高视频的搜索排名和曝光度。

定期更新内容：保持一定的更新频率和内容质量，吸引粉丝持续关注。

互动与反馈：积极与粉丝互动，回应评论和反馈，提升用户体验和忠诚度。

合作与推广：与其他创作者或品牌进行合作推广，扩大视频内容的影响力。

任务3 融媒体内容制作

❖ 任务详情

随着公司业务的不断拓展，新员工数量逐渐增加。为了帮助新进公司的员工快速熟悉公司的组织架构、业务流程、规章制度等相关工作，提高员工的工作效率和归属感，人事主管苏媛媛决定制作一个H5互动页面作为新员工入职引导工具。

❖ 任务目标

1. 内容全面：确保H5页面内容涵盖公司概况、组织架构、各部门职责、业务流程、规章制度等重要信息，使新员工能够全面了解公司。

2. 互动性强：通过设计互动元素，如问答、小游戏、模拟操作等，提高新员工的学习兴趣和参与度，使学习过程更加生动有趣。

3. 易于操作：确保H5页面简洁明了，操作便捷，方便新员工随时随地进行学习。

4. 实时更新：支持对H5页面内容进行实时更新和维护，以适应公司业务发展和政策变化。

❖ 任务实施

1. 需求调研与策划

① 与公司各部门沟通，了解新员工需要了解的内容，收集相关资料。

② 梳理资料，确定H5页面的整体框架和模块划分。

③ 设计互动元素，制定互动环节和规则。

2. H5 页面设计与制作

① 邀请专业设计师进行H5页面设计，确保页面美观大方、符合公司品牌形象。

② 使用H5页面制作工具（如易企秀、MAKA等）进行页面制作，确保页面加载速度快、兼容性好。

③ 按照策划方案，将内容逐一填充到H5页面中，包括文字、图片、音频、视频等。

④ 添加互动元素，如问答、小游戏、模拟操作等，确保互动环节与页面内容紧密结合。

3. 测试与优化

① 对H5页面进行多平台、多设备测试，确保页面在不同环境下均能正常显示和运行。

② 收集测试过程中的问题和反馈，对页面进行优化和调整。

③ 邀请部分新员工进行试用，收集他们的意见和建议，进一步完善H5页面。

4. 发布与推广

① 将制作完成的H5页面发布到公司内部平台（如OA系统、企业微信等），方便新员工随时访问和学习。

② 在新员工入职培训中推广H5页面，引导新员工使用页面进行学习。

③ 定期更新和维护H5页面内容，确保内容与公司业务发展保持同步。

5. 效果评估与总结

① 跟踪新员工使用H5页面的情况，收集他们的学习成果和反馈。

② 对H5页面的使用效果进行评估和总结，分析优点和不足。

③ 根据评估结果，对H5页面进行改进和优化，提高页面质量和用户体验。

❖ 知识链接

一、融媒体内容制作概述

1. 融媒体的概念

融媒体，即融合媒体，是指利用数字技术、网络技术、移动技术等新兴媒体技术，将传统媒体（如报纸、电视、广播）与新兴媒体（如互联网、移动媒体）进行有机融合，实现资源共享、内容互融、宣传互融、利益共融的新型媒体形态。

2. 融媒体的特点

① 多平台融合：融媒体内容可同时在多个平台发布，实现多平台互动。

② 内容多样性：融媒体内容形式丰富，包括文字、图片、音频、视频等多种形式。

③ 互动性强：通过互动元素的设计，增强用户参与感和体验感。

④ 实时性：借助互联网技术，融媒体内容可实现即时发布和传播。

3. 融媒体内容制作基本流程

① 内容策划：明确目标受众、内容主题和风格。

② 内容创作：根据策划方案进行文字、图片、音频、视频等内容的创作。

③ 内容编辑：对创作的内容进行整理、修改和优化。

④ 内容审核：对编辑后的内容进行质量把关，确保内容符合规范。

⑤ 内容发布：将审核通过的内容发布到相应的融媒体平台。

二、融媒体平台及工具介绍

1. 融媒体平台

① 微信公众号：一款基于微信平台的自媒体工具，可发布图文、音频、视频等内容。

② 抖音：一款短视频社交平台，以短视频内容为主，适合年轻用户群体。

③ 快手：另一款短视频社交平台，注重用户生成内容和社交互动。

2. 融媒体内容制作工具

① H5页面制作工具：如易企秀、MAKA等，可快速制作具有交互性的网页内容。

② 互动游戏制作工具：如Cocos Creator、Unity等，可用于制作各类互动游戏和应用。

③ 音视频编辑软件：如Adobe Premiere、Final Cut Pro等，用于音视频内容的剪辑和编辑。

三、融媒体内容创作技巧

1. 跨媒体内容的整合与创新

脚本编写：注意结构清晰、逻辑严密，避免冗长和复杂。同时，要关注目标受众的喜好和需求，用简洁明了的语言传达信息。

分镜设计：将脚本中的每个场景绘制成详细的分镜图，有助于在拍摄过程中把握节奏和画面效果。

2. 互动元素的设计与应用

互动元素是融媒体内容的重要组成部分。通过设计各种互动环节和功能，可以吸引用户的注意力并提高他们的参与度和黏性。在互动元素的设计中，要注重用户体验和易用性，确保用户能够轻松参与并享受互动的乐趣。

3. 融媒体内容的传播策略

融媒体内容的传播策略是确保内容能够广泛传播并产生良好效果的关键。在制定传播策略时，要充分考虑目标受众的特点和需求，选择合适的传播渠道和方式。同时，也要注重内容的质量和原创性，以提高用户的信任度和忠诚度。

四、融媒体视频内容发布与推广

1. 融媒体内容发布平台

融媒体内容的发布渠道包括自有平台（如微信公众号、抖音账号等）和合作平台（如其他媒体机构、社交平台等）。在选择发布渠道时，要充分考虑目标受众的触媒习惯和平台特点，确保内容能够精准触达目标受众。

2. 如何提升视频内容的观看量

要提升融媒体内容的传播效果，需要采取多种措施。首先，要确保内容的质量和原创性，以吸引用户的关注和信任。其次，要注重内容的时效性和热点性，及时抓住社会热点和用户需求进行内容创作。此外，还可以通过社交媒体推广、搜索引擎优化（SEO）等方式提高内容的曝光度和搜索排名。最后，要关注用户反馈和数据分析结果，不断优化内容和传播策略以提高传播效果。

单元习题

1. 本月要举行"活力青春"校园运动会，请为运动会制作宣传预热海报。
2. 本月要举行"活力青春"校园运动会，请为运动会制作宣传预热短视频。
3. 本月要举行"活力青春"校园运动会，针对运动会的运动项目制作H5交互页面提高同学们的参与度。

单元3　信息检索工具应用

▶ 项目导读

信息检索是人们获取信息的重要方法和手段，也是人们查找信息的主要方式。掌握网络信息的高效检索方法，是现代信息社会对高素质技术技能人才的基本要求。本单元就来学习信息检索基础知识、搜索引擎使用技巧、专用平台信息检索等内容。

▶ 知识目标

- 了解信息检索的基本概念和基本流程，熟悉常用的搜索引擎、通用信息检索平台和期刊、论文、专利、商标等专用信息检索平台，理解信息检索带给人们的便利。

▶ 能力目标

- 掌握布尔逻辑检索、截词检索、位置检索、限制检索等常用的信息检索方法，能够根据特定的信息需求选择合适的信息检索工具和方式，并能以有效的方法和手段判断信息的可靠性、真实性、准确性和目的性。

▶ 素质目标

- 增强信息意识，自觉并充分利用信息解决生活、学习和工作中的实际问题，发扬团队协作精神，善于与他人合作、共享信息，发挥团队协作精神，善于与他人合作、共享信息，发挥信息的更大价值。

任务 1　检索"神威巨型计算机"的相关信息

❖ 任务详情

　　信息技术的迅猛发展，一方面使得信息的产生和更新速度加快，甚至出现了信息超载、信息泛滥的现象；另一方面使得信息资源的重要性日益突出。那么，如何在茫茫信息海洋中快速、准确地找到所需信息，并对信息进行去伪存真、去粗取精？答案就是培养信息检索能力，借助如今便捷的信息检索工具来精确快速地检索信息。

　　本任务中，我们以百度搜索引擎为信息检索工具，检索"神威巨型计算机"的相关信息，并将检索到的信息整理成文档形式。

❖ 任务目标

1. 了解什么是信息检索。
2. 掌握信息检索的基本流程。
3. 掌握使用百度搜索信息的方法。

❖ 任务实施

　　（1）启动Microsoft Edge浏览器，在地址栏中输入百度网址，然后按Enter键，即可打开百度主页，如图2-3-1所示。

图 2-3-1

　　（2）在搜索框中输入关键词"神威巨型计算机"，然后按Enter键或单击"百度一下"按钮，打开关键词搜索结果页，如图2-3-2所示。

　　（3）单击搜索框下方的"资讯"按钮，切换至"资讯"版块，对检索到的信息进行筛选，如图2-3-3所示。

　　（4）浏览信息资源。在"资讯"版块的搜索结果中单击某资讯链接，即可跳转至详情页，如图2-3-4所示。

图 2-3-2

图 2-3-3

图 2-3-4

（5）单击其他版块名称，浏览其他类型的信息资源。例如，可切换至"图片"版块，浏览神威巨型计算机的相关图片，如图2-3-5所示。

图 2-3-5

（6）检索完成后，将收集到的"神威巨型计算机"最新信息进行整理，并以文档形式进行展示。

❖　知识链接

一、信息检索的定义

信息检索是用户进行信息查询和获取的主要方式，是查找信息的方法和手段。信息检索有广义和狭义之分。

广义的信息检索是信息按一定的方式进行加工、整理、组织并存储起来，再根据用户特定的需要将相关信息准确地查找出来的过程。因此，也称为信息的存储与检索。

狭义的信息检索仅指信息查询，即用户根据需要，采用某种方法或借助检索工具，从信息集合中找出所需要的信息。

二、信息检索的基本流程

一般来说信息检索的基本流程包括四个步骤，如图2-3-6所示。

图 2-3-6

1. 分析检索内容，明确信息需求

该步骤的主要工作是通过分析检索内容的主题、类型、用途、时间范围和自身对检索

的评价要求等，明确自身对信息的要求。很多用户在检索信息时往往直接略过这一步骤，但实际上该步骤十分重要，它能使用户对要获取的信息有充分的了解，从而避免检索结果与预期结果大相径庭。

例如，用户要检索网络安全相关信息，就可以问自己几个问题：所需信息的主题是扫盲科普、引发探讨还是其他？所需信息类型是基础理论知识、最新技术成果、相关资讯报道还是其他？所需信息的时间范围是近十几年、近几年、某个关键时间节点还是其他？检索涉及的领域是越全越好吗？……在回答这些问题后，用户就会更加明确自身的信息检索需求，检索时的目的性会更强，检索效率也会更高。

2. 选择检索工具，了解检索系统

（1）检索工具。

检索工具是帮助用户快速、准确地检索所需信息的工具和设备的总称。根据检索范围的不同，检索工具可大致分为综合性检索工具和专业性检索工具两类。其中，综合性检索工具包括搜索引擎、门户网站、图书馆、百科全书等，而专业性检索工具则包括各类垂直网站、专业数据库、专题工具书等。

选择检索工具是用户检索信息前关键的一步。用户所选的检索工具适合与否将很大程度上决定其信息检索效率的高低。因此，在选择检索工具时，应遵循以下原则。

① 高效原则。综合性检索工具包含的信息包罗万象，对于涉及范围较广的信息检索非常友好，故很多用户都将其作为信息检索的首选工具。但综合性检索工具包含的信息参差不齐，需要用户花费大量时间进行辨别。因此，对于某些专业性较强的信息检索，使用专业性检索工具能更有针对性地进行检索，检索效率会更高。

例如，某用户要撰写一篇主题为食品安全的学术论文，由于所需信息专业性较强，因此可在权威性较高的食品安全相关网站（如"中国食品安全网"）中进行检索，这样，用户无须花费大量时间鉴别检索到的信息，即可获取更权威、更可信、更有用的信息。

② 灵活原则。互联网上的信息不计其数，没有任何一款检索工具完全涵盖互联网上的信息。因此用户在选择和使用检索工具时，不应只拘泥于某一种检索工具，而应当根据自身信息需求灵活使用多种检索工具，从而快速获取所需信息。

（2）检索系统。

检索系统是指用户检索信息时用到的检索工具、数据库、检索语言等组成的系统。例如，图书馆就是一个检索系统，其中的检索工具就是图书查询系统，数据库就是图书馆的所有图书，检索语言就是图书分类法。

检索系统通常较为庞大，不同检索系统中包含的信息种类、数量、类型和检索语言等不尽相同。用户在使用检索系统前，可先借助相关说明文件对检索系统进行了解，掌握检索系统的使用方法，从而提高信息检索效率。

❖ 课外拓展

《中国图书馆分类法》（简称《中图法》）是如今国内图书馆使用最广泛的分类法体系。它以清晰的体系结构对图书馆中数以万计的图书进行分类，读者根据《中图法》可快速查找到所需图书。请查阅《中图法》的相关资料，了解其分类方法，体会检索语言的构成和特点。

3. 实施检索策略，初步浏览结果

在明确信息需求、选好检索工具、了解检索系统后，就可以拟定信息检索策略了。检索策略主要包以下两部分。

（1）选取检索词。检索词是用户信息需求的具体表达，它是构成检索式的最基本单元。在选取词时，应注意以下四点：

① 提炼的检索词需能全面描述要检索的信息。

② 抽象的检索词要具体化（如将"环保"改为"垃圾分类"）。

③ 删除意义不大的虚词、低频词等（如"哪些""相关"）。

④ 对检索词进行适当替换和补充（如将"地铁"改为"城市轨道交通"）。

（2）构建检索式。检索式是用户根据检索系统的检索语言对检索词进行的格式化表述，其呈现因检索系统而异。例如，某用户要检索中国信息产业经济发展现状的相关信息，若其选择的检索系统为图书馆，则根据《中图法》，检索式应为"F492中国信息产业经济"。

拟定检索策略后即可利用检索工具进行信息检索。用户可对检索结果进行初步浏览和筛选，排除明显不符合要求的信息。

4. 评价检索结果，获取所需信息

进行信息检索后，用户还需对检索结果进行评价，分析检索结果是否与检索式相匹配，是否能够满足信息需求或解决面临的问题。如果满足，则从检索结果中挑选匹配程度最高的作为最终获取的信息即可；如果不满足，就需要对信息检索的基本流程进行复盘，查看是哪个步骤出了问题，及时调整检索策略，再次进行信息检索，直到结果满意为止。

任务 2　使用百度检索最新招聘信息

❖ 任务详情

在我国，每年都有大量大学毕业生需要就业，其中相当一部分毕业生会因为无法找到符合自身需求的招聘信息而陷入迷茫。事实上，每天都会有各行各业的企业在互联网上公开发布大量招聘信息。怎样快速地从互联网上找到相关信息呢？那就是使用搜索引擎。

本任务中，我们以百度搜索引擎为信息检索工具，检索成都市水利行业最新的招聘信息，并将检索到的信息整理成文档形式。

❖ 任务目标

1. 掌握常用的信息检索方法。
2. 能用搜索引擎搜索信息。
3. 了解通用信息检索平台。

❖ 任务实施

（1）启动Microsoft Edge浏览器，访问百度主页，在搜索框中输入检索式"成都 水利专业招聘"，然后按Enter键，进入搜索结果页，如图2-3-7所示，其中有很多是过时信息。可以看出，在约3710万条搜索结果中，有很多并不是企业发布的招聘信息。

图 2-3-7

（2）单击搜索框下方的搜索工具图标 ▽ 搜索工具，在出现的筛选条件中选择"时间不限"/"一天内"选项，即可看到筛选后更具时效性的搜索结果，如图2-3-8所示。可以看出，按照时间需求筛选后的搜索结果中的信息时效性很强，但是来源不一，可靠性难以保证。

图 2-3-8

（3）在搜索框下方的筛选条件中选择"站点内检索"选项，在出现的编辑框中输入招聘网站"前程无忧"的域名"51job.com"，单击"确认"按钮，即可按照站点筛选条件筛选搜索结果。筛选后的搜索结果均为成都市企业一天内在前程无忧网站中发布的水利专业招聘信息，如图2-3-9所示。

图 2-3-9

（4）检索完成后，将收集到的"成都 水利专业招聘"最新信息进行整理，并形成文档形式。

❖ 知识链接

一、常用的信息检索方法

1. 布尔逻辑检索

布尔逻辑检索是一种比较成熟、较为流行的检索技术，其基础是逻辑运算。常用的逻辑运算有逻辑与（AND）、逻辑或（OR）和逻辑非（NOT）3种。

下面以"图书馆"和"文献检索"两个检索词来解释3种逻辑运算符的具体含义。

"图书馆"AND"文献检索"，表示同时含有这两个检索词的文献才被命中。

"图书馆"OR"文献检索"，表示含有一个检索词或同时含有这两个检索词的文献都将被命中。

"图书馆"NOT"文献检索"，表示只含有"图书馆"但不含有"文献检索"的文献才被命中。

2. 位置检索

文献记录中词语的相对次序或位置不同，所表达的意思可能不同。同样，一个检索表达式中词语的相对次序不同，其表达的检索意图也不一样。

位置检索有时也称为临近检索，是指用一些特定的位置运算符来表达检索词与检索词之间的顺序和词间距的检索。位置运算符主要有（W）运算符、（nW）运算符、（N）运算符、（nN）运算符、（F）运算符以及（L）运算符。

①（W）运算符：此运算符表示其两侧的检索词必须紧密相连，除空格和标点符号外，不得插入其他词或字母，两词的词序不可以颠倒。

②（nW）运算符：此运算符表示其两侧的检索词必须按此前后邻接的顺序排列，顺序不可颠倒，而且检索词之间最多有n个其他词。

③（N）运算符：此运算符表示其两侧的检索词必须紧密相连，除空格和标点符号外，不得插入其他词或字母，两词的词序可以颠倒。

④（nN）运算符：此运算符表示允许两词间插入最多n个其他词，包括实词和系统禁用词。

⑤（F）运算符：此算符表示其两侧的检索词必须在同一字段中出现，词序不限，中间可插入任意检索词项。

⑥（S）运算符：此算符表示其两侧的检索词只要出现在记录的同一个子字段内，此信息即被命中。要求被连接的检索词必须同时出现在记录的同一子字段中，不限制它们在此子段中的次序，中间插入的数量也不限。

3. 截词检索

截词检索是预防漏检、提高查全率的一种常用检索技术，其含义是用截断的词的一个局部进行检索，并认为凡是满足这个词局部中的所有字符的文献，都为命中的文献。

截词分为有限截词和无限截词。按截断的位置来分，截词有后截断、前截断、中截断3种类型。不同的系统所用的截词符也不同，常用的有"?""$"和"*"等，"?"表示截断一个字符，"*"表示截断多个字符。

前截词表示后方一致。例如，输入"*ware"，可以检索出software、hardware等所有以ware结尾的单词及其构成的短语。

后截词表示前方一致。例如，输入"recon*"，可以检索出reconnoiter、reconvene等所有以recon开头的单词及其构成的短语。

中截词表示词两边一致，截去中间部分。例如，输入"wom?n"，则可检索出women以及woman等词语。

4. 字段限制检索

字段限制检索是计算机检索时，将检索范围限定在数据库特定的字段中。常用的检索字段主要有标题、摘要、关键词、作者、作者单位以及参考文献等。

字段限制检索的操作形式有两种：一种是在字段下拉菜单中选择字段后输入检索词；另一种是直接输入字段名称和检索词。

三、搜索引擎

搜索引擎是伴随着互联网的发展而产生和发展的，随着目前互联网已成为人们不可缺少的使用平台，几乎所有人上网都会使用到搜索引擎。

1. 搜索引擎的概念

搜索引擎是指根据一定的策略，运用特定的计算机程序从互联网上搜集信息，在对信息进行组织和处理后，为用户提供检索服务，将用户检索的相关信息展示给用户的系统。它包括信息搜索、信息整理和用户查询3部分。

搜索引擎之所以能在短短几年时间内获得如此迅猛的发展，最重要的原因是搜索引擎为人们提供了一个前所未有的查找信息资料的便利方法。搜索引擎最重要也最基本的功能就是搜索信息的及时性、有效性和针对性。

2. 搜索引擎的分类

搜索引擎可以分成以下几类。

（1）全文搜索引擎。全文搜索引擎是目前应用最广泛的搜索引擎，典型代表有百度搜索、360搜索等。它们从互联网提取各个网站的信息，建立起数据库，并能检索与用户查询条件相匹配的记录，按一定的排列顺序返回结果。

根据搜索结果来源的不同，全文搜索引擎可分为两类，一类拥有自己的检索程序，能自建网页数据库，搜索结果直接从自身的数据库中调用，百度就属于此类；另一类则是租用其他搜索引擎的数据库，并按自定的格式排列搜索结果。

（2）目录式搜索引擎。目录式搜索引擎的典型代表主要有新浪分类目录搜索。它是以人工方式或半自动方式搜集信息，由搜索引擎的编辑员查看信息之后，依据一定的标准对网络资源进行选择、评价，人工形成信息摘要，并将信息置于事先确定的分类框架中而形成的主题目录。

目录式搜索引擎虽然有搜索功能，但严格意义上不能称为真正的搜索引擎，而只是按目录分类的网站链接列表而已。用户完全可以按照分类目录找到所需要的信息，不依靠关键词进行查询。

（3）元搜索引擎。元搜索引擎接收用户查询请求后，通过一个统一的界面，同时在多个搜索引擎上搜索，并将结果返回给用户。著名的元搜索引擎有InfoSpace、Dogpile和Vivisimo等，中文元搜索引擎中具有代表性的是搜星搜索引擎。在搜索结果排列方面，有的直接按来源排列搜索结果，如Dogpile；有的则按自定的规则将结果重新排列组合，如Vivisimo。

3. 常用搜索引擎

（1）百度搜索引擎。百度搜索引擎是全球最大的中文搜索引擎，2000年1月由李彦宏、徐勇两人创立于北京中关村，致力于向用户提供"简单，可依赖"的信息获取方式，如图2-3-10所示。

图 2-3-10

"百度"二字源于中国宋朝词人辛弃疾的《青玉案》诗句"众里寻他千百度",象征着百度对中文信息检索技术的执着追求。

（2）360搜索引擎。360综合搜索引擎属于元搜索引擎,通过一个统一的用户界面帮助用户在多个搜索引擎中选择和利用合适的搜索引擎来实现检索操作,是对分布于网络的多种检索工具的全局控制机制。而360搜索引擎则属于全文搜索引擎,如图2-3-11所示,它是360公司开发的基于机器学习技术的第三代搜索引擎,具备"自学习、自进化"的能力以发现用户最需要的搜索结果。

图 2-3-11

（3）搜狗搜索引擎。搜狗搜索引擎是搜狐公司于2004年8月3日推出的全球首个第三代互动式中文搜索引擎,如图2-3-12所示。它致力于中文互联网信息的深度挖掘,帮助中国网民加快信息获取速度,为用户创造价值。

搜狗的其他搜索产品各有特色。例如,音乐搜索小于2%的死链率,图片搜索独特的组图浏览功能,新闻搜索及时反映互联网热点事件的看热闹首页,地图搜索的全国无缝漫游功能,这些特性使得搜狗的搜索产品线极大地满足了用户的日常需求,也体现了搜狗的研发能力。

图 2-3-12

任务3 在中国知网上检索期刊论文

❖ 任务详情

中国知网（简称"知网"）是指中国国家知识基础设施资源系统，其英文名为 China National Knowledge Infrastructure，简称CNKI。它是《中国学术期刊》（光盘版）电子杂志社和清华同方知网技术有限公司共同创办的网络知识平台，内容包括学术期刊、学位论文、工具书、会议论文、报纸、标准和专利等。

本任务中，我们在中国知网上检索"水文化"为主题的期刊论文，并将检索到的信息整理成文档形式。

❖ 任务目标

1. 了解常用的信息检索专用平台。
2. 掌握使用专用平台检索信息的方法。

❖ 任务实施

（1）在浏览器地址栏中输入中国知网的网址，可以打开中国知网首页，如图2-3-13所示。

图 2-3-13

（2）在搜索框中输入"水文化"，按Enter键，打开搜索结果页，然后单击搜索框左侧的"主题"按钮，在展开的下拉列表中选择"篇关摘"选项，如图2-3-14所示。

（3）单击搜索框下方的"学术期刊"按钮，从搜索结果中将期刊论文筛选出来，如图2-3-15所示。

图 2-3-14

图 2-3-15

（4）在左侧窗格的"主题"组中选中"水文化建设"复选框，然后单击"来源类别"按钮，在展开的下拉列表中选中"北大核心"复选框；单击"学科"按钮，在展开的下拉列表中选中"水利水电工程"复选框，然后单击左侧的"确定"按钮，添加限定条件后的搜索结果如图2-3-16所示。

（5）在搜索结果中单击某篇期刊论文，打开该论文的详情页（见图2-3-17），在详情页中可查看该论文的摘要、关键词、专辑、专题、分类号等信息，还可根据需要选择在线阅读或下载该论文。

图 2-3-16

图 2-3-17

❖ 知识链接

一、常用的信息检索专用平台

目前，中文学术信息资源检索专用平台以中国知网、万方数据知识服务平台和维普网最为知名，下面重点介绍这三大网站，并分别介绍一些在更加细分的领域较为知名的网站。

1. 中国知网

CNKI工程是由清华大学、清华同方发起的，始建于1999年6月，以实现全社会知识资源传播共享与增值利用为目标的信息化建设项目。CNKI工程集团经过多年努力，采用自主开发并具有国际领先水平的数字图书馆技术，建成了世界上全文信息量规模最大的"CNKI数字图书馆"，并正式启动建设《中国知识资源总库》及CNKI网络资源共享平台。

如今的中国知网已经发展成为全球最大的中文学术资源数据库，收录了95%以上正式出版的中文学术资源，包括期刊、学位论文、会议论文、报纸、工具书、年鉴、专利、标准、国学、法律、海外文献资料等多种文献类型，且中国知网可实现跨库检索服务，为全网教师、学生和科研人员提供多种学术信息资源的一站式检索、导航、统计和可视化分析等服务。

2. 万方数据知识服务平台

万方数据知识服务平台（以下简称"万方"）是由万方数据公司开发的，涵盖期刊、学位论文、会议论文、科技报告、专利、成果、标准、法规、地方志、视频等多种文献类型的大型数据库。其文献来源主要包括中国科技信息研究所、国家各部委、中国科学院、国家各级信息机构、国家科技图书文献中心、外文文献数据库、著名学术出版机构等知名信息开放获取平台。

以期刊为例，万方收录的国内期刊达8000多种，涵盖自然科学、工程技术、医药卫生、农业科学、哲学政法、社会科学、科教文艺等多个学科；万方还收录了40000多种世界各国出版的重要学术期刊，主要来源于NSTL外文文献数据库、数十家著名学术出版机构，以及DOAJ、PubMed等知名信息开放获取平台。

与另外两大文献数据库相比，万方具有法规、地方志、视频等特色资源，且在资源收集上注重高校、研究机构出版的文献。在文献检索方面，万方的检索功能更加智能化，其具有的全文深度检索功能有利于发掘文献内部的隐含知识。

3. 维普网

维普网原名"维普资讯网"，是重庆维普资讯有限公司建立的综合性期刊文献服务网站。该网站累计收录期刊15000余种，现刊9000余种，文献总量7000余万篇，是中国最大的数字期刊数据库，也是我国网络数字图书馆建设的核心资源之一。

除期刊检索服务外，维普网还对外提供论文检测、论文选题、优先出版、考试服务、知识资源大数据整合等服务。

4. 其他学术信息检索平台

除上述呈现"三足鼎立"之势的三大中文学术信息数据库外，网络上还有很多领域更加细分、资源更集中的学术信息检索平台也能为广大学生的学业提供很大帮助，下面分别列举几类较为常用的学术信息检索专用平台。

（1）电子图书检索平台。目前国内较知名的电子图书检索平台包括超星数字图书馆、读秀、全国图书馆参考咨询联盟等。

（2）专利检索平台。目前国内较知名的专利检索平台包括国家知识产权局专利检索及分析系统、SooPat专利检索系统等。

（3）商标检索平台。目前国内较知名的商标检索平台包括中国商标网、中华商标协会官方网站等。

（4）标准检索平台。目前国内较知名的标准检索平台包括国家标准化管理委员会官方网站、国家标准全文公开系统等。

（5）外文文献检索平台。目前，国外较知名的文献检索平台包括谷歌学术、Web of Science、美国工程索引、SpringerLink、SDOL等。

二、使用专用平台检索信息的方法

一般来说，各专用平台均会提供一些检索工具以帮助用户更方便、更精准地检索所需信息，用户掌握这些检索工具的使用方法，可有效提高信息检索效率。下面着重介绍使用专用平台的几种常用检索工具（包括检索字段、二次检索和高级检索等），并分别以具体场景下的信息检索为例进行说明。

1. 检索字段

各专用平台为方便用户检索文献，会根据文献的内在内容（如分类、主题、关键词、摘要等）和外在成分（如作者、机构、刊名、标题等）对文献进行标签化处理，这些标签就统称为检索字段。检索字段可作为用户在数据库中检索信息时的限定条件，可使检索结果更加准确。

例如，某用户想查阅历年来有关中国人工智能技术产业发展状况的学术论文，他在万方上直接输入检索词"水利高新技术产业发展"后，出现了13611条检索结果，且很多检索结果的主题不符合检索要求。为使检索结果更加准确，该用户进行了重新检索，选择了"题名"检索字段，其检索词也随之变为"题名：人工智能技术产业发展"，此次检索结果仅为38条，如图2-3-18所示。

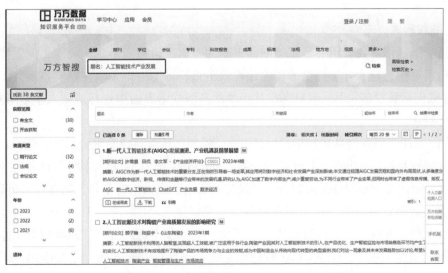

图 2-3-18

2. 二次检索

二次检索即在第一次检索结果的基础上，通过输入关键词、添加筛选条件等方式再次检索。二次检索可类比于布尔逻辑检索中的逻辑"与"，即二次检索后的检索结果同时满足两次检索条件。这样，通过二次检索，用户就实现了缩小检索范围，精准检索文献的目的。

例如，某用户想要查阅与云计算技术相关的期刊论文，在维普网的维普中文期刊服务平台上，输入检索词"大数据"后，检索结果包含的文献数高达139，728篇。为缩小检索范围，该用户进行了二次检索，将"题名"作为检索字段，在"大数据"基础上又添加了"财务"检索词，并添加了出版日期为"2024"的筛选条件。二次检索后的检索结果仅包含136篇期刊论文，如图2-3-19所示。

图 2-3-19

3. 高级检索

高级检索是指各大专用平台基于前面讲到的布尔逻辑检索、截词检索、位置检索和字段限制检索等信息检索方法提供的精准化检索工具，可使用户无须在检索界面上输入逻辑运算符、截词运算符等符号，而只需在其提供的高级检索界面中选择或填入检索限制条件，即可执行检索。

例如，某用户想查询自2020年2月1日以来，深圳市越疆科技有限公司在智能机器人机械臂领域申请的专利。他访问万方首页后，单击检索框右上方的"高级检索"链接文字，进入高级检索界面，并分别设置了限制条件，最终检索出了30条相关专利，如图2-3-20所示。

又如，某用户希望为公司注册企业商标"御潮阁"，于是访问中国商标网提供的商标在线查询系统，并进入"商标近似查询"版块，选择了"选择查询"高级检索功能，在依次设置限定条件（见图2-3-21）后，检索结果显示该商标尚未注册，于是该用户顺利注册了这一商标。

图 2-3-20

图 2-3-21

单元习题

一、熟悉信息检索流

本实训通过检索撰写调查报告所需的信息来更好地巩固本任务讲解的知识，如为解决某具体问题进行信息检索的基本流程。

某职业院校智慧水利专业的期末作业是撰写一篇名为"信息技术发展与水利信息化"的报告。为了完成这项作业，需要对报告所需的信息进行检索，如信息技术及其发展历程、水利信息技术及发展概况、水利信息系统设计与建设等。具体过程如下。

（1）分析检索内容，明确信息需求。根据报告名称，对检索内容的分析如表2-3-1所示。

表 2-3-1

项　　目	内　　容
信息主题	信息技术发展与水利信息化
信息类型	原版视频、相关新闻资讯报道和水利信息化领域的专业评论
信息用途	佐证观点
信息时间范围	21 世纪以来的水利信息化技术发展资讯
信息的涉及领域	智慧水利技术

（2）选择检索工具如百度、知乎等，了解检索系统。

（3）实施检索策略，浏览初步结果。

（4）评价检索结果，获取所需信息。

（5）将检索过程和结果以文档的形式保存下来。

二、使用专用平台提供的高级检索功能设置检索条件，使检索结果更加精确

某职业学院数字媒体技术专业的一名学生的毕业论文的选题为"新媒体视域下水文化建设策略--以xx学院水文化建设为例"。要撰写该论文，需要检索新媒体与水文化相关的期刊文献。

（1）打开Microsoft Edge浏览器并访问维普网官网。

（2）单击"开始检索"按钮下方的"高级检索"链接文字，打开高级检索页面。

（3）在"题名或关键词"编辑框中输入"新媒体"、水文化，在"模糊"下拉列表中选择"模糊"选项，如图2-3-22所示。

（4）为"新媒体"关键词添加同义词。单击"题名或关键词"编辑框右侧的"同义词扩展＋"按钮，打开"同义词扩展"对话框，在其中选中符合条件的"新媒体"同义词，如图2-3-23所示。

图 2-3-22

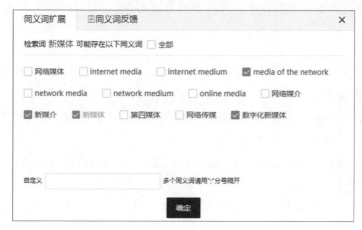

图 2-3-23

（5）添加关键词并添加同义词。在高级检索页面单击"文摘"下拉按钮，在展开的列表选择"关键词"选项，然后在右侧编辑框中输入"水文化"，然后为该关键词添加同义词。

（6）限定起始年。在高级检索页面的"时间限定"组中单击收录起始年下拉按钮，在展开的列表中选择起始年份，如"2008"。

（7）限定学科。取消选中"学科限定"组的"全选"按钮，然后单击右侧的"展开"按钮＞，在展开的列表中选中"电子电信"和"数字媒体技术"复选框。最后单击"检索"按钮即可。

（8）在检索结果页面中浏览相关期刊论文信息，从中挑选出符合主题的期刊论文。

（9）检索完成后，将检索过程以文档的形式展现，并将检索结果保存下来。

模块 3　数字安全与隐私保护

单元1　数字安全防护策略与实践

▶ **单元导读**

　　数字安全,也称为信息安全或网络安全,是当今信息化时代不可或缺的重要组成部分。随着科技的快速发展和数字化转型的加速,数字安全已经渗透到我们生活的方方面面,从个人信息的保护到国家安全的维护,其重要性日益凸显。

▶ **知识目标**

- 理解数字安全的基本概念,能够明确数字安全的定义、重要性以及其在现代社会中的应用领域。
- 掌握数字安全的基本原则,能够理解数据完备性、隐秘性、可用性等数据安全的基本观点,并能在实际应用中遵循这些原则。
- 了解常见的数字安全威胁,能够识别并理解常见的网络威胁及攻击方式,如病毒、木马、钓鱼攻击等。
- 掌握数字安全的基本技术,能够了解并掌握数据加密、解密、备份等基本的数字安全技术手段。

▶ **能力目标**

- 具备基本的信息处理和分析技能,能够有效地利用数字安全技术和工具来解决问题的能力。
- 能够通过分析真实的数字安全案例,了解数字安全威胁的严重性和防范措施的有效性。

▶ **素质目标**

- 能够认识到数据对社会发展的作用和价值,自觉辨别数据真伪,判断和评估所获取信息的价值。
- 能够遵守信息伦理和道德规范,尊重他人的知识产权和隐私权,不从事任何违法或不道德的信息活动。

任务　认识数字安全防护

❖ 任务详情

随着数字化时代的到来，数据安全问题日益凸显。为保护个人和组织的数字信息安全，需采取一系列数字安全防护策略与实践。

❖ 任务目标

1. 掌握数字安全的基本概念。
2. 掌握网络安全等级保护。

❖ 任务实施

一、数字安全概述

1. 数字安全的基本概念

数字安全，也称为信息安全，主要涉及保护数字信息不被未经授权地访问、使用、泄露、破坏或修改。信息安全的基本内涵最早由信息技术安全评估标准（Information Technology Security Evaluation Criteria，ITSEC，即业界通常指称的"橘皮书"）定义。ITSEC阐述和强调了信息安全的CIA三元组目标，即保密性（Confidentiality）、完整性（Integrity）和可用性（Availability）。这一界定获得了业界的公认，成为现代意义上的信息安全的基本内涵。

此外，国际标准化组织（ISO）也对信息安全进行了定义：为数据处理系统建立和采用的技术、管理上的安全保护，为的是保护计算机硬件、软件、数据不因偶然和恶意的原因而遭到破坏、更改和泄露。

2. 信息安全要素

按照ISO 7498-2定义，在OSI参照模型框架内能提供的安全性服务有身份认证、访问控制、数据保密、数据完整以及不可否认共5个要素。

（1）身份认证。身份认证的服务方式有同层实体的身份认证、数据源身份认证和同层实体的相互身份认证3种。

同层实体的身份认证：目的是向同一层的实体证明高层所声明的那个实体确实是会话过程中所说的那个实体，它可以防止实体的假冒，一般用于会话建立阶段。

数据源身份认证：保证接收方所收到的消息确实来自于发送方的这个实体。

同层实体的相互身份认证：与同层实体的身份认证完全一样，只是这时的身份认证是双发相互确认的，其攻击和防御的方法与同层实体的身份认证也是相同的。

（2）访问控制。访问控制的目的是限制访问主体对访问客体的访问权限。访问控制是对那些没有合法访问权限的用户访问了系统资源，或是合法用户不小心造成对系统资源的破坏行为加以控制。

（3）数据保密。数据保密的目的是确保信息在存储、传输以及使用过程中不被未授权的实体所访问，从而防止信息的泄露，即防止攻击者获取信息流中的控制信息。

（4）数据完整。数据完整的目的是为保证信息在存储、传输以及使用过程中不被未授权的实体所更改或损坏，不被合法实体进行不适当的更改，从而使信息保持内部、外部的一致性。

（5）不可否认。不可否认是用来防备对话的两个实体中任一实体否认自己曾经执行过的操作，不能对自己曾经接收或发送过任何信息进行抵赖。

二、网络安全等级保护

2007年，《信息安全等级保护管理办法》正式发布，标志着网络安全等级保护1.0的正式启动。该管理办法规定了等级保护需要完成的"规定动作"，即定级备案、建设整改、等级测评和监督检查，成为指导用户完成等级保护的"规定动作"。

2017年，《中华人民共和国网络安全法》（以下简称《网络安全法》）正式实施，标志着网络安全等级保护2.0的正式启动。《网络安全法》明确规定"国家实行网络安全等级保护制度"。"国家对一旦遭到破坏、丧失功能或者数据泄露，可能严重危害国家安全、国计民生、公共利益的关键信息基础设施，在网络安全等级保护制度的基础上，实行重点保护。"

2019年5月10日，网络安全等级保护制度2.0国家标准正式发布，标志着我国网络安全等级保护正式进入2.0时代，等级保护制度已被打造成新时期国家网络安全的基本国策和基本制度。应急处置、灾难恢复、通报预警、安全监测、综合考核等重点措施全部纳入等保制度并实施，对重要基础设施重要系统以及"云、物、移、大、工控"纳入等保监管，将互联网企业纳入等级保护管理。

三、数字安全的防护策略

1. 提高数字安全意识

个人和企业都应加强对数字安全的认知和意识，了解各种威胁类型和避免受到攻击的方法。加强密码安全意识，使用强密码，包含字母、数字和符号，长度至少为8个字符，定期更换密码，建议每3个月更换一次，避免使用常见密码，如出生年份、123456等。对数据进行加密与备份，对重要数据进行加密处理，确保数据在传输和存储过程中的安全性，定期备份数据，以防数据丢失或损坏。

2. 网络安全技术和系统建设

利用安全卫士、杀毒软件、防火墙等技术手段来预防和抵御网络攻击。此外，身份认证和加密技术的应用也能显著提高数字安全水平。

安装可靠的防火墙软件，并根据个人需求或组织的安全策略设定防火墙规则。定期升级防火墙软件，以获取最新的安全补丁和功能。

3. 建立完善的信息安全管理体系

企业应建立全面的信息安全培训机制，确保员工了解并遵循相关的安全政策和程序。

单元习题

填空题

1. 信息安全的基本属性是保密性、（　　　　）和可用性。

2. 数据加密与备份是对重要数据进行加密处理，确保数据在传输和存储过程中的（　　　　），定期备份数据，以防数据丢失或损坏。

3. 企业应建立全面的（　　　　）培训机制，确保员工了解并遵循相关的安全政策和程序。

4. 身份认证的服务方式有同层实体的身份认证、（　　　　）和同层实体的相互身份认证3种。

5. 利用安全卫士、杀毒软件、（　　　　）等技术手段来预防和抵御网络攻击。

单元2　数字安全技术

▶ 单元导读

数字安全技术是确保数字信息在存储、处理和传输过程中不被未经授权地访问、泄露、破坏或修改的技术手段。在数字化时代，数字安全技术显得尤为重要，它涉及多个技术单元，共同构建一个安全的数字环境。

▶ 知识目标

- 理解数字安全的基本概念，包括数据加密、认证授权、入侵防御等关键技术。
- 掌握基本的数字安全工具和方法，如使用加密软件对数据进行保护，配置防火墙规则等。学会分析数字安全威胁，并能够采取相应的防范措施。

▶ 能力目标

- 具备运用数字安全技术解决实际问题的能力，如通过案例分析，能够了解数据安全面临的威胁，并设计相应的解决方案以及如何评估数字安全风险，并制定合理的安全策略。

▶ 素质目标

- 学会自主学习和合作探究，通过小组讨论、实践操作等方式，加深对数字安全技术的理解。培养学生的信息安全意识，使其充分认识到数字安全的重要性。引导学生树立保护个人及公共数据安全的责任感，形成正确的网络安全道德观念。激发学生对数字安全技术的兴趣，鼓励其积极探索和创新。

任务　了解数字安全技术

❖ 任务详情

很多世界著名的商业网站都曾被黑客入侵，给企业造成巨大的经济损失，甚至连专门从事网络安全的专业网站也受到过黑客的攻击。本任务要求了解与信息安全相关的技术，包括信息安全面临的常见威胁和常用防御技术，了解信息安全保障的基本思路。

❖ 任务目标

1. 了解信息安全相关技术，包括信息安全面临的常见威胁和常用防御技术。
2. 了解信息安全保障的基本思路。

❖ 任务实施

一、数字信息安全威胁

1. 计算机病毒

《中华人民共和国计算机信息系统安全保护条例》中明确定义计算机病毒，指"编制者在计算机程序中插入的破坏计算机功能或者破坏数据，影响计算机使用并且能够自我复制的一组计算机指令或者程序代码"。

计算机一旦被感染，病毒会进入计算机的存储系统，如内存，感染其中的运行程序，无论是大型机还是微型机，都难以幸免。随着计算机网络的发展和普及，计算机病毒已经成为各国信息战的首选武器，给国家的信息安全造成了极大威胁。计算机病毒具有潜伏性、传染性、隐蔽性、破坏性等特征。

繁殖性：计算机病毒能够像生物病毒一样进行繁殖。当正常程序运行时，计算机病毒也会运行并复制自身，通过不断复制来扩大感染范围。这种繁殖性是判断某段程序是否为计算机病毒的重要条件。

破坏性：计算机病毒具有强大的破坏性，能够破坏计算机内的文件、数据、程序等，甚至破坏计算机硬件。中毒后的计算机可能会出现无法正常运行、文件丢失或损坏、系统崩溃等问题。

传染性：计算机病毒具有传染性，能够通过各种渠道从已被感染的计算机扩散到未被感染的计算机。这种传染性使得计算机病毒能够在短时间内迅速传播，造成大范围的感染。

潜伏性：计算机病毒可以长期潜伏在计算机系统中而不被发现。它们可以依附于其他程序或文件中，等待合适的时机发作。这种潜伏性增加了计算机病毒防范和清除的难度。

隐蔽性：计算机病毒具有很强的隐蔽性，难以被用户或安全软件轻易发现。有些病毒甚至可以通过技术手段隐藏自己的存在，使得计算机在不知不觉中被感染。

可触发性：计算机病毒通常被设定了一些触发条件，如系统时钟的某个时间或日期、系统运行了某些程序等。一旦这些条件得到满足，病毒就会发作并执行其破坏行为。

寄生性：计算机病毒需要寄生在其他程序或文件中才能生存和繁殖。它们利用宿主程序的执行来传播自身，并对宿主程序进行破坏或干扰。

可执行性：计算机病毒是一段可执行的程序代码，它们能够像其他合法程序一样在计算机上运行。然而，与合法程序不同的是，病毒程序具有破坏性和传染性等恶意行为。

2. 网络黑客

"网络黑客"是指通过互联网并利用非正常手段入侵他人计算机系统的人。黑客通常对计算机科学、编程和设计方面具有高度理解，他们擅长信息安全、系统漏洞、编程等方面技术。黑客始于20世纪50年代，随着计算机和网络技术的发展而逐渐壮大。最初的黑客一般都是一些高级的技术人员，他们热衷于挑战、崇尚自由并主张信息的共享。然而，随着互联网的普及和黑客技术的不断发展，一些黑客开始利用自己的技能进行非法活动，从而玷污了"黑客"一词的声誉。

例如，2023年7月针对群众反映的北京部分热门景点门票预约难、购票难等问题，北京公安机关成立专班开展调查。调查发现，分别以陈某和李某为首的两个非法抢票团伙，自行制作非法抢票软件，抢占全国多地热门景点门票，并通过网络加价倒卖。

3. 网络犯罪

网络犯罪是指行为人利用计算机技术，借助于网络平台对其系统或信息进行攻击、破坏或利用网络进行其他犯罪的总称。这包括但不限于利用编程、加密、解码技术或工具在网络上实施的犯罪，利用软件指令、网络系统或产品加密等技术及法律规定上的漏洞在网络内外交互实施的犯罪，以及借助于网络服务提供者特定地位或其他方法在网络系统中实施的犯罪。网络犯罪的类型繁多，主要包括网络诈骗、网络盗窃、网络赌博、网络侵犯知识产权、黑客攻击。

为了防范网络犯罪，个人和企业应采取相应措施，如加强网络安全意识教育，提高识别和防范网络犯罪的能力。定期更新操作系统和软件补丁，修复已知漏洞。安装防病毒软件和防火墙，定期扫描和清除恶意软件。谨慎处理电子邮件和即时通信信息，避免单击不明链接或下载未知附件。加强密码管理，使用复杂且不易猜测的密码，并定期更换。对于重要数据和文件，应定期进行备份和加密存储。

4. 预置陷阱

预置陷阱就是在信息系统中人为地预设一些"陷阱"，以干扰和破坏计算机系统的正常运行。在对信息安全的各种威胁中，预置陷阱是危害性最大，也是最难以防范的一种。预置陷阱一般分为硬件陷阱和软件陷阱两种。硬件陷阱主要是指蓄意更改集成电路芯片的内部设计和使用规程，以达到破坏计算机系统的目的。软件陷阱则是指信息产品中被人为地预置嵌入式病毒，这给信息安全保密带来极大的威胁。

5. 垃圾信息

垃圾信息是指利用网络传播的违反国家法律及社会公德的信息，垃圾邮件则是垃圾信息的重要载体和表现形式之一。通过发送垃圾邮件进行阻塞式攻击，成为垃圾信息侵入的主要途径。其对信息安全的危害主要表现在，攻击者通过发送大量邮件污染信息社会，消耗受害者的宽带和存储器资源，使之难以接收正常的电子邮件，从而大大降低工作效率；或者某些垃圾邮件之中包含有病毒、恶意代码或某些自动安装的插件等，只要打开邮件，它们就会自动运行，破坏系统或文件。

6. 隐私泄露

在大数据时代，大量包含个人敏感信息的数据（隐私数据）存在于网络空间中，如电子病历涉及患者疾病等信息，支付宝记录着人们的消费情况，GPS掌握着人们的行踪，微信中的朋友圈信息等。这些带有"个人特征"的信息碎片可以汇聚成细致全面的大数据信息集，一旦泄露则可能被不法分子利用，从而轻而易举地构建出网民的个体画像。

二、数字信息安全威胁

安全防御技术主要用于防止系统漏洞、防止外部黑客入侵、防御病毒破坏和对可疑访问进行有效控制等，同时还应该包含数据灾难与数据恢复技术，即在计算机发生意外或灾难时，还可以使用备份还原及数据恢复技术将丢失的数据找回。典型的安全防御技术有以下几大类。

1. 加密技术

信息加密的目的是保护网内的数据、文件、口令和控制信息，保护网上传输的数据。加密技术主要分为数据传输加密和数据存储加密。

数据加密系统包括加密算法、明文、密文以及密钥。数据加密的算法有很多种，按照发展进程来分，经历了古典密码、对称密钥算法和非对称加密算法阶段，其中古典密码算法有替代加密、置换加密；对称密钥算法包括DES和AES；非对称加密算法包括RSA、背包密码、McEliece密码、椭圆曲线等。目前在数据通信中使用最普遍的加密算法有DES、RSA和PGP。

2. 防火墙

防火墙是设置在不同网络（如可信任的企业内部网和不可信的公共网）或网络安全域之间的一系列部件的组合，它通过有机组合各类用于安全管理与筛选的软件和硬件设备，帮助计算机网络于其内、外网之间构建一道相对隔绝的保护屏障，以保护用户资料与信息安全性。

防火墙可以监控进出网络的通信量，仅让安全、核准的信息进入，同时又抵制对网络构成威胁的数据。防火墙主要有包过滤防火墙、代理防火墙和双穴主机防火墙3种类型。防火墙可以达到以下几个目的：一是保护内部网络，防止外部威胁和未经授权的访问，确保内部网络的安全；二是流量过滤，监控和控制进出网络的数据流量，只允许合法和授权的流量通过；三是阻止恶意攻击，通过识别和阻止恶意流量，防止DDoS攻击、恶意软件等网络威胁；四是记录网络活动，提供网络通信的统计数据，帮助分析潜在的安全威胁；五是策略执行，设定和执行严格的安全策略，如禁止访问特定网站、拦截可疑流量等。目前防火墙技术已经在计算机网络得到了广泛应用。

3. 入侵检测

入侵检测系统是一种对网络活动进行实时监测的专用系统。该系统处于防火墙之后，可以和防火墙及路由器配合工作，用来检查一个LAN网段上的所有通信，记录和禁止网络活动，并可以通过重新配置来禁止从防火墙外部进入的恶意流量。入侵检测系统能够对网络上的信息进行快速分析或在主机上对用户进行审计分析，通过集中控制台来管理、检测。

入侵检测系统能够帮助网络系统快速发现攻击的发生，它扩展了系统管理员的安全管理能力，提高了信息安全基础结构的完整性。

本质上，入侵检测系统是一种典型的窥探设备。它不跨接多个物理网段，无须转发任何流量，只需要在网络上被动地、无声息地收集它所关心的报文即可。

4. 系统容灾

系统容灾主要包括基于数据备份和基于系统容错的系统容灾技术。数据备份是数据保护的最后屏障，不允许有任何闪失，但离线介质不能保证安全。数据容灾通过 IP 容灾技术来保证数据的安全，它使用两个存储器，在两者之间建立复制关系，一个放在本地，另一个放在异地，本地存储器供本地备份系统使用，异地容灾备份存储器实时复制本地备份存储器的关键数据。

存储、备份和容灾技术的充分结合，构成了一体化的数据容灾备份存储系统。随着存储网络化时代的发展，传统的功能单一的存储器将越来越让位于一体化的多功能网络存储器。

为了保证信息系统的安全性，除了运用安全防御的技术手段，还需必要的管理手段和政策法规支持。管理手段是指确定安全管理等级和安全管理范围，制定网络系统的维护制度和应急措施等进行有效管理。政策法规支持是指借助法律手段强化保护信息系统安全，防范计算机犯罪，维护合法用户的安全，有效打击和惩罚违法行为。

三、配置防火墙及病毒防护

通过系统安全中心可以配置防火墙及病毒防护，来较好地实现对计算机系统的信息安全防护。通过本节的学习，要求掌握配置防火墙的方法、掌握配置病毒防护的方法，以及第三方安全工具的使用方法。

1. 配置防火墙

① 进入计算机系统的"控制面板"，找到"Windows Defender防火墙"，单击"启用或关闭Windows Defnder防火墙"，如图3-2-1所示。

② 进入"Windows Defender 防火墙"，选中"启用Windows Defender防火墙"单选按钮，系统默认防火墙为开启状态，根据需求进行相应设置，如图3-2-2所示。

③ 若要恢复系统默认防火墙设置，则返回Windows Defender防火墙"界面，"单击"还原默认值"按钮，如图3-2-3所示。

图 3-2-1

图 3-2-2

图 3-2-3

④ 通过选择"高级安全Windows Defender防火墙"选项，在打开的"高级安全Windows Defender防火墙"窗口中可以设置系统的入站及出站规则、连接安全规则以及监视，如图3-2-4所示。

图 3-2-4

2. 配置杀毒软件

第1步，单击"开始"按钮，在"开始"菜单中选择"设置"命令，进入设置界面，选择"Windows安全中心"，查看和管理设备安全性和运行状况，如图3-2-5所示。

第2步，在界面左侧单击"病毒和威胁防护"选项，打开"病毒和威胁防护"窗口，单击"快速扫描"按钮，对系统进行病毒威胁扫描，结果如图3-2-6所示。

第3步，单击"病毒和威胁防护"管理设置。若未安装第三方保护软件，默认打开"实时保护"。若已采用第三方保护软件进行实时保护，则系统设置为关。

第4步，单击"检查更新"按钮，对病毒和威胁防护进行更新，以保障获新的安全情报。

图 3-2-5

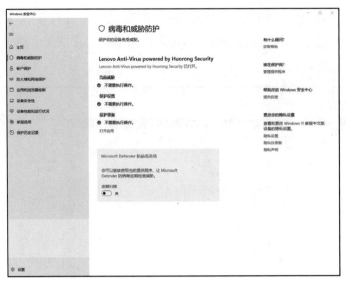

图 3-2-6

单元习题

填空题

1. 对计算机病毒的防治应以（　　　　）为主。
2. 从本质上讲，计算机病毒是一种（　　　　）。
3. 计算机病毒的危害表现为（　　　　）。
4. 通常所说的"宏病毒"感染的文件类型是（　　　　）。
5. 系统容灾主要包括基于（　　　　）和基于系统容错的系统容灾技术。

单元3　网络文明素养

▶ 单元导读

信息素养与职业文化是指在信息技术领域，通过对行业内相关知识的了解，内化形成的素养和行业行为自律能力。信息素养与职业文化对个人在行业内的发展起重要作用。

▶ 知识目标

- 了解信息素养的基本概念及主要要素。
- 了解信息技术发展史及知名企业的兴衰变化过程，树立正确的职业理念。
- 了解信息安全及自主可控的要求。
- 掌握信息伦理知识并能有效辨别虚假信息，了解相关法律法规与职业行为自律的要求。

- 了解个人在不同行业内发展的共性途径和工作方法。

▶ **能力目标**

- 具备对信息安全基本要素、网络安全等级保护等内容有准确的认识，并了解计算机病毒、木马、拒绝服务攻击、网络非法入侵等信息安全常见威胁以及对应的安全防御措施。

▶ **素质目标**

- 坚守健康的生活情趣、培养良好的职业态度、秉承端正的职业操守、维护核心的商业利益、规避产生个人不良记录等。
- 了解相关法律法规、信息伦理与职业行为自律的要求，从而明晰不同行业内职业发展的共性策略、途径和方法。

任务　了解网络文明素养

❖ **任务详情**

在数字化和网络化快速发展的当下，学生的学习方式和思维方式确实发生了显著的变化。这种变化要求我们不仅要有扎实的知识基础，更要具备处理信息、利用技术工具解决问题的能力，甚至要有基于信息创新的能力。本任务要求理解信息素养的概念，了解信息素养的内涵及特点。

❖ **任务目标**

1. 理解信息素养的概念。
2. 了解信息素养的内涵及特点。

❖ **任务实施**

一、了解信息素养的概念

信息素养是一个综合性的概念，它涵盖了个体在信息化社会中获取、评价、使用、创造和交流信息的能力。

Paul Zurkowski在1974年首次提出信息素养的概念，强调人们利用信息工具和信息资源解决问题的能力。这为信息素养奠定了基础，并指明了其最初的方向。随后，澳大利亚学者Bruce进一步扩展了信息素养的内涵，提出了包括信息技术理念、信息源理念、信息过程理念、信息控制理念、知识建构理念、知识延展理念和智慧的理念等多个方面。这些理念的提出，不仅丰富了信息素养的内容，也使其更加符合信息化社会对个体能力的全面要求。具体来说，信息素养包括以下几个方面。

1. 信息意识

信息意识指的是个体对信息的敏感度和重视程度，包括对信息价值的认识、对信息需求的认识以及对信息获取和使用的意识。信息意识强的个体能够主动寻找、利用信息，并将其作为解决问题、促进个人发展的资源。

2. 信息知识

信息知识涉及对信息科学的基本理论、基本概念和基本方法的了解与掌握，包括对信息的来源、分类、特点以及信息技术的基础知识等方面的认识。这些信息知识为个体有效地获取、评价和使用信息提供了基础。

3. 信息技能

信息技能指的是个体利用信息工具和技术，有效地获取、处理、生成和传递信息的能力。这包括信息查询、信息分析、信息评价、信息创新等技能，它们使个体能够在实际应用中有效地利用信息，解决问题，实现自我提升。

4. 信息道德

信息道德在信息的获取、使用、传播和创造过程中，应遵守的道德规范和法律法规，包括尊重知识产权、保护个人隐私、避免信息滥用等。信息道德要求个体在使用信息时具有道德自觉和责任意识。

二、了解信息素养的内涵

为了促进教育信息化的建设和发展，要进行信息素养的培养与培训，在对所有学生进行信息意识与信息策略培养的基础上，着重培养计算机应用能力，使其掌握计算机应用的一般操作，要求学生学握Windows、PowerPoint、Internet、CSC电子备课系统以及有关课程软件的性能与使用方法，进一步而言，要求学生学握Frontpage、Photoshop、Premiere等平台组合与页面制作软件，并能进行初步的教学软件加工；引导部分有学习需求的学生利用拓展模块学握C语言、VB语言、Java语言、数据库、动画软件，能进行较高层次的软件开发。通过一系列举措，提高学生的信息意识和素养，具备较强的运用信息工具的能力、获取信息的能力、处理信息的能力、存储信息的能力、创造信息的能力、发挥信息作用的能力、信息协作的能力和信息免疫的能力等，具备信息安全意识，充分体现公民的责任担当。

三、了解信息素养的特点

"信息素养"包括文化层面（知识方面）、信息意识（意识方面）和信息技能（技术方面）三个层面。

1. 文化层面

文化层面（知识方面）涉及对信息科学的基本理论、基本概念和基本方法的了解与掌握。这包括了对信息的来源、分类、特点以及信息技术的基础知识等方面的理解。这一层面为个体提供了获取、处理和应用信息的基础框架。

2. 信息意识

信息意识（意识方面）是指个体对信息的敏感度和重视程度，包括对信息价值的认识、对信息需求的认识以及对信息获取和使用的意识。一个具备信息素养的人应该能够自觉地关注信息，理解信息的重要性，并在日常生活和学习中主动寻找和利用信息。

3. 信息技能

信息技能（技术方面）是指个体利用信息工具，有效地获取、处理、生成和传递信息的能力。这包括信息查询、信息分析、信息评价、信息创新等方面的技能。信息技能是信息素养的核心，它使个体能够在实际应用中有效地利用信息，解决问题，实现自我提升。

在实践中，信息素养的运用与创新显得尤为重要。大多数国家都强调将信息素养与实际问题和情境相结合，以实际问题为目标导向，要求学生能够有意识地收集、评价、管理和呈现信息，最终能够有效解决问题、增强交流、产生新的知识、实践终身学习等。这种导向性使信息素养不仅仅是一种理论知识或技能，更是一种能够解决实际问题、促进个人和社会发展的实践能力。同时，信息素养也强调了在信息获取、使用与管理过程中应该始终坚持个人对信息的批判性、自主性与道德底线。这意味着个体在利用信息时，应该保持独立思考的能力，不盲从、不迷信，能够辨别信息的真伪和价值。同时，也应该遵守法律法规和道德规范，尊重他人的知识产权和隐私权，避免信息的滥用和误用。

综上所述，信息素养是一个多维度、综合性的概念，它涵盖了文化层面、信息意识和信息技能三个重要层面，并在实践中强调运用与创新。通过培养和提高信息素养，个体可以更好地适应信息化社会的发展需求，实现自我提升和社会进步。

单元习题

填空题

1. 信息素养包括信息知识、（　　　　　）和信息技能、信息道德这几个层面。
2. 信息素养在文化层面提供了（　　　　　）、处理和应用信息的基础框架。
3. 在信息的获取、使用、传播和创造过程中，应遵守的道德规范和法律法规，包括尊重知识产权、（　　　　　）、避免信息滥用等。
4. 信息技能指的是个体利用信息工具和技术，有效地（　　　　　）、处理、生成和传递信息的能力。
5. （　　　　　）强的个体能够主动寻找、利用信息，并将其作为解决问题、促进个人发展的资源。

单元4　数字道德伦理规范

▶ 单元导读

在数字化日益普及的今天，我们每个人的生活都与数字技术紧密相连。然而，随着数字技术的快速发展，也带来了一系列道德和伦理问题。本单元将深入探讨数字技术领域中的道德和伦理问题，帮助学生建立正确的数字道德伦理观念，提高在数字化环境中的道德素养。我们将从数字伦理的定义与内涵出发，明确在数字技术领域内，人们应该遵循的道德准则和规范。这些规范包括但不限于公正、尊重、信任、透明和隐私保护等核心价值观。

▶ 知识目标

- 掌握数字道德伦理的基本概念、原则和准则。
- 了解数字技术在各个领域中的应用及其带来的道德伦理挑战。
- 认识信息隐私、网络安全、版权与知识产权等相关法律法规。

▶ 能力目标

- 具备分析数字化环境中的道德伦理问题，提出合理的解决方案。
- 培养批判性思维，能够独立评估数字技术的潜在影响和伦理风险。
- 掌握保护个人隐私、防范网络欺诈等实用技能。

▶ 素质目标

- 树立尊重他人隐私、保护知识产权等道德伦理意识。
- 增强网络安全防范意识，形成健康的网络行为习惯。
- 倡导公平、公正、透明的数字环境，反对任何形式的数字歧视和偏见。

任务　了解数字道德伦理

❖ 任务详情

本任务让读者通过对信息行业相关知识的了解，内化形成职业素养和行为自律能力。信息素养与社会责任对个人在各自行业内的发展起着重要作用，包含信息素养、信息技术发展史、信息伦理与职业行为自律等内容。

❖ 任务目标

1. 了解职业文化的概念。
2. 了解信息伦理与行为规范。
3. 了解信息安全与社会责任。

❖ 任务实施

一、了解职业文化的概念

所谓职业文化，是指"人们在职业活动中逐步形成的价值理念、行为规范、思维方式的总称，以及相应的礼仪、习惯、气质与风气，其核心内容是对职业有使命感，有职业荣誉感和良好的职业心理，遵循一定的职业规范以及对职业礼仪的认同和遵从。"高职院校的职业文化构建应当以社会主义精神文明为导向，以核心价值观为指导，以职业的参与者为主体，以社会职业道德为基本内涵，以追求职业主体正确的职业理念、职业态度、职业道德、职业责任、职业价值为出发点和落脚点而构建的文化体系。职业素养主要指职业人才从业须遵守的必要行为规范，旨在充分发挥劳动者的职业品质。职业素养即职场人技术与道德的总和，主要包括职业道德、职业技能、职业习惯与职业行为。好的职业素养能够指引职场人才成熟应对各项工作，指引劳动者创造更多的价值。高职院校作为培养高素质人才的基地，更应注重职业素养的培养。

教育部在《关于全面提高高等职业教育教学质量的若干意见》中指出："要高度重视学生的职业道德教育和法治教育，重视培养学生的诚信品质，敬业精神和责任意识、遵纪守法意识，培养一批高素质的技能型人才。"其中，诚信品质、职业精神和责任意识等都属于职业文化的范畴。

二、了解信息伦理与行为规范

信息伦理学的形成是从对信息技术的社会影响研究开始的。信息伦理的兴起与发展植根于信息技术的广泛应用所引起的利益冲突和道德困境，以及建立信息社会新的道德秩序的需要。1986年，美国管理信息科学专家R·O·梅森提出信息时代有信息隐私权、信息准确性、信息产权及信息资源存取权4个主要的伦理议题，自此之后，信息伦理学的研究发生了深刻变化，它冲破了计算机伦理学的束缚，将研究的对象更加明确地确定为信息领域的伦理问题，在概念和名称的使用上也更为直白，直接使用了"信息伦理"这个术语。

信息伦理指向涉及信息开发、信息传播、信息的管理和利用等方面的伦理要求、伦理准则、伦理规约，以及在此基础上形成的新型的伦理关系。信息伦理又称信息道德，是调整人与人之间以及个人和社会之间信息关系的行为规范的总和。信息伦理包含3个层面的内容，即信息道德意识、信息道德关系和信息道德活动。

信息道德意识：信息伦理的第一个层次，包括与信息相关的道德观念、道德情感、道德意志、道德信念和道德理想等，是信息道德行为的深层心理动因。信息道德意识集中体现在信息道德原则、规范和范畴之中。

信息道德关系：信息伦理的第二层次，包括个人与个人的关系、个人与组织的关系、组织与组织的关系。这种关系是建立在一定的权利和义务的基础上，并以一定信息道德规范形式表现出来的，相互之间的关系是通过大家共同认同的信息道德规范和准则维系的。

信息道德活动：信息伦理的第三层次，包括信息道德行为、信息道德评价、信息道德教育和信息道德修养等。信息道德行为即人们在信息交流中所采取的有意识的、经过选择的行动；根据一定的信息道德规范对人们的信息行为进行善恶判断即为信息道德评价；按一定的信息道德理想对人的品质和性格进行陶冶就是信息道德教育；信息道德修养则是人们对自己的信息意识和信息行为的自我解剖、自我改造。与信息伦理关联的行为规范指向社会信息活动中人与人之间的关系以及反映这种关系的行为准则与规范，如扬善抑恶、权利义务、契约精神等。

三、了解信息安全与社会责任

随着全球信息化过程的不断推进，越来越多的信息将依靠计算机来处理、存储和转发，信息资源的保护又成为一个新的问题。信息安全不仅涉及传输过程，还包括网上复杂的人群可能产生的各种信息安全问题。要实现信息安全，不是仅仅依靠某个技术就能够解决的，它实际上与个体的信息伦理与责任担当等品质紧密关联。在"互联网+"时代，职业岗位与信息技术的关联进一步增强，也更强调学生的信息素养培养，即在课程教学中有意识地培养学生的数字化思维与提炼信息的批判精神，使其具备信息安全意识并坚守使用信息的道德底线，铸成学生基于信息素养的职业素养，构建职业院校的职业文化。

1. 信息安全的需求

随着Internet在更大范围的普及，信息安全指向用于保护传输的信息和防御各种攻击的措施，具体需求如下。

保密性：系统中的信息只能由授权的用户访问。

完整性：系统中的资源只能由授权的用户进行修改，以确保信息资源没有被篡改。

可用性：系统中的资源对授权用户是有效可用的。

可控性：对系统中的信息传播及内容具有控制能力。

真实性：验证某个通信参与者的身份与其所声明的一致，确保该通信参与者不是冒名顶替的。

不可否认性：防止通信参与者事后否认参与通信。

其中，保密性、完整性和可用性为信息安全的三大基本属性。

2. 信息安全威胁的手段

信息安全是一个不容忽视的国家安全战略，任何国家的政府、相关部门及各行各业都必须十分重视这一问题。各国的信息网络已经成为全球网络的一部分，任何一点上的信息安全事故都可能威胁到本国或他国的信息安全。威胁信息安全的因素是多种多样的，从现实来看，主要有以下几种情况。

被动攻击：通过偷听和监视来获得存储和传输的信息。

主动攻击：修改信息、创建假信息。

重现：捕获网上的一个数据单元，然后重新传输来产生一个非授权的效果。

修改：修改原有信息中的合法信息或延迟或重新排序产生一个非授权的效果。

破坏：利用网络漏洞破坏网络系统的正常工作和管理。

伪装：通过截取授权的信息伪装成已授权的用户进行攻击。

3. 信息安全威胁的案例

① 计算机病毒。2017年5月12日，全球突发的比特币病毒疯狂袭击公共和商业系统，70多个国家和地区受到严重攻击，国内的多个高校校内网、大型企业内网等也纷纷中招。被勒索的用户要在5个小时内支付高额赎金（有的需要比特币）才能解密恢复文件。

② 网络黑客。2015年，一群黑客利用某著名社交网站中那些看似是照片的数据侵入了美国国防系统并攻陷了政府的多台计算机。这些黑客组织的技术极具创新性——使用计算机每天检测不同的社交账户，一旦账户被注册，入侵用户计算机的行为就会被激活。当用户发送信息，如网址、数字、信件等时，其计算机就会自动转到特定网址，用户信息也会随之被解码。

③ 网络犯罪。2015年5月，360公司联合北京市公安局推出了全国首个警民联动的网络诈骗信息举报平台——猎网平台，开创了警企协同打击网络犯罪的创新机制和模式。猎网平台大数据显示，网络诈骗实际上仍然以"忽悠"为主，如不法分子会将付款二维码贴在共享单车车身上，甚至替换掉车身原有二维码，很多初次使用共享单车的用户很容易误操作将费用转给对方。

④ 预置陷阱。预置陷阱是指在工控系统的软硬件中预置一些可以干扰和破坏系统运行的程序或者窃取系统信息的所谓"后门"。这些"后门"往往是软件公司的程序设计人员或硬件制造商为了方便操作而设置的，一般不为人所知。一旦需要，他们就能通过"后门"越过系统的安全检查，以非授权方式访问系统或者激活事先预置好的程序，以达到破坏系统运行的目的。近年来，有关软硬件"后门"带来的威胁和争议屡见报端。

⑤ 垃圾信息。垃圾邮件是垃圾信息的重要载体和表现形式之一。通过发送垃圾邮件进行阻塞式攻击，成为垃圾信息侵入的主要途径。其对信息安全的危害主要表现在：攻击者通过发送大量邮件污染信息社会，消耗受害者的宽带和存储器资源，使之难以接收正常的电子邮件，从而大大降低工作效率；或者某些垃圾邮件之中包含有病毒、恶意代码或某些自动安装的插件等，只要打开邮件，它们就会自动运行，从而破坏系统或文件。

⑥ 隐私泄露。近年来，各国数据隐私泄露事件不断发生，泄露的内容也五花八门，包括个人身份信息、位置信息、网络访问习惯、兴趣爱好等，令人触目惊心。2013年爱德华·斯诺登的爆料，使得美国最高机密监听项目——"棱镜计划"公之于众，进而使人们对大规模元数据采集所涉及的个人隐私问题有了全新的认识与定位。此外，电信诈骗案件频发，不法分子利用各种手段获取公民个人信息，使部分民众上当受骗，蒙受经济损失。由此可以看出，大数据时代隐私遭遇严重威胁。

信息素养与社会责任是个人成功适应信息化社会和实现自我发展的关键成分，所以各国均将信息素养遴选为核心素养框架中的重要指标和关键成分。信息素养也是我国学生发展核心素养体系中的重要指标之一。通过系统梳理信息素养概念的历史演变和核心素养框架中信息素养的构成，可以归纳出信息素养的概念与内涵，并重点与信息素养培养关联的职业文化的信息安全等社会责任展开分析，强调信息素养的培养必须与真实情境相结合，以解决现实问题为目标来引导和激励学生信息素养与社会责任的形成。有意识地培养学生的数字化思维与提炼信息的批判精神，引导学生具备信息安全意识并坚守使用信息的道德底线，体现了信息素养育人目标体系的时代需求与发展趋势。

单元习题

填空题

1．职业素养主要指职业人才从业须遵守的必要行为规范，旨在充分发挥劳动者的职业品质，职业素养即职场人技术与道德的总和，主要包括（　　　　　）、职业技能、职业习惯与职业行为。

2．（　　　　　）通过偷听和监视来获得存储和传输的信息。

3．信息素养与（　　　　　）是个人成功适应信息化社会和实现自我发展的关键成分，所以各国均将信息素养遴选为核心素养框架中的重要指标和关键成分。

4．要高度重视学生的职业道德教育和法治教育，重视培养学生的诚信品质，敬业精神和（　　　　　）、遵纪守法意识，培养一批高素质的技能型人才。

5．信息伦理又称信息道德，是调整人与人之间以及个人和社会之间信息关系的（　　　　　）的总和。

拓 展 篇

模块4 物联网技术

单元1 物联网技术概述

一、基本概念

物理世界的联网需求和信息世界的扩展需求催生出了一类新型网络——物联网（Internet of Things，IoT），它最初被描述为：物品通过射频识别等信息传感设备与互联网连接起来，实现智能化识别和管理。物联网是在互联网基础上，让所有能够被独立寻址的普通物理对象实现互联互通的网络。通过物联网，可搭建物与物、人与物直接交流的通道。通过配置在物理对象上的感知设备（如标签、传感器、智能设备等），将"用户端"的概念延伸和扩展到了物品与物品之间，通过智能设备完成对物理对象的识别、反馈及其状态获取等操作，从而完成物与物、人与物之间的信息交换、通信及其智能处理。它具有物理对象设备化、自治终端互联化和普适服务智能化三个重要特征。

我国对物联网有以下的定义：物联网是指通过信息传感设备按照约定的协议，把任何物品与互联网连接起来，进行信息交换和通信，以实现智能化识别、定位、跟踪、监控和管理的一种网络。它是在互联网基础上延伸和扩展的网络。

在物联网时代，每一件物体均可寻址，每一件物体均可通信，每一件物体均可控制。一个"物物互联"的世界如图4-1-1所示。

毫无疑问，物联网时代的来临将会使人们的日常生活发生翻天覆地的变化。继计算机、互联网和移动通信之后，物联网将成为引领信息产业革命的重要力量之一，将成为未来社会经济发展、社会进步和科技创新的最重要的基础设施，也将深刻影响未来国家基础设施的安全使用。物联网融合了半导体、传感器、计算机、通信网络等多门类技术，物联网的发展将极大地促进电子信息产业的整体发展、进步与提高。

我国政府高度重视物联网的研究、布局和发展。2012年，工业和信息化部、科学技术部、住房和城乡建设部等部门再次加大了对物联网和智慧城市方面技术研发与项目实施的支持力度。其后的几年，党中央、国务院重点部署、提出要求，各部委及各省市自治区纷纷制订和落实相关计划、政策、措施，大力推动物联网及其相关信息技术产业创新和发展，为我国科技发展系统布局、全面谋划、重点落实，着力推进我国信息技术的综合创新、深度融合和协同发展。

二、体系结构

物联网形式多样、结构复杂、技术深入，牵涉面广。通常，物联网被分为三层：感知层、网络层和应用层，如图4-1-2所示。下层是用户用来感知数据的感知层，中间层是数据传输的网络层，上层则是具体应用层，下面我们以智能家居系统为例，进行具体说明。

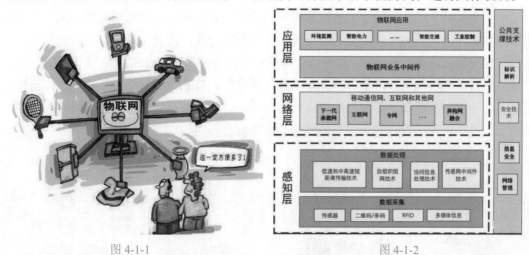

图 4-1-1　　　　　　　　　　　　　　　　　　　　图 4-1-2

1.　感知层

感知识别是物联网的核心技术，是联系物理设备和网络环境的纽带。感知层既包括射频识别（RFID）、无线传感器等信息自动生成设备，也包括各种智能电子产品。通过无线通信网络把它们的信息自动采集到管理系统，实现被标识物品的识别、管理和信息传输。另外，作为一种新兴技术，无线传感器网络主要通过各种类型的传感器对被标识物品的属性、环境状态、行为模式等信息进行大规模、长期、实时地获取。近些年来，各类可联网电子产品层出不穷，智能手机、个人数字助理、多媒体播放器、平板电脑、笔记本电脑等迅速普及，人们可以随时随地连入互联网，分享信息。信息生成方式多样化是物联网区别于其他网络的重要特征。

在智能家居系统中，感知层主要实现各种家居设备（对象）的信息采集和控制，如图4-1-3所示，它们通常由终端设备和控制设备组成，其中控制设备涉及家庭感知设备、家用电器、多媒体设备、安防报警设备、医疗设备等。终端设备是各类家庭控制设备的控制与管理手段，如手机、平板电脑等。基于这些设备，智能家居系统的感知层通过各种传感器技术、嵌入式技术、自动识别技术等实现对家居对象，包括人们及其所生活的家庭环境、设备和人本身信息的采集和获取，从而实现智能家居状态的"全面感知"。

2.　网络层

网络层的主要作用是把感知层设备接入互联网，供上层服务使用。互联网是物联网的核心网络，处在边缘的各种无线网络则提供实时的网络接入服务。无线广域网包括现有的移动通信网络及其演进技术，提供广阔范围内连续的网络接入服务。无线城域网提供城域范围（约100km）高速数据传输服务。无线局域网为较小区域内（家庭、校园部分区域、餐厅、机场候机厅等）的用户提供网络访问服务。无线个域网络包括蓝牙（802.15.1标准）、

ZigBee（802.15.4标准）、近场通信（NFC，Near Field Communication）等通信协议。这类网络的特点是低功耗、低传输速率（相比于上述无线宽带网络）、短距离（一般小于10m），一般用作个人电子产品互联、工业控制设备信号传输等领域。各种不同类型的无线网络适用于不同的环境，合力提供便捷的网络接入，是实现物联网的重要基础设施。

回到智能家居系统的例子，其网络层主要实现家居设备间信息的传输，如图4-1-4所示，通过路由器、交换机、串口服务器、基站等网络设备，将感知层采集的各种数据传输到应用层，由于感知层感知设备和控制设备的多样性，智能家居系统通过各种网络接入技术实现信息传输，从而实现智能家居对象间的智能连接。

图 4-1-3

图 4-1-4

3. 应用层

应用层利用经过分析处理的感知数据，采用海量数据处理、云计算等技术，为用户提供各种智能化服务。物联网的应用可分为监控型（如智能视频、物流监控、环境感知、人脸识别、车辆识别等）、查询型（如智能检索、远程抄表）、控制型（如智能交通、智能家用电器、照明灯光控制）、扫描型（如门禁系统、手机钱包、ETC不停车收费）等。应用层是物联网和用户（包括人、组织和其他系统）的接口，它与行业需求相结合，实现物联网的智能应用，呈现多样化、规模化、行业化等特点。

在智能家居系统中，应用层主要提供各类智能家居应用服务，如图4-1-5所示，应用层将从网络层获得的各种数据，在高性能计算平台、海量储存以及管理系统等设施的支撑下，进行综合分析，并根据需求提供各类具体的智能家居服务，如家庭控制（家用电器、智能门锁、照明设备、智能采暖通风设备等）、智能电网、家庭医疗、多媒体娱乐、家庭安防等，从而实现智能家居广泛应用。

物联网各层之间既相对独立，又紧密联系。在应用层以下，同一层次上的不同技术互为补充，分别适用不同环境，构成该层次技术的管控策略。而不同层次提供的各种技术之间相互连接、配合，系统化配置，来满足整体的应用需求，构成完整的智能家居系统解决方案。

总之，技术的选择应以应用为导向，根据具体的需求和环境，选择合适的感知技术、联网技术和信息处理技术。

图 4-1-5

单元2　物联网传感设备介绍

物联网传感器是一种能够感知和测量物理量，并将其转换成可用于数据传输的信号或者数据的装置。它可以感知各种环境的参数，如温度、湿度、压力、光照等，并将这些数据通过各种通信技术传输到云端或其他终端设备。

物联网传感器的工作原理根据不同类型的传感器有所不同。以温度传感器为例，它通常采用热敏电阻或热电偶来感知温度变化。当温度变化时，传感器内部的电阻或电压也发生相应的变化，通过内部的电路将这些变化转换为可读取的电信号或数字数据。然后通过通信技术（如Wi-Fi、蓝牙等）将数据传输到物联网系统或其他终端设备。

物联网平台基于各种传感器感知和提供各种数据，物联网的高速发展将传感器的发展带到了一个全新的高度。近年来物联网应用最多、最关键的15种传感器类型，介绍如下。

1. 温度传感器

根据定义，"一种用于测量热量的设备，可以检测特定来源的温度物理变化并为设备或用户转为电信号数据，称为温度传感器。"这些传感器已在各种设备中部署了很长时间。然而，随着物联网的出现，温度传感器被发现在更多设备中能发挥更多作用。仅在几年前，它们的用途仅限于空调控制、冰箱和用于环境控制的相关设备中。然而，随着物联网世界的出现，它们已经在制造业、农业和健康产业中发挥了作用。在制造业中，许多机器需要特定的环境温度，以及设备温度。通过这种测量，制造过程可以始终保持最佳状态。另一方面，在农业中，土壤温度对农作物生长至关重要。这有助于植物的生长，最大限度地提高产量。

2. 接近传感器

一种检测附近物体的存在与否以及该物体的特性，并将其转换为用户或简单的电子仪器无须接触即可轻松读取的信号的设备。接近传感器主要用于零售行业，因为它们可以检测运动以及客户与他们可能感兴趣的产品之间的相关性，客户会立即收到附近产品的折扣和特价通知。另一个大型且相当古老的用例是车辆。你正在倒车并在倒车时它会对障碍物发出警告，这就是接近传感器的工作。它们还用于提供商场、体育场或机场等场所的停车位。以下是一些接近传感器的分类。

（1）电感式传感器：电感式传感器用于非接触式检测，通过电磁场或一束电磁辐射来发现金属物体的存在。它可以比机械开关以更快的速度运行，并且由于其坚固性而更加可靠。

（2）电容式传感器：电容式传感器可以检测金属和非金属目标。它可用在大量目标物体中检测非常小的物体，因此，一般被用于困难和复杂的应用环境中。

（3）光电传感器：光电传感器由光敏部件组成，利用一束光来检测物体的存在与否。它是电感式传感器的理想替代品，用于远距离感应或感应非金属物体。

（4）超声波传感器：超声波传感器也用于检测目标的存在或测量类似于雷达或声呐测量的距离。这为恶劣环境和某些苛刻的条件提供了可靠的解决方案。

3. 压力传感器

压力传感器是一种感应压力并将其转换为电信号的装置。此处，该量取决于施加的压力水平。有很多设备依赖于液体或其他形式的压力。这些传感器使创建物联网系统成为可能，以监控受压力推动的系统和设备。如果与设定的标准压力范围有任何偏差，设备会通知系统管理员任何应该修复的问题。部署这些传感器不仅在制造业中非常有用，而且在整个水系统和供暖系统的维护中也非常有用，因为它很容易检测到任何压力波动或下降。

4. 水质传感器

水质传感器主要用于检测供水系统中的水质和离子含量的监测。

这些传感器发挥着重要作用，因为它们出于不同目的监测水的质量。以下是最常用的水质传感器类型列表。

（1）余氯传感器（CTOC传感器）：它测量水中的余氯（即游离氯、一氯胺和总氯），氯气因其效率高而被广泛用作消毒剂。

（2）总有机碳传感器（TOC传感器）：TOC传感器用于测量水中的有机元素。

（3）浊度传感器：浊度传感器用于测量水中的悬浮固体，通常用于河流和溪流测量水量，以及废水和流出物测量。

（4）电导率传感器：在工业过程中进行电导率测量主要是为了获取有关水溶液中总离子浓度（即溶解的化合物）的信息。

（5）pH传感器：用于测量溶解水中的pH值，指示其酸性或碱性。

（6）氧化还原电位传感器：氧化还原电位测量提供对溶液中发生的氧化/还原反应水平的观察。

5. 化学传感器

化学传感器应用于许多不同的行业。它们的目标是指示液体的变化或找出空气的化学变化。它们在需要跟踪变化和保护人口安全的大城市中发挥着重要作用。化学传感器的主要用例可以在工业环境监测和过程控制、故意或意外释放的有害化学检测、爆炸物和放射性检测、宇宙空间站的回收过程、制药工业和实验室等中找到。

6．气体传感器

气体传感器类似于化学传感器，但它专门用于监测空气质量的变化和检测各种气体的存在。与化学传感器一样，它们被用于制造业、农业和卫生等众多行业，用于空气质量监测；有毒或可燃气体检测；煤矿、石油和天然气行业的有害气体监测等。

常见的气体传感器有：二氧化碳传感器、呼吸测试仪、一氧化碳检测仪、催化珠传感器、氢传感器、空气污染传感器、氮氧化物传感器、氧传感器、臭氧监测仪、电化学气体传感器、气体检测仪、湿度计。

7．烟雾传感器

烟雾传感器是一种感应烟雾（空气中的微粒和气体）及其水平的设备。烟雾传感器广泛用于制造业、暖通空调、建筑和住宿设施，以检测火灾和气体事故。

烟雾传感器检测其周围是否存在烟雾、气体和火焰。它可以通过光学或物理过程或通过同时使用这两种方法来检测。

（1）光学烟雾传感器（光电）：光学烟雾传感器利用光散射原理触发信号。

（2）电离烟雾传感器：电离烟雾传感器基于电离原理工作，电离是一种化学过程，用于检测引起触发警报的分子。

8．红外传感器

红外传感器是一种光电传感器，用于通过发射或检测红外辐射来感知周围环境的某些特征。它还能够测量物体发出的热量，用于各种物联网项目，尤其是在医疗保健中，因为它们使血流和血压的监测变得容易，它们甚至还用于各种常规智能设备，如智能手表和智能手机。其他常见用途包括家用电器和远程控制、呼吸分析、红外视觉（即可视化电子设备中的热泄漏、监测血流、艺术史学家查看油漆层下的情况）、可穿戴电子设备、光通信、非接触式温度测量、汽车盲角检测。

9．液位传感器

用于确定在开放或封闭系统中流动的流体、液体或其他物质的液位或数量的传感器称为液位传感器。与IR传感器（红外传感器）一样，液位传感器被应用于广泛的行业中。它们主要以测量燃料存量而闻名，但它们也用于处理液体材料的企业。

液位传感器最佳用例是，打开或封闭容器中的燃料计量和液位、海平面监测和海啸警报、蓄水池、医疗设备、压缩机、液压蓄水池、机床、饮料和制药加工等。有以下两种基本的液位测量类型。

（1）点液位传感器：点液位传感器通常检测特定的液位，并在感测物体高于或低于该液位时通知用户。它集成到单个设备中以获取警报或触发信息。

（2）连续液位传感器：连续液位传感器用于测量指定范围内的液体，并提供连续指示液位的输出数据。最好的例子是车辆中的燃油油位显示。

10. 图像传感器

图像传感器是用于将光学图像转换为电子信号，以电子方式显示或存储信息的器件，主要用途是数码相机及模块、医学成像和夜视设备、热成像设备、雷达、声呐、媒体室、生物识别和IRIS设备。

图像传感器有两种主要的类型：CCD（电荷耦合器件）、CMOS（互补金属氧化物半导体）。虽然每种类型的传感器使用不同的技术来捕捉图像，但 CCD 和 CMOS 成像器都使用金属氧化物半导体，对光的敏感度相同，并且没有明显的质量差异。

最著名的用途之一是汽车行业，其中图像起着非常重要的作用。借助这些传感器，系统可以识别驾驶员在道路上通常会注意到的标志、障碍物和许多其他事物。它们在物联网行业中也扮演着非常重要的角色，因为它们直接影响着无人驾驶汽车的进步。

在安全系统中使用图像传感器有助于捕获有关肇事者的详细信息。在零售行业，这些传感器用于收集有关客户的数据，帮助企业更好地了解实际访问他们商店的人、性别、年龄等数据，零售业主通过使用这些物联网传感器获得许多有用的数据。

11. 运动检测传感器

运动检测传感器是一种用于检测给定区域内的物理运动并将运动状况转化为电信号的电子设备，包括任何物体的运动或人类的运动。运动检测在安防行业中扮演着重要的角色。企业在不应始终检测到移动物体的区域使用这些传感器，并且安装这些传感器后很容易注意到有人的存在。这些传感器主要用于入侵检测系统、自动门控制、栅栏屏障、智能相机（即基于动作的捕捉/视频录制）、收费站、自动停车系统、自动水槽/厕所冲洗器、干手器、能源管理系统（即自动照明、交流、风扇、电器控制）等。另外，这些传感器还可以破译不同类型的运动，使其在某些行业中很有用，在这些行业中，客户可以通过挥手或执行类似动作与系统进行通信。

目前广泛使用的主要运动传感器类型有：

（1）被动红外（PIR）传感器：它是检测体热（红外能量）和家庭安全系统中使用最广泛的运动传感器。

（2）超声波传感器：它通过发出超声波脉冲并通过跟踪声波的速度来测量移动物体的反射。

（3）微波传感器：它通过发出无线电波脉冲来测量移动物体的反射。微波和超声波传感器比红外和超声波传感器覆盖的面积更大，但它们容易受到电磁干扰。

12. 加速度计

加速度计是一种传感器，用于测量物体由于惯性力的作用而受到的物理量，并将机械运动转换为电输出。它被定义为速度相对于时间的变化率。这些传感器现在存在于数以百万计的设备中，如智能手机。它们的用途通常包括检测振动、倾斜和加速度。这非常适合监控自动驾驶车队，或使用智能计步器。在某些情况下，它被用作防盗保护的一种方法，因为如果应该保持静止的物体被移动了，则传感器就可以通过系统发送警报。

它们广泛应用于蜂窝和媒体设备、振动测量、汽车控制和检测、自由落体检测、飞机和航空工业、运动检测、体育学院/运动员行为监测、消费电子、工业和建筑工地等。

加速度计种类繁多，以下几种主要用于物联网项目。

（1）霍尔效应加速度计：霍尔效应加速度计使用霍尔原理来测量加速度，它测量周围磁场变化引起的电压变化。

（2）电容式加速度计：电容式加速度计根据两个平面之间的距离感应输出电压，电容式加速度计不太容易受到噪声和温度变化的影响。

（3）压电加速度计：压电加速度计是利用压电效应，基于压电薄膜的加速度计，最适合用于测量振动、冲击和压力。

每种加速度计的传感技术都有其自身的优势。在选择之前，了解各种类型的基本差异和测试要求很重要。

13.　陀螺仪传感器

用于测量角速率或角速度的传感器或设备称为陀螺仪传感器，角速度简单地定义为绕轴旋转速度的测量值。它是一种主要用于导航和测量3轴方向上的角速度和旋转速度的设备。最重要的应用是监视对象的方向。它们的主要应用是汽车导航系统、游戏控制器、相机设备、消费电子产品、机器人控制、无人机和遥控控制直升机或无人机控制、车辆控制/ADAS等。

陀螺仪传感器有旋转（经典）陀螺仪、振动结构陀螺、光学陀螺仪、MEMS（微机电系统）陀螺仪等类型，需要根据其工作机制、输出类型、功率、感应范围和环境条件进行选择。

14.　湿度传感器

湿度定义为空气或其他气体中的水蒸气量，最常用的术语是相对湿度（RH）。这些传感器通常结合温度传感器一起使用，因为许多制造过程需要严格的工作条件，通过测量湿度，你可以确保整个过程顺利进行，当有任何突然的变化时，可以立即采取行动，因为传感器几乎可以瞬间检测到变化。它们的应用和用途可以在工业和家居领域中找到，用于加热、通风和空调系统的控制。它们还可以用于汽车、博物馆、工业空间和温室、气象站、油漆和涂料行业、医院和制药行业，以保护药品等场景。

15.　光学传感器

测量光线的物理量并将其转换为用户或电子仪器/设备易于读取的电信号的传感器称为光学传感器。这类传感器适用于同时测量不同的事物。该传感器背后的技术使其能够监测电磁能量，包括电、光等。这些传感器已被用于医疗保健、环境监测、能源、航空航天等行业。有了它们的存在，石油公司、制药公司和矿业公司可以更好地跟踪环境变化，同时确保员工安全。以下是光学传感器的主要类型。

（1）光电探测器：它使用光电管、光电二极管或光电晶体管等光敏半导体材料制作光电探测器。

（2）光纤：光纤不携带电流，因此它不受电气和电磁干扰，即使在损坏的情况下也不会发生火花或电击危险。

（3）高温计：它通过感应光的颜色来估计物体的温度，物体根据它们的温度辐射光并在相同的温度下产生相同的颜色。

（4）近距离和红外线：近距离使用光来感应附近的物体，红外线用于不方便可见光的地方。

传感器的种类繁多，除了以上传感器分类，还有许多其他类型传感器，根据实际项目和工程需求选择适合的传感器非常重要。

单元3　物联网技术应用案例

万物互联成网，能带来哪些奇妙的变化？车联网能让你的爱车更懂你的想法，智慧景区能让你的旅行更舒心自在，智慧校园、智慧小区、智慧水利等物联网应用，正给我们生活带来无限惊喜。而随着5G时代的来临，物联网产业将迎来更快速的发展。物联网技术，正在为我们开启万物互联奇妙天地！

物联网应用涉及国民经济和人类社会生活的方方面面，应用领域主要有：城市管理（智能交通、智能建筑、文物保护和数字博物馆、古迹、古树实时监测、数字图书馆和数字档案馆）、数字家庭、定位导航、现代物流管理、食品安全控制、零售、数字医疗、防入侵系统等。

我们根据实际的行业应用情况，总结了物联网在智慧交通领域的八大应用场景：智能公交、共享自行车、车联网、充电桩、智能红绿灯、汽车电子标识、智慧停车和高速无感收费。

交通被认为是物联网所有应用场景中最有前景的应用之一。随着城市化的发展，交通问题越来越严重，而传统的解决方案已无法满足新的交通问题，因此，智能交通应运而生。智能交通指的是先进的信息技术、数据传输技术以及计算机处理技术等被有效地集成到交通运输管理体系中，使人、车和路能够紧密地配合，提高资源利用率。

智能公交通过RFID、传感等技术，实时了解公交车的位置，实现弯道及路线提醒等功能。同时能结合公交的运行特点，通过智能调度系统，对线路、车辆进行规划调度，实现智能排班。

共享自行车是通过配有GPS或NB-IoT模块的智能锁，将数据上传到共享服务平台，实现车辆精准定位、实时掌控车辆运行状态等。

车联网利用先进的传感器、RFID以及摄像头等设备，采集车辆周围的环境以及车辆自身的信息，将数据传输至车载系统，实时监控车辆运行状态，包括油耗、车速等。

充电桩运用传感器采集充电桩电量、状态监测以及充电桩位置等信息，将采集到的数据实时传输到云平台，通过App与云平台进行连接，实现统一管理等功能。

智能红绿灯通过安装在路口的一个雷达装置，实时监测路口的行车数量、车距以及车速，同时监测行人的数量以及外界天气状况，动态地调控交通灯的信号，提高路口车辆通行率，减少交通信号灯的空放时间，最终提高道路的承载力。

汽车电子标识，又叫电子车牌，通过RFID技术，自动地、非接触地完成车辆的识别与监控，将采集到的信息与交管系统连接，实现车辆的监管以及解决交通肇事、逃逸等问题。

在城市交通出行领域，由于停车资源有限，存在停车效率低下等问题，智慧停车应运而生。智慧停车以停车位资源为基础，通过安装地磁感应、摄像头等装置，实现车牌识别、车位的查找与预订以及使用App自动支付等功能。

高速无感收费通过摄像头识别车牌信息，将车牌绑定至微信或者支付宝，根据行驶的里程，自动通过微信或者支付宝收取费用，实现无感收费，提高通行效率、缩短车辆等候时间等。

学习小结

本模块主要介绍了物联网的概念、体系构架等知识，讲解了RFID射频识别技术、传感器技术、短距离无线通信技术等物联网关键技术的原理和应用，通过对智能交通物联网典型行业应用的介绍，让读者对物联网有一个宏观的认识，激发读者对物联网的兴趣。

单元习题

主题汇报：查阅物联网的其他典型行业应用资料，分小组进行汇报。

模块5 无人机技术

单元1 无人机技术概述

无人机是利用无线电遥控设备和自备的程序控制装置操纵的不载人飞行器,实际上是无人驾驶飞行器的统称,简称"无人机"(UAV)。2018年9月份,世界海关组织协调制度委员会(HSC)第62次会议决定,将无人机归类为"会飞的照相机"。

无人机技术是一项涉及多个技术领域的综合技术,它对通信、传感器、人工智能和发动机技术有比较高的要求。如果在恶劣环境下作战,它还需要有比较好的隐身能力。无人机与所需的控制、拖运、储存、发射、回收、信息接收处理装置统称为无人机系统。它涵盖了无人机系统的设计、制造、应用和操作等多个方面,包括但不限于无人机自主飞行技术、无人机遥感技术、无人机通信技术等,是近年来快速发展的一项前沿技术,广泛应用于航空航天、军事、农业、物流等多个领域,为各行各业的进步和人们的生活带来了极大的便利和效率提升。

1. 无人机分类

无人机系统种类繁多、用途广特点鲜明,其在尺寸、质量、航程、航时、飞行高度、飞行速度、任务等多方面都有较大差异。由于无人机的多样性,出于不同的考量会有不同的分类方法。

按飞行平台构型分类,无人机可分为固定翼无人机、旋翼无人机、无人飞艇、伞翼无人机、扑翼无人机等。

按用途分类,无人机可分为军用无人机和民用无人机。军用无人机可分为侦察无人机、诱饵无人机、电子对抗无人机、通信中继无人机、无人战斗机以及靶机等;民用无人机可分为巡查/监视无人机、农用无人机、气象无人机、勘探无人机以及测绘无人机等。民用无人机分为微型、轻型、小型、中型、大型五个等级。

按活动半径分类,无人机可分为超近程无人机、近程无人机、短程无人机、中程无人机和远程无人机。

按任务高度分类,无人机可以分为超低空无人机、低空无人机、中空无人机、高空无人机和超高空无人机。

2. 无人机结构与组成

无人机主要由机体、动力系统、控制系统、传感器系统和任务载荷等组成,如图5-1-1所示。机体是无人机的骨架,提供支撑和保护;动力系统为无人机提供飞行所需的推力;

控制系统负责无人机的稳定飞行和自主导航；传感器系统则感知外部环境，为无人机的决策和控制提供必要信息；任务载荷则根据无人机的具体任务需求进行配置，如摄像头、传感器等。

图 5-1-1

3. 无人机技术原理

无人机的飞行原理基于空气动力学和飞行控制理论。通过调整无人机的翼面、旋翼等部件的角度和速度，实现对无人机的升降、转向、加速等基本飞行动作的控制。

无人机导航与控制是无人机技术的核心。通过集成导航传感器（如GPS、IMU等），无人机能够确定自身的位置、速度和方向，并通过控制系统实现自主飞行和避障。

无人机通信与数据传输技术是实现无人机远程控制和数据传输的关键。通过无线电波、卫星通信等手段，实现对无人机的远程操控和数据实时传输。

传感器技术是无人机感知外部环境的重要手段，包括摄像头、雷达、红外传感器等多种类型，用于实现无人机的环境感知、障碍物检测等功能。

无人机动力系统是无人机飞行的动力来源。根据无人机的类型和需求，动力系统可采用电动、燃油等多种类型，为无人机提供足够的推力和续航能力。

4. 无人机法律与伦理

随着无人机应用的日益普及，相关的法律与伦理问题也日益凸显。投资者和从业者需要了解并遵守相关的法律法规，如飞行限制、隐私保护等，同时也要关注伦理道德问题，如避免对他人造成干扰或伤害等。

2023年，市场监管总局（标准委）发布了《民用无人驾驶航空器系统安全要求》强制性国家标准（GB 42590—2023），该标准由工业和信息化部组织起草，于2024年6月1日实施。2024年1月1日起，国务院、中央军事委员会颁布的《无人驾驶航空器飞行管理暂行条例》施行，其中规定，民用无人机未实名登记进行飞行活动将被公安机关处罚。

中国民用航空局发布数据显示，截至2023年底，中国已有实名登记无人机126.7万架。民用无人机已在农林牧渔和娱乐航拍领域实现行业普及，城市场景和物流应用的管理模式与技术标准初步具备广泛推广基础，有人/无人协同运行、载人飞行等已进入试验验证阶段，无人机产业蓬勃发展，成为低空经济发展的重要支撑。

5. 无人机技术发展趋势

随着科技的不断进步和创新，无人机技术作为现代航空领域的重要组成部分，正迎来前所未有的发展机遇。未来，无人机技术将朝着多个方向发展，不断提升性能、扩展应用场景，并为社会带来更多的便利和价值。以下是无人机技术的主要发展趋势。

（1）智能化控制系统。智能化控制系统是未来无人机技术的核心。通过集成先进的人工智能、机器学习等技术，无人机将能够实现更加自主、智能的飞行控制，提高飞行安全性和任务效率。无人机将能够自主规划飞行路线、识别障碍物、自动调整飞行状态等，从而减少对人工操作的依赖。

（2）长航时与续航技术。长航时与续航技术是无人机技术发展的重要方向之一。目前，无人机受限于电池容量和能源效率等因素，航时和续航能力有限。未来，随着新型能源材料和高效能源管理系统的研发应用，无人机将有望实现更长的航时和更好的续航能力，满足更广泛的任务需求。

（3）模块化与标准化。模块化与标准化是无人机技术发展的重要趋势。通过将无人机拆分为多个可互换、标准化的模块，可以方便地进行升级、维修和更换部件，提高无人机的可维护性和可扩展性。同时，模块化设计还有助于降低生产成本，推动无人机技术的普及和应用。

（4）高精度定位技术。高精度定位技术是无人机实现精确导航和定位的关键。随着全球导航卫星系统（如北斗卫星导航系统）的完善和应用，无人机将能够实现更高精度的定位服务。此外，结合惯性测量单元（IMU）、视觉传感器等技术，无人机将能够实现室内外高精度定位，为无人机在农业、测绘、救援等领域的应用提供有力支持。

（5）高清成像与传感器。高清成像与传感器技术的发展将为无人机提供更加丰富、准确的环境感知能力。未来，无人机将搭载更高分辨率、更灵敏的传感器和成像设备，实现更加清晰、详细的图像采集和数据处理。这将有助于提高无人机的侦察、监测和识别能力，拓展无人机在航拍、安防、农业等领域的应用。

（6）多功能集成化。多功能集成化是无人机技术发展的重要方向。未来，无人机将实现更多功能的集成和融合，如通信中继、环境监测、货物运输等。这将使无人机在各个领域的应用更加灵活多样，满足不同场景和任务的需求。

（7）网络安全与防护。随着无人机应用的普及，网络安全与防护问题也日益凸显。未来，无人机技术将加强网络安全和防护措施的研发和应用，保障无人机系统的安全可靠运行。这包括加强数据传输加密、防止恶意攻击、提高系统抗干扰能力等措施，确保无人机在关键任务中的稳定性和安全性。

（8）人工智能与自主飞行。人工智能与自主飞行是无人机技术的重要发展方向。通过集成人工智能技术和自主飞行控制系统，无人机将能够实现更加高级、复杂的飞行任务，如自主编队飞行、智能避障、自适应环境等。这将极大地提高无人机的智能化水平和任务执行效率，推动无人机在更多领域的应用和普及。

单元2　无人机技术应用案例

如今，城市与乡村，都在因无人机的出现而发生改变，如若生活在农村地区，你会惊叹于无人机在提升偏远地区的运输能力以及提高农业生产效率上的杰出表现；如果作为城市中的一员，你也会惊喜地看到无人机在解决龟速物流以及城市规划建设管理中非同凡响的作用。在这个技术吞噬世界的时代，无人机正在像空气一样无孔不入地渗入到人们的日常生活中，在人潮拥挤的大城市，以及另一端的乡村。

在乡村地区，从无人机飞入农田的那一刻起，便意味着农业生产方式将再次发生变革。因为无人机正在为农业提供一种现代化的高效率、低成本的植保方式，帮助农民渐进地改进农业作业方式。在传统农业生产中，农民施肥、喷洒农药，以及对病虫害灾情的预防全凭经验，在作业过程中，对每片土地和庄稼事必躬亲。这种粗放的作业方式，强度大、效率又低，而无人机将会是由繁重的体力劳动、高成本、低效益向解放生产力、低成本、高效益转变的重要手段，无人机技术的深入和使用，将使现有的农田耕作变得更高效、更节约资源和环境友好。

在许多偏远山区，糟糕的道路使农民们在一年中的某些时候与外界完全隔绝，我们没有办法以可靠的途径给他们提供药材，他们没办法收取关键物资的供应，也不能把自己的产品货物运到市场上去，来创造可持续性的收入。

想象一下这样的场景，你在非洲的一个救助区，病人需要紧急输血，你会怎么做？通过手机进行求助，相信很快会有人对你的求助做出回应，不过，血液可能要好多天之后才能到达，因为道路太差。所以，在偏远及交通欠发达的乡村地区，无人机的另一重要应用便是为我们提供一个快速穿越糟糕道路、运输轻小型物资的途径。

在社会群体的这一端，偏远及交通欠发达地区，无人机给我们提供了一个穿越糟糕道路的捷径。而在都市中，无人机可以作为一种新的交通工具，让我们的城市生活更便利。现今世界，地球上有一半人生活在城市里，5亿人生活在超大城市里，在大城市和超大城市中，交通堵塞是一个巨大的问题。无人机用来运输轻小、紧急的东西，并给交通堵塞造成的物流龟速问题提供一个完全现代化的解决方案。

在不断经历着迅速变化的城市中，除了提供物流解决方案，无人机还可以为城市规划、建设和管理提供多方面的基础地理信息以及执法取证，诸如城市道路桥梁建设、交通巡逻、治安监控、城市执法等。一个典型的应用案例是，当我们在进行城市规划的时候，往往需要更为详细的城市土地利用信息，如果采用人工勘查，则工作量非常庞大，而这些有关城市居住用地、道路交通、公共建筑等方面的信息从无人机航摄影像上就可以清晰地判读提取。

从助力现代乡村到给力智慧城市，凡是需要空中解决方案的地方，都将有无人机的一席之地。无人机将应用在更广阔的领域。下面将从电力巡检、农业保险、环保工作等9个场景介绍无人机的典型应用案例。

（1）电力巡检工作：装配有高清数码摄像机和照相机以及GPS定位系统的无人机，可沿电网进行定位自主巡航，实时传送拍摄影像，监控人员可在PC上同步收看与操控。采用传统的人工电力巡线方式，条件艰苦，效率低下，一线的电力巡查工偶尔会遭遇"被狗撵""被蛇咬"的危险。无人机实现了电子化、信息化、智能化巡检，提高了电力线路巡检的工作效率、应急抢险水平和供电可靠率。而在山洪暴发、地震灾害等紧急情况下，无人机可对线路的潜在危险，诸如塔基陷落等问题进行勘测与紧急排查，丝毫不受路面状况影响，既免去攀爬杆塔之苦，又能勘测到人眼的视觉死角，对于迅速恢复供电很有帮助。

（2）农业保险工作：利用集成了高清数码相机、光谱分析仪、热红外传感器等装置的无人机在农田上飞行，准确测算投保地块的种植面积，所采集数据可用来评估农作物风险情况、保险费率，并能为受灾农田定损，此外，无人机的巡查还实现了对农作物的监测。自然灾害频发，面对颗粒无收的局面，农业保险有时候是农民们的一根救命稻草，却因理赔难，又让人多了一肚子苦水。无人机在农业保险领域的应用，一方面既可确保定损的准确性以及理赔的高效率，又能监测农作物的正常生长，帮助农户开展针对性的措施，以减少风险和损失。

（3）环保工作：无人机在环保领域的应用，大致可分为三种类型。环境监测：观测空气、土壤、植被和水质状况，也可以实时快速跟踪和监测突发环境污染事件的发展；环境执法：环监部门利用搭载了采集与分析设备的无人机在特定区域巡航，监测企业工厂的废气与废水排放，寻找污染源；环境治理：利用携带了催化剂和气象探测设备的柔翼无人机在空中进行喷洒，与无人机播撒农药的工作原理一样，在一定区域内消除雾霾。无人机开展航拍，持久性强，还可采用远红外夜拍等模式，实现全天候航监测，无人机执法又不受空间与地形限制，时效性强，机动性好，巡查范围广，尤其是在雾霾严重的北方地区，使得执法人员可及时排查到污染源，一定程度上减缓雾霾的污染程度。

（4）影视剧拍摄工作：无人机搭载高清摄像机，在无线遥控的情况下，根据节目拍摄需求，在遥控操纵下从空中进行拍摄。无人机实现了高清实时传输，其距离可长达5km，而标清传输距离则长达10km；无人机灵活机动，低至一米，高至四五千米，可实现追车、升起和拉低、左右旋转，甚至贴着马肚子拍摄等，极大地降低了拍摄成本。影视圈使用无人机的成功案例比比皆是。此外，俄罗斯索契冬奥会以及央视的钱塘江大潮等重要事件的报道中，无人机也功不可没。

（5）确权问题工作：大到两国的领土之争，小到农村土地的确权，无人机都可上阵进行航拍。实际上，有些国家内部的边界确权问题，还牵扯到不同的种族，调派无人机前去采集边界数据，有效地避免了潜在的社会冲突。

（6）街景工作：利用携带拍摄装置的无人机，开展大规模航拍，实现空中俯瞰的效果。谷歌和腾讯街景都"Out"了，那一辆辆的街景车一遍一遍地压马路，说不定哪天就把你我的正脸给拍进去了，但无人机就大不一样了，其拍摄的街景图片不仅有一种鸟瞰世界的视角，还带有些许艺术气息。别忘了，在常年云遮雾罩的地区，遥感卫星不够灵光的时候，无人机可以冲锋陷阵。

（7）快递工作：无人机可实现鞋盒包装以下大小货物的配送，只需将收件人的GPS地址录入系统，无人机即可起飞前往。这早已不是天方夜谭，美国的亚马逊、中国的顺丰都在兴冲冲地忙着测试这项业务，而美国达美乐比萨店，已在英国成功地空运了首个比萨外卖。据悉，亚马逊宣称无人机会在30分钟内将货物送达1.6千米范围内的客户手中。据说顺丰研发无人机送货的目的，是解决偏远地区送货难的问题。

（8）灾后救援工作：利用搭载了高清拍摄装置的无人机对受灾地区进行航拍，提供一手的最新影像。无人机动作迅速，起飞至降落仅7分钟，就已完成了100,000平方千米的航拍，对于争分夺秒的灾后救援工作而言，意义非凡。此外，无人机保障了救援工作的安全，通过航拍的形式，避免了那些可能存在塌方的危险地带，将为合理分配救援力量、确定救灾重点区域、选择安全救援路线以及灾后重建选址等提供很有价值的参考。此外，无人机可实时全方位地监测受灾地区的情况，以防引发次生灾害。

（9）遥感测绘工作：首先说遥感，就是遥远的感知，广义来说，就是你没有到目标区域去，利用遥控技术，进行当地情况的查询。狭义上讲，就是获取卫星图片及航飞图片。测绘遥感，就是利用遥感技术，在计算机上面进行计算并且能够达到测绘目的的行为。

学习小结

本模块主要介绍了无人机的概念、分类等知识，讲解了无人机的组成、原理、发展趋势等技术和应用，通过对无人机典型行业应用的介绍，让读者对无人机有一个宏观的认识，激发读者对无人机技术的兴趣。

单元习题

主题汇报：查阅无人机技术在某行业的典型应用资料，分小组进行汇报。

模块6　现代通信技术

单元1　现代通信技术概述

现代通信技术是指基于电子和计算机技术的通信方式，与传统的通信技术有很大的不同，不再以邮政、电报、电话技术为支柱，而是以微电子技术、计算机技术、光纤通信技术和通信卫星技术为支柱，它包括了多种不同的技术和协议，用于传输和交换信息，其中微电子技术是现代通信的基础，计算机技术是现代通信的核心，光纤通信和卫星通信是现代通信的主要手段。近年来，地下的光纤通信加天上的卫星通信，形成了以计算机为中心的三维通信网络，如图6-1-1所示，其主要特点是高速、高效和多样化，它能够实现快速的数据传输和广泛的信息交流，使得人们可以随时随地与他人进行沟通。

图 6-1-1

现代通信手段主要包括卫星通信、光纤通信、移动通信和计算机通信这四种。

1. 卫星通信技术

卫星通信技术是指利用人造卫星作为中继站来实现远距离通信。它可以覆盖广阔的地理区域，适用于偏远地区或无线电信号覆盖不到的地方。

自1957年苏联发射第一颗人造地球卫星以来，人造卫星即被广泛应用于通信、广播、电视等领域。卫星通信是微波通信的一种。它是利用人造地球卫星作为中继站，来转发无线电波而进行的两个或多个地球站之间的通信，具有通信容量大、覆盖面积广、传输损伤小、抗干扰能力强等优点。

通信卫星按运行轨道分为同步轨道通信卫星和低轨道通信卫星。同步轨道通信卫星是在地球同步轨道上运行的。因为与地球的运转同步，所以在地球上任何一点看到的通信卫星都是相对静止的。

2. 光纤通信技术

光纤通信技术是指利用光纤传输光信号来实现高速数据传输。光纤通信具有高带宽、低损耗和抗干扰能力强的特点，被广泛应用于长距离通信和高速网络。

激光在光导纤维中传输有两大特点：一是能量损失极少；二是带频极宽。用很小的功率（大约几个毫瓦）的激光源，以一根很细（直径为二万分之一米以下，比头发丝还细）的光导纤维为信道，就可以传输几千几万路的电话。

信息化是社会发展的必然趋势，而光通信和光网络则是未来通信网的必然选择。目前通信领域有三个发展趋势：一是无线通信；二是通信网络，尤其是因特网的具体应用；三是光网络的基础建设，可以使网络速度更快、容量更高、使用更方便、价格更便宜。

3. 移动通信技术

移动通信技术是指通过无线电波实现移动设备之间的通信。目前最常用的移动通信技术是4G和5G，它们提供了高速的数据传输和较低的延迟，支持高清视频和大容量文件的传输。

移动通信又称无线通信，如随身携带的对讲机、移动电话等。移动通信使用的无线电波频率一般在1～40GHz之间（属微波段）。目前，常用的有无线寻呼系统、蜂窝式移动电话通信系统等无线通信系统。

4. 计算机通信技术

计算机通信技术是指通过互联网实现设备之间的通信。它使用TCP/IP协议来传输数据，可以实现全球范围内的信息交流和资源共享，包括电子邮件、即时通信、VoIP等。

当前世界各国已经把分布在各地的电子计算机，通过通信线路连接起来，构成计算机网络。特别是，20世纪90年代因特网开通以来，计算机网络技术的发展更是突飞猛进。信息通过光缆干线、无线传输手段（卫星通信、数字微波）能够在极短的时间内快速传到世界各个角落。入网的各终端设备都可以通过该网络及时地进行信息交换，可以使任何人在任何时间与任何目的地进行通信。人们将这种网络化信息比喻为"信息高速公路"。

单元2 5G移动通信技术及应用

第五代移动通信技术（5th Generation Mobile Communication Technology，简称5G）是一种具有高速率、低时延和大连接特点的新一代宽带移动通信技术，5G通信设施是实现人机物互联的网络基础设施。

国际电信联盟（ITU）定义了5G的三大类应用场景，即增强移动宽带、超高可靠低时延通信和机器类通信。增强移动宽带主要面向移动互联网流量爆炸式增长，为移动互联网用户提供更加极致的应用体验；超高可靠低时延通信主要面向工业控制、远程医疗、自动驾驶等对时延和可靠性具有极高要求的垂直行业应用需求；机器类通信主要面向智慧城市、智能家居、环境监测等以传感和数据采集为目标的应用需求。

一、关键技术

1. 5G 无线关键技术

5G国际技术标准重点满足灵活多样的物联网需要。5G为支持三大应用场景，采用了灵活的全新系统设计。在频段方面，与4G支持中低频不同，考虑到中低频资源有限，5G同时支持中低频和高频频段，其中中低频满足覆盖和容量需求，高频满足在热点区域提升容量的需求，5G针对中低频和高频设计了统一的技术方案，并支持数百兆赫兹的基础带宽。为了支持高速率传输和更优覆盖，5G采用新型信道编码方案、性能更强的大规模天线技术等。为了支持低时延、高可靠，5G采用短帧、快速反馈、多层/多站数据重传等技术。

2. 5G 网络关键技术

5G采用全新的服务化架构，支持灵活部署和差异化业务场景。5G采用全服务化设计，模块化网络功能，支持按需调用，实现功能重构；采用服务化描述，易于实现能力开放，有利于发挥网络潜力。5G支持灵活部署，实现硬件和软件解耦，实现控制和转发分离；采用通用数据中心的云化组网，网络功能部署灵活，资源调度高效；支持边缘计算，云计算平台下沉到网络边缘，支持基于应用的网关灵活选择和边缘分流。通过网络切片满足5G差异化需求，网络切片是指从一个网络中选取特定的特性和功能，定制出的一个逻辑上独立的网络，它使得运营商可以部署功能、特性服务各不相同的多个逻辑网络，分别为各自的目标用户服务，定义了3种网络切片类型，即增强移动宽带、低时延高可靠、大连接物联网。

二、应用领域

1. 工业领域

以5G为代表的新一代信息通信技术与工业经济深度融合，为工业乃至产业数字化、网络化、智能化发展提供了新的实现途径。5G在工业领域的应用涵盖研发设计、生产制造、运营管理及产品服务4个大的工业环节，主要包括16类应用场景，如AR/VR研发实验协同、AR/VR远程协同设计、远程控制、AR辅助装配、机器视觉、自动驾驶、超高清视频、设备感知、物料信息采集、环境信息采集、AR产品需求导入、远程售后、产品状态监测、设备预测性维护、AR/VR远程培训等。当前，机器视觉、AGV物流、超高清视频等场景已取得了规模化复制的效果，实现"机器换人"，大幅降低人工成本，有效提高产品检测准确率，达到了生产效率提升的目的。未来，远程控制、设备预测性维护等场景预计将会产生较高的商业价值。

以钢铁行业为例，5G技术赋能钢铁制造，实现钢铁行业智能化生产、智慧化运营及绿色发展。在智能化生产方面，5G网络低时延特性可实现远程实时控制机械设备，提高运维效率的同时，促进厂区无人化转型；借助5G+AR眼镜，专家可在后台对传回的AR图像进行文字、图片等多种形式的标注，实现对现场运维人员实时指导，提高运维效率；5G+大数据，可对钢铁生产过程的数据进行采集，实现钢铁制造主要工艺参数在线监控、在线自动质量判定，实现生产工艺质量的实时掌控。在智慧化运营方面，5G+超高清视频可实现钢铁生产流程及人员生产行为的智能监管，及时判断生产环境及人员操作是否存在异常，提高生产安全性。在绿色发展方面，5G大连接特性采集钢铁各生产环节的能源消耗和污染物排放数据，可协助钢铁企业找出问题严重的环节并进行工艺优化和设备升级，降低能耗成本和环保成本，实现清洁低碳的绿色化生产。

5G在工业领域丰富的融合应用场景将为工业体系变革带来极大潜力，使得工业智能化、绿色化发展。"5G+工业互联网"工程实施以来，行业应用水平不断提升，从生产外围环节逐步延伸至研发设计、生产制造、质量检测、故障运维、物流运输、安全管理等核心环节，在电子设备制造、装备制造、钢铁、采矿、电力等5个行业率先发展，培育形成协同研发设计、远程设备操控、设备协同作业、柔性生产制造、现场辅助装配、机器视觉质检、设备故障诊断、厂区智能物流、无人智能巡检、生产现场监测等10大典型应用场景，助力企业降本提质和安全生产。

2. 车联网与自动驾驶

5G车联网助力汽车、交通应用服务的智能化升级。5G网络的大带宽、低时延等特性，支持实现车载VR视频通话、实景导航等实时业务。借助于车联网C-V2X（包含直连通信和5G网络通信）的低时延、高可靠和广播传输特性，车辆可实时对外广播自身定位、运行状态等基本安全信息，交通灯或电子标志标识等可广播交通管理与指示信息，支持实现路口碰撞预警、红绿灯诱导通行等应用，显著提升车辆行驶安全和出行效率，后续还将支持实现更高等级、复杂场景的自动驾驶服务，如远程遥控驾驶、车辆编队行驶等。5G网络可支持港口岸桥区的自动远程控制、装卸区的自动码货以及港区的车辆无人驾驶应用，显著降低自动导引运输车控制信号的时延以保障无线通信质量与作业可靠性，可使智能理货数据传输系统实现全天候全流程的实时在线监控。

3. 能源领域

在电力领域，能源电力生产包括发电、输电、变电、配电、用电五个环节，5G在电力领域的应用主要面向输电、变电、配电、用电四个环节开展，应用场景主要涵盖了采集监控类业务及实时控制类业务，包括：输电线无人机巡检、变电站机器人巡检、电能质量监测、配电自动化、配网差动保护、分布式能源控制、高级计量、精准负荷控制、电力充电桩等。当前，基于5G大带宽特性的移动巡检业务较为成熟，可实现应用复制推广，通过无人机巡检、机器人巡检等新型运维业务的应用，促进监控、作业、安防向智能化、可视化、高清化升级，大幅提升输电线路与变电站的巡检效率；配网差动保护、配电自动化等控制类业务现处于探索验证阶段，未来随着网络安全架构、终端模组等问题的逐渐成熟，控制类业务将会进入高速发展期，提升配电环节故障定位精准度和处理效率。

在煤矿领域，5G应用涉及井下生产与安全保障两大部分，应用场景主要包括：作业场所视频监控、环境信息采集、设备数据传输、移动巡检、作业设备远程控制等。当前，煤矿利用5G技术实现地面操作中心对井下综采面采煤机、液压支架、掘进机等设备的远程控制，大幅减少了原有线缆维护量及井下作业人员；在井下机电硐室等场景部署5G智能巡检机器人，实现机房硐室自动巡检，极大提高检修效率；在井下关键场所部署5G超高清摄像头，实现环境与人员的精准实时管控。煤矿利用5G技术的智能化改造能够有效减少井下作业人员，降低井下事故发生率，遏制重特大事故，实现煤矿的安全生产。当前取得的应用实践经验已逐步开始规模推广。

4. 教育领域

5G在教育领域的应用主要围绕智慧课堂及智慧校园两方面开展。5G+智慧课堂，凭借5G低时延、高速率特性，结合VR/AR/全息影像等技术，可实现实时传输影像信息，为两地提供全息、互动的教学服务，提升教学体验；5G智能终端可通过5G网络收集教学过程中的全场景数据，结合大数据及人工智能技术，可构建学生的学情画像，为教学等提供全面、客观的数据分析，提升教育教学精准度。5G+智慧校园，基于超高清视频的安防监控可为校园提供远程巡考、校园人员管理、学生作息管理、门禁管理等应用，解决校园陌生人进校、危险探测不及时等安全问题，提高校园管理效率和水平；基于AI图像分析、GIS（地理信息系统）等技术，可为学生出行、活动、饮食安全等环节提供全面的安全保障服务，让家长及时了解学生的在校位置及表现，打造安全的学习环境。

5. 医疗领域

5G通过赋能现有智慧医疗服务体系，提升远程医疗、应急救护等服务能力和管理效率，并催生5G+远程超声检查、重症监护等新型应用场景。

5G+超高清远程会诊、远程影像诊断、移动医疗等应用，在现有智慧医疗服务体系上，叠加5G网络能力，极大提升远程会诊、医学影像、电子病历等数据传输速度和服务保障能力。

5G+应急救护等应用，在急救人员、救护车、应急指挥中心、医院之间快速构建5G应急救援网络，在救护车接到患者的第一时间，将病患体征数据、病情图像、急症病情记录等以毫秒级速度、无损实时传输到医院，帮助院内医生做出正确指导并提前制定抢救方案，实现患者"上车即入院"的愿景。

5G+远程手术、重症监护等治疗类应用，由于其容错率极低，并涉及医疗质量、患者安全、社会伦理等复杂问题，其技术应用的安全性、可靠性需进一步研究和验证，预计短期内难以在医疗领域实际应用。

6. 文旅领域

5G在文旅领域的创新应用将助力文化和旅游行业步入数字化转型的快车道。5G智慧文旅应用场景主要包括景区管理、游客服务、文博展览、线上演播等环节。5G智慧景区可实现景区实时监控、安防巡检和应急救援，同时可提供VR直播观景、沉浸式导览及AI智慧游记等创新体验，大幅提升了景区管理和服务水平，解决了景区同质化发展等痛点问题；5G智慧文博可支持文物全息展示、5G+VR文物修复、沉浸式教学等应用，赋能文物数字化发展，深刻阐释文物的多元价值，推动人才团队建设；5G云演播融合4K/8K、VR/AR等技术，实现传统曲目线上线下高清直播，支持多屏多角度沉浸式观赏体验，5G云演播打破了传统艺术演艺方式，让传统演艺产业焕发了新生。

7. 智慧城市领域

5G助力智慧城市在安防、巡检、救援等方面提升管理与服务水平。在城市安防监控方面，结合大数据及人工智能技术，5G+超高清视频监控可实现对人脸、行为、特殊物品、车等精确识别，形成对潜在危险的预判能力和紧急事件的快速响应能力；在城市安全巡检方面，5G结合无人机、无人车、机器人等安防巡检终端，可实现城市立体化智能巡检，提高城市日常巡查的效率；在城市应急救援方面，5G通信保障车与卫星回传技术可实现建立救援区域海陆空一体化的5G网络覆盖；5G+VR/AR可协助中台应急调度指挥人员直观、及时了解现场情况，更快速、更科学地制定应急救援方案，提高应急救援效率。公共安全和社区治安成为城市治理的热点领域，以远程巡检应用为代表的环境监测也将成为城市发展的关注重点。未来，城市全域感知和精细管理成为必然发展趋势，仍需长期持续探索。

8. 信息消费领域

5G给垂直行业带来变革与创新的同时，也孕育新兴信息产品和服务，改变人们的生活方式。在5G+云游戏方面，5G可实现将云端服务器上渲染压缩后的视频和音频传送至用户终端，解决了云端算力下发与本地算力不足的问题，解除了游戏优质内容对终端硬件的束缚和依赖，对于消费端成本控制和产业链降本增效起到了积极的推动作用。在5G+4K/8K VR直播方面，5G技术可解决网线组网烦琐、传统无线网络带宽不足、专线开通成本高等问题，可满足大型活动现场终端的连接需求，并带给观众超高清、沉浸式的视听体验；5G+多视角视频，可实现同时向用户推送多个独立的视角画面，用户可自行选择视角观看，带来更自由的观看体验。在智慧商业综合体领域，5G+AI智慧导航、5G+AR数字景观、5G+VR电竞娱乐空间、5G+VR/AR全景直播、5G+VR/AR导购及互动营销等应用已开始在商圈及购物中心落地应用，并逐步规模化推广。未来随着5G网络的全面覆盖以及网络能力的提升，5G+沉浸式云XR、5G+数字孪生等应用场景也将实现，让购物消费更具活力。

9. 金融领域

金融科技相关机构正积极推进5G 在金融领域的应用探索，应用场景多样化。银行业是5G在金融领域落地应用的先行军，5G可为银行提供整体的改造。前台方面，综合运用5G及多种新技术，实现了智慧网点建设、机器人全程服务客户、远程业务办理等；中后台方面，通过5G可实现"万物互联"，从而为数据分析和决策提供辅助。除银行业外，证券、保险和其他金融领域也在积极推动"5G+"发展，5G开创的远程服务等新交互方式为客户带来全方位数字化体验，线上即可完成证券开户审核、保险查勘定损和理赔，使金融服务不断走向便捷化、多元化，带动了金融行业的创新变革。

学习小结

本模块主要介绍了现代通信技术的概念和主要手段等知识，讲解了5G的关键技术和应用，通过对5G典型应用的介绍，让读者对5G移动通信技术有一个宏观的认识，激发读者对5G技术的兴趣。

单元习题

主题汇报：查阅5G技术在某行业的典型应用资料，分小组进行汇报。

模块 7 云计算技术

单元1 云计算技术概述

"云"实质上就是一个网络，狭义上讲，云计算就是一种提供资源的网络，使用者可以随时获取"云"上的资源，按需求量使用，并且可以看成是无限扩展的，只要按使用量付费就可以，"云"就像自来水厂一样，我们可以随时接水，并且不限量，按照自己家的用水量，付费给自来水厂就可以。

从广义上说，云计算是与信息技术、软件、互联网相关的一种服务，这种计算资源共享池叫作"云"，云计算把许多计算资源集合起来，通过软件实现自动化管理，只需要很少的人参与，就能让资源被快速提供。也就是说，计算能力作为一种商品，可以在互联网上流通，就像水、电、煤气一样，可以方便地取用，且价格较为低廉。

总之，云计算不是一种全新的网络技术，而是一种全新的网络应用概念，云计算的核心概念就是以互联网为中心，在网站上提供快速且安全的云计算服务与数据存储，让每一个使用互联网的人都可以使用网络上的庞大计算资源与数据中心。

一、云计算定义

云计算是一种模型，它可以实现随时随地，以方便、便捷、按需方式为用户提供一组抽象的、虚拟化的、可动态扩展的、可管理的计算机计算能力、存储能力、平台和服务的一种大规模分布式计算的聚合体，使管理资源的工作量和与服务提供商的交互减少到最低限度。

简单地理解，云计算是一种基于互联网的计算方式，通过这种方式，共享软件资源、硬件资源和信息，并按需求提供给计算机各种终端或其他设备。

云服务的五个基本元素是：通过网络分发服务、自助服务、可衡量的服务、资源的灵活调度，以及资源池化。三个云服务模型分别是SaaS（Software as a Service——软件即服务）、PaaS（Platform as a Service——平台即服务）和IaaS（Infrastructure as a Service——基础设施即服务）三类，PaaS基于IaaS实现，SaaS的服务层次又在PaaS之上，三者分别面对不同的需求。IaaS是基础设施即服务层，提供给用户所需的计算资源、网络资源和存储资源；PaaS是平台即服务层，提供给用户的是应用的平台环境，如大数据平台、Tomcat平台、集成开发平台；SaaS是软件即服务层，提供给用户的是最终的软件服务，如OA、电子邮箱等。四种部署模式分别是公有云、私有云、混合云和社区云四种，公有云是指能够通过互联网访问、提供给公众（包括企业和个人）使用的、按使用量收费的云计算服务；私有云是指企业私有的、不提供给外部使用的云服务；社区云一般是行业云，只面向相关行业的少数企业或组织使用的云计算服务；混合云是指能够混合使用公有云和私有云的云服务，打通企业私有云和公有云的云服务。

对于IaaS/PaaS/SaaS的区别，可以用"吃烤肉"来理解：吃烤肉需要准备好五花肉、蔬菜、调味酱等食材，还要准备好煤气、烤炉等厨具，还要有餐桌与餐具。切好的五花肉煎至两面金黄即可食用。在这个过程中，所有东西都是自己准备的，就叫作"本地部署"。

如果觉得麻烦，则直接去自助烤肉店，用那里提供的餐具、厨具、食材，吭哧吭哧烤完吃掉。这被称为"提供基础设施即服务（IaaS）"，没地方、没设备、有时间，需要借地方、设备，自己烤。

但这还是让人感到有些麻烦，那么可以直接打个电话，叫烤肉店直接把烤好的肉送过来，你只需要准备餐桌。这就叫作"提供平台即服务（PaaS）"，有地方、没设备、没时间，需要送来烤好的肉。

如果什么都不想准备，甚至连桌子都懒得整理的话，就直接去烤肉店吃，在那里什么都已经准备好了。这就是"提供软件即服务（SaaS）"，没地方、没设备、没时间，需要借地方、设备、还要别人帮忙烤肉。

二、云计算优势

云计算有传统IT架构所不具备的优势。首先，云计算能够提高资源利用率，云计算按需获取的特点保证了资源的有效分配使用，而弹性伸缩模式则保证了资源的回收与再利用，所以说，资源的利用率得到了有效的提高。其次，扩展性是云计算的另一特点，云计算平台能够容易地横向扩展，随着业务量的增大逐渐增加云计算环境的集群大小。再次，云计算具有高可靠性的特点，通过云服务的高可用配置，服务质量能够保证较高的水平，当一部分服务出现故障，后台会自动维护迁移，保证业务的不中断。第四，云计算服务具有便捷性的优势，它通过网络获取，即插即用，用户通过网络访问到云服务即可在任何时间任何地点使用云服务。第五，云计算通常以模块化的方式提供服务，例如用户可以在邮件、CRM、Office等多种服务类型之间自由组合，根据用户自身的情况在适当的时间选择适当的种类和适当容量的云服务内容。

三、云计算技术

1. 虚拟化技术

通过虚拟化技术，IaaS层能够定量提供所需的资源。虚拟化技术主要包括三个方面，分别是计算资源虚拟化、网络资源虚拟化和存储资源虚拟化。

计算资源虚拟化指的是把服务器中物理的CPU和内存通过资源隔离技术划分成虚拟计算资源的过程。通过把计算资源虚拟化，单个服务器上可以同时运行多个虚拟机，每个虚拟机与其他虚拟机完全隔离，实现服务器的计算资源划分和资源的灵活运用。计算资源虚拟化技术包括全虚拟化（Full Virtualization）和半虚拟化（Para-virtualization）。全虚拟化技术是虚拟机内部所有的指令都是通过虚拟化过程实现的。虚拟机与宿主机中间架设了一层Hypervisor，Hypervisor完全模拟底层硬件，虚拟机的底层硬件指令通过Hypervisor执行，Hypervisor再调用宿主机硬件执行。全虚拟化技术的好处是不需要修改客户机操作系统，在使用上较为方便，但是相比于在底层硬件上通过模拟的硬件执行指令会对虚拟机运行性能有一定的损失。全虚拟化业界成熟的产品主要是VMware、KVM。半虚拟化是使用事先修改过的客户机操作系统内核共同分享宿主机硬件来实现的，它比全虚拟化技术的性能更强，但是客户机的操作系统需要修改，这会导致使用便利性和兼容性不足。半虚拟化比较成熟的产品是Xen。

网络资源虚拟化是通过虚拟的网络设备共享物理网络基础设施来实现的。具体来说，这些虚拟网络设备包括虚拟网桥、虚拟路由、虚拟网络命名空间以及虚拟网卡。在OpenStack领域内普遍使用的网络模式为FLAT、VLAN、GRE、VXLAN。FLAT网络模式是一个平面网络，所有的虚拟机连接到一个Linux网桥上，并且都在同一个网络中。VLAN是虚拟局域网，这种网络模式下可以实现多个虚拟子网，每个虚拟子网之间互相隔离，能够实现每个租户拥有私有虚拟网络。GRE是L3层的点对点隧道技术，本质是在隧道的两端的L4层建立UDP连接传输重新包装的L3层包头，在目的地再取出包装后的包头进行解析。GRE的缺点是L2层的操作被移到了L3层上造成了网络的性能下降，另外如果有很大的集群规模，点对点的隧道形式就将会增加使用大量的资源。VXLAN与GRE使用相同的隧道技术，与GRE不同之处在于通过重新包装L2层包头，在目的地的L4层隧道重新解析。

存储资源虚拟化是建立虚拟逻辑存储层，将应用系统与物理存储设备隔离的虚拟化技术。应用系统只需关心自己需要什么样的资源，逻辑存储层一方面提供应用系统存储资源，另一方面管理物理存储设备和负责数据的管理与维护。存储虚拟化一般分为基于存储设备的存储虚拟化和基于网络的存储虚拟化。分布式存储是云计算中越来越广泛使用的存储虚拟化技术。基于存储设备的存储虚拟化是通过硬件设备把多个物理磁盘组合到一起，形成一个统一的存储空间，如磁盘阵列技术（Redundant Array of Inexpensive Disks，RAID）。基于网络的存储虚拟化是指通过网络远程访问存储资源，一般可通过网络附加存储（Network Attached Storage，NAS）和存储区域网（Storage Area Network，SAN）实现。分布式存储技术是通过使用计算集群中的每台服务器上的空余磁盘空间，通过软件定义的方式将这些磁盘空间加入到一个统一的资源池，能够对外提供块存储、对象存储、文件存储等功能。分布式存储中最常见的产品是GlusterFs和Ceph，其中Ceph是越来越流行的分布式存储软件。

2. 分布式计算

分布式计算是指在大规模计算任务中，数据分散在不同的计算节点，把计算任务运行在各个不同的数据块上，最后把计算结果汇总的计算方式。

最著名的分布式计算平台是Hadoop，其中最关键的组件为MapReduce，采用分布式计算技术来对大数据任务进行处理。MapReduce属于并行计算算法，它通过Map和Reduce两个过程来实现。在Map阶段，算法遍历所有的数据块，对所有的元素进行统计。在Reduce阶段，算法会对所有的统计结果进行汇总，形成最终的key/value列表。

HDFS是一个分布式文件系统，它被设计为运行在廉价的物理服务器上，具有高容错性的文件系统。作为Hadoop的底层文件系统，它支持数据的高吞吐量，能够存储GB到TB级的数据。HDFS集群有三种节点类型，分别为NameNode、SecondaryNameNode和DataNode。NameNode是控制节点，主要管理数据块的映射，响应客户端的读写请求和管理HDFS的文件命名空间。SecondaryNameNode是NameNode的冷备份，当NameNode出现故障的时候，SecondaryNameNode能够启动以保障HDFS集群的正常运行。DataNode是数据存储节点，存储数据块并执行读写功能。HDFS内部的所有通信都基于标准的TCP/IP协议。

由于Hadoop1.0的设计缺陷（扩展性差、可靠性差、资源利用率低、无法支持多种计算框架），Hadoop2.0中引入了Yarn。Yarn实际上是一个资源管理框架，它的目标已经不再局限于支持MapReduce一种计算框架，而是朝着对多种框架进行统一管理的方向发展，比如Spark、Storm都可以运行在Yarn上。

3. SaaS 层技术

SaaS软件即服务是指通过网络提供按需的软件服务。SaaS软件服务丰富多样，例如邮箱服务、Google Docs、CRM、团队OA，主要是为企业提供垂直化的解决方案，SaaS层技术多种多样，主要是Web2.0技术。现有的SaaS产品一般是服务运营商设计完整全套应用服务和流程，能够满足通用的行业应用需求，但是随着不同行业和企业的个性化需求，逐渐发展了SaaS2.0概念。SaaS2.0要求企业用户能够使用运营商平台提供的通用API，定制个性化的企业应用，并能够与运营商平台的其他SaaS服务无缝对接。

SaaS2.0模式要求SaaS运营商平台有一个强大的云计算平台，它能够提供多种多样的API服务以满足用户的个性化需求，它具有强大的集成能力以实现各种API的快速集成，它具有快速的应用部署能力和应用运维能力以对用户定制的SaaS服务进行部署和维护。用户的业务知识将与运营平台的计算能力相结合，用户只需关注业务方面的需求，而运营平台主要精力则专注于API资源的提供和平台本身的维护，可以预见这种模式可以大大提高生产效率。

单元2　云计算技术应用案例

随着信息技术的发展，云计算作为一种新型的计算模式已经成为了企业和个人广泛应用的技术。本单元将介绍云计算的典型应用案例，详细描述其中的技术原理和实际运用效果，旨在为读者提供更多了解云计算的实际应用场景。

一、常见的应用场景

1. 企业数据存储与管理

云计算可以将企业的数据存储与管理任务交由云服务提供商，企业无须购买昂贵的服务器设备和维护团队，仅需支付相对低廉的租用费用即可。例如，云存储服务商提供了云端的存储空间，企业可以将大量的数据存储在云端，方便随时随地进行访问和管理。同时，云计算提供了自动备份和恢复的功能，保证企业数据的安全性和可靠性。

2. 在线办公协作

云计算在在线办公协作方面也有广泛的应用。各种云办公套件如Google Docs、Office 365等，提供了在线编辑和实时协作的功能，企业员工可以在任何时间、任何地点进行文档编辑和共享。云办公协作工具提供了版本控制和权限管理等功能，可以有效提高团队的工作效率和协同能力。

3. 电子商务平台

云计算技术为电子商务平台的建设提供了强有力的支持。传统的电子商务平台需要自行搭建服务器和维护系统，成本非常高昂。而借助云计算技术，企业可以将网站和在线商城托管在云端，享受弹性扩展和高可用性的好处，大大降低了建设和运维成本。此外，云计算还提供了快速部署、灵活配置以及安全防护等功能，为电子商务平台的运行提供了坚实的基础。

4. 科学计算与大数据分析

云计算为科学计算和大数据分析提供了强大的计算能力。许多科学研究机构和企业在进行大规模计算和分析时，需要庞大的计算资源来支持。云计算提供了虚拟化的计算资源和分布式处理的能力，能够满足这类应用的需求。例如，亚马逊云计算服务（AWS）提供了一系列强大的云计算资源和工具，方便用户进行科学计算和大数据分析任务。

5. 移动应用开发

随着移动互联网的快速发展，移动应用开发成为了热门的领域。云计算为移动应用开发者提供了强大的支持和便利。例如，云计算服务商提供了移动应用后台服务的支持，包括用户认证、推送通知、数据存储等功能，大大简化了移动应用的开发过程。通过云计算，开发者可以快速构建安全可靠的移动应用，并且可以根据用户的需求随时进行扩展和调整。

二、行业应用案例

除了为企业提供了高效、灵活和安全的计算和存储服务，为个人提供了方便的在线办公和学习环境之外，云计算在其他领域也有着广泛的应用。

1. 云交通

随着科技的发展，智能化的推进，交通信息化也在国家布局之中。通过初步搭建起来的云资源，统一指挥，高效调度平台里的资源，处理交通堵塞，应对突发的事件处理等其他事件效力都能有显著提升。

云交通是指在云计算之中整合现有资源，并能够针对未来的交通行业发展整合将来所需求的各种硬件、软件、数据，动态满足ITS中各应用系统。针对交通行业的需求——基础建设、交通信息发布、交通企业增值服务、交通指挥提供决策支持及交通仿真模拟等，云交通要能够全面提供开发系统资源需求，能够快速满足突发系统需求。

云交通的贡献主要在：将借鉴全球先进的交通管理经验，打造立体交通，彻底解决城市发展中的交通问题，具体而言，将包括地下新型窄幅多轨地铁系统、电动步道系统、地面新型窄幅轨道交通、半空天桥人行交通、悬挂轨道交通、空中短程太阳能飞行器交通等。

云交通中心，将全面负责各种交通工具的管制，并利用云计算中心，向个体的云终端提供全面的交通指引和指示标识等服务。

2. 云通信

现在各大企业的云平台，从我们身边接触得最多的例子来说，用得最多的其实就是各种备份。配置信息备份，聊天记录备份，照片等的云存储加分享，方便大家重置或者更换手机的时候，一键同步，一键还原，省去不少麻烦。但是事实上处于信息技术快速变革的时代，我们接触到的云通信远不止这些。

云通信是云计算（Cloud Computing）概念的一个分支，指用户利用SaaS形式的瘦客户端（Thin Client）或智能客户端（Smart Client），通过现有局域网或互联网线路进行通信交流，而无须经由传统PSTN线路的一种新型通信方式。在现今ADSL宽带、光纤、3G、4G、5G等高速数据网络日新月异的年代，云通信给传统电信运营商带来了新的发展契机。

3. 云医疗

如今云计算在医疗领域的贡献让广大医院和医生均赞不绝口。从挂号到病例管理，从传统的询问病情到借助云系统会诊。这一切的创新技术，改变了传统医疗上的很多漏洞，同时也方便了患者和医生。

云医疗（Cloud Medical Treatment，CMT）是在云计算等IT技术不断完善的今天，像云教育、云搜索等言必语云的"云端时代"，一般的IT环境可能已经不适合许多医疗应用，医疗行业必须更进一步，建立专门满足医疗行业安全性和可用性要求的医疗环境——"云医疗"应运而生。它是信息技术不断发展的必然产物，也是今后医疗技术发展的必然方向。云医疗主要包括医疗健康信息平台、云医疗远程诊断及会诊系统、云医疗远程监护系统以及云医疗教育系统等。

4. 云教育

针对现在的我国的教育情况来看，由于中国疆域辽阔，教育资源分配不均，很多中小城市的教育资源长期处于一种较为尴尬的地带。面对这种状况，国家已制定了相应的方案，促进教育资源均衡化发展。

云计算在教育领域中的迁移称之为"云教育"，是未来教育信息化的基础架构，包括教育信息化所必需的一切硬件计算资源，这些资源经虚拟化之后，向教育机构、教育从业人员和学员提供一个良好的平台，该平台的作用就是为教育领域提供云服务。

学习小结

本模块主要介绍了云计算的概念、3种云服务模型、部署模式等知识，通过对云计算典型应用案例的介绍，让读者对云计算有一个宏观的认识，激发读者对云计算技术的兴趣。

单元习题

1. 请简述3种云服务模型的区别。
2. 你身边的云计算应用案例有哪些？

模块 8　区块链技术

单元1　区块链技术概述

区块链（Blockchain或Block Chain）是一种块链式存储、不可篡改、安全可信的去中心化分布式账本，它结合了分布式存储、点对点传输、共识机制、密码学等技术，通过不断增长的数据块链（Blocks）记录交易和信息，确保数据的安全和透明性。

"区块链"技术最初是由一位化名中本聪的人为比特币（一种数字货币）而设计出的一种特殊的数据库技术，它基于密码学中的椭圆曲线数字签名算法（ECDSA）来实现去中心化的P2P系统设计。但区块链的作用不仅仅局限在比特币上。现在，人们在使用"区块链"这个词时，有的时候是指数据结构，有时是指数据库，有时则是指数据库技术，但无论是哪种含义，都和比特币没有必然的联系。

从数据的角度来看，区块链是一种分布式数据库（或称为分布式共享总账，Distributed Shared Lcdger），这里的"分布式"不仅体现为数据的分布式存储，也体现为数据的分布式记录（即由系统参与者来集体维护）。简单地说，区块链能实现全球数据信息的分布式记录（可以由系统参与者集体记录，而非由一个中心化的机构集中记录）与分布式存储（可以存储在所有参与记录数据的节点中，而非集中存储于中心化的机构节点中）。

从效果的角度来看，区块链可以生成一套记录时间先后的、不可篡改的、可信任的数据库，这套数据库是去中心化存储且数据安全能够得到有效保证的。

如今的区块链技术概括起来是指通过去中心化和去信任的方式集体维护一个可靠数据库的技术。其实，区块链技术并不是一种单一的、全新的技术，而是多种现有技术（如加密算法、P2P文件传输等）整合的结果，这些技术与数据库巧妙地组合在一起，形成了一种新的数据记录、传递、存储与呈现的方式。简单地说，区块链技术就是一种大家共同参与记录信息、存储信息的技术。过去，人们将数据记录、存储的工作交给中心化的机构来完成，而区块链技术则让系统中的每一个人都可以参与数据的记录、存储。区块链技术在没有中央控制点的分布式对等网络下，使用分布式集体运作的方法，构建了一个P2P的自组织网络。通过复杂的校验机制，区块链数据库能够保持完整性、连续性和一致性，即使部分参与人作假也无法改变区块链的完整性，更无法篡改区块链中的数据。

区块链技术涉及的关键点包括：去中心化（Decentralized）、去信任（Trustless）、集体维护（Collectively Maintain）、可靠数据库（Reliable Database）、时间戳（Time Stamp）、非对称加密（Asymmetric Cryptography）等。

区块链技术重新定义了网络中信用的生成方式：在系统中，参与者无须了解其他人的背景资料，也不需要借助第三方机构的担保或保证，区块链技术保障了系统对价值转移的活动进行记录、传输、存储，其最后的结果一定是可信的。

一、区块链的核心技术

区块链技术原理的来源可归纳为一个数学问题：拜占庭将军问题。拜占庭将军问题延伸到互联网生活中来，其内涵可概括为：在互联网大背景下，当需要与不熟悉的对方进行价值交换活动时，人们如何才能防止不会被其中的恶意破坏者欺骗、迷惑从而做出错误的决策。进一步将拜占庭将军问题延伸到技术领域中来，其内涵可概括为：在缺少可信任的中央节点和可信任的通道的情况下，分布在网络中的各个节点应如何达成共识。区块链技术解决了闻名已久的拜占庭将军问题——它提供了一种无须信任单个节点还能创建共识网络的方法。

设想一下，如果现在我们想要在互联网世界中建立一套全球通用的数据库，那么我们会面临三个亟待解决的问题，这三个问题也是设计区块链技术的核心所在。

问题一：如何建立一个严谨的数据库，使得该数据库能够存储下海量的信息，同时又能在没有中心化结构的体系下保证数据库的完整性？

问题二：如何记录并存储下这个严谨的数据库，使得即便参与数据记录的某些节点崩溃，我们仍然能保证整个数据库系统的正常运行与信息完备？

问题三：如何使这个严谨且完整存储下来的数据库变得可信赖，使得我们可以在互联网无实名背景下成功防止诈骗？

针对这三个核心问题，区块链构建了一整套完整的、连贯的数据库技术来达成目的，解决这三个问题的技术也成为了区块链最核心的三大技术。此外，为了保证区块链技术的可进化性与可扩展性，区块链系统设计者还引入了"脚本"的概念来实现数据库的可编程性。我们认为，这四大技术构成了区块链的核心技术。

核心技术 1：区块+链

关于如何建立一个严谨数据库的问题，区块链的办法是：将数据库的结构进行创新，把数据分成不同的区块，每个区块通过特定的信息链接到上一区块的后面，前后顺连来呈现一套完整的数据，这也是"区块链"这三个字的来源。

区块（Block）：在区块链技术中，数据以电子记录的形式被永久储存下来，存放这些电子记录的文件称为"区块"。区块是按时间顺序一个一个先后生成的，每一个区块记录下它在被创建期间发生的所有价值交换活动，所有区块汇总起来形成一个记录合集。

区块结构（Block Structure）：区块中会记录下区块生成时间段内的交易数据，区块主体实际上就是交易信息的合集。每一种区块链的结构设计可能不完全相同，但大结构上分为块头（Header）和块身（Body）两部分。块头用于链接到前面的块并且为区块链数据库提供完整性的保证，块身则包含了经过验证的、块创建过程中发生的价值交换的所有记录。

区块结构有两个非常重要的特点：第一，每一个区块上记录的交易是上一个区块形成之后、该区块被创建前发生的所有价值交换活动，这个特点保证了数据库的完整性。第二，在绝大多数情况下，一旦新区块完成后被加入到区块链的最后，则此区块的数据记录就再也不能改变或删除。这个特点保证了数据库的严谨性，即无法被篡改。

顾名思义，区块链就是区块以链的方式组合在一起，以这种方式形成的数据库称为区块链数据库。区块链是系统内所有节点共享的交易数据库，这些节点基于价值交换协议参与到区块链的网络中来。

区块链是如何做到的呢？由于每一个区块的块头都包含了前一个区块的交易信息压缩值，这就使得从创世块（第一个区块）到当前区块连接在一起形成了一条长链。如果不知道前一区块的"交易缩影"值，就没有办法生成当前区块，因此每个区块必定按时间顺序跟随在前一个区块之后。这种所有区块包含前一个区块引用的结构让现存的区块集合形成了一条数据长链。"区块+链"的结构为我们提供了一个数据库的完整历史。从第一个区块开始，到最新产生的区块为止，区块链上存储了系统全部的历史数据。区块链为我们提供了数据库内每一笔数据的查找功能。区块链上的每一条交易数据，都可以通过"区块链"的结构追本溯源，一笔一笔进行验证。区块+链=时间戳，这是区块链数据库的最大创新点。区块链数据库让全网的记录者在每一个区块中都盖上一个时间戳来记账，表示这个信息是这个时间写入的，形成了一个不可篡改、不可伪造的数据库。

核心技术 2：分布式结构——开源的、去中心化的协议

有了区块+链的数据之后，接下来就要考虑记录和存储的问题了。我们应该让谁来参与数据的记录，又应该把这些盖了时间戳的数据存储在哪里呢？在现如今中心化的体系中，数据都是集中记录并存储于中央计算机上的。但是区块链结构设计精妙的地方就在这里，它并不赞同把数据记录并存储在中心化的一台或几台计算机上，而是让每一个参与数据交易的节点都记录并存储下所有的数据。

（1）关于如何让所有节点都能参与记录的问题，区块链的办法是：构建一整套协议机制，让全网每一个节点在参与记录的同时也来验证其他节点记录结果的正确性。只有当全网大部分节点（或甚至所有节点）都同时认为这个记录正确时，或者所有参与记录的节点都比对结果一致通过后，记录的真实性才能得到全网认可，记录数据才允许被写入区块中。

（2）关于如何存储下"区块链"这套严谨数据库的问题，区块链的办法是：构建一个分布式结构的网络系统，让数据库中的所有数据都实时更新并存放于所有参与记录的网络节点中。这样即使部分节点损坏或被黑客攻击，也不会影响整个数据库的数据记录与信息更新。

区块链根据系统确定的开源的、去中心化的协议，构建了一个分布式的结构体系，让价值交换的信息通过分布式传播发送给全网，通过分布式记账确定信息数据内容，盖上时间戳后生成区块数据，再通过分布式传播发送给各个节点，实现分布式存储。

这里介绍下分布式记账——会计责任的分散化（Distributed Accountability）。

从硬件的角度讲，区块链的背后是大量的信息记录存储器（如计算机等）组成的网络，

这一网络如何记录发生在网络中的所有价值交换活动呢？区块链设计者没有为专业的会计记录者预留一个特定的位置，而是希望通过自愿原则来建立一套人人都可以参与记录信息的分布式记账体系，从而将会计责任分散化，由整个网络的所有参与者来共同记录。

区块链中每一笔新交易的传播都采用分布式的结构，根据P2P网络层协议，消息由单个节点被直接发送给全网其他所有的节点。区块链技术让数据库中的所有数据均存储于系统所有的计算机节点中，并实时更新。完全去中心化的结构设置使数据能实时记录，并在每一个参与数据存储的网络节点中更新，这就极大地提高了数据库的安全性。

通过分布式记账、分布式传播、分布式存储这三大"分布"，我们可以发现，没有人、没有组织，甚至没有哪个国家能够控制这个系统，系统内的数据存储、交易验证、信息传输过程全部都是去中心化的。在没有中心的情况下，大规模的参与者达成共识，共同构建了区块链数据库。可以说，这是人类历史上第一次构建了一个真正意义上的去中心化体系。甚至可以说，区块链技术构建了一套永生不灭的系统——只要不是网络中的所有参与节点在同一时间集体崩溃，数据库系统就可以一直运转下去。

核心技术 3：非对称加密算法

什么是非对称加密？简单来说，它让我们在"加密"和"解密"的过程中分别使用两个密码，两个密码具有非对称的特点：加密时的密码（在区块链中被称为"公钥"）是公开全网可见的，所有人都可以用自己的公钥来加密一段信息（信息的真实性）；解密时的密码（在区块链中被称为"私钥"）是只有信息拥有者才知道的，被加密过的信息只有拥有相应私钥的人才能够解密（信息的安全性）。

简单总结一下，区块链系统内，所有权验证机制的基础是非对称加密算法。常见的非对称加密算法包括RSA、Elgamal、D-H、ECC（椭圆曲线加密算法）等。在非对称加密算法中，如果一个"密钥对"中的两个密钥满足以下两个条件：对信息用其中一个密钥加密后，只有用另一个密钥才能解开；其中一个密钥公开后，根据公开的密钥别人也无法算出另一个，那么我们就称这个密钥对为非对称密钥对，公开的密钥称为公钥，不公开的密钥称为私钥。在区块链系统的交易中，非对称密钥的基本使用场景有两种：公钥对交易信息加密，私钥对交易信息解密。私钥持有人解密后，可以使用收到的价值；私钥对信息签名，公钥验证签名。通过公钥签名验证的信息确认为私钥持有人发出。

我们可以看出，从信任的角度来看，区块链实际上是数学方法解决信任问题的产物。过去，人们解决信任问题可能依靠熟人社会的"老乡"，政党社会的"同志"，传统互联网中的交易平台"支付宝"。而区块链技术中，所有的规则事先都以算法程序的形式表述出来的，人们完全不需要知道交易的对方是"君子"还是"小人"，更不需要求助中心化的第三方机构来进行交易背书，而只需要信任数学算法就可以建立互信。区块链技术的背后，实质上是算法在为人们创造信用，达成共识背书。

核心技术 4：脚本

脚本可以理解为一种可编程的智能合约。如果区块链技术只是为了适应某种特定的交易，那脚本的嵌入就没有必要了，系统可以直接定义完成价值交换活动所需要满足的条件。然而，在一个去中心化的环境下，所有的协议都需要提前取得共识，那脚本的引入就显得不可或缺了。有了脚本之后，区块链技术就会使系统有机会去处理一些无法预见到的交易模式，保证了这一技术在未来的应用中不会过时，增加了技术的实用性。

一个脚本本质上是众多指令的列表，这些指令记录在每一次的价值交换活动中，价值交换活动的接收者（价值的持有人）如何获得这些价值，以及花费掉自己曾收到的留存价值需要满足哪些附加条件。通常，发送价值到目标地址的脚本，要求价值的持有人提供以下两个条件，才能使用自己之前收到的价值：一个公钥，以及一个签名（证明价值的持有者拥有与上述公钥相对应的私钥）。脚本的神奇之处在于，它具有可编程性：它可以灵活改变花费掉留存价值的条件，例如脚本系统可能会同时要求两个私钥或几个私钥或无须任何私钥等；它可以灵活地在发送价值时附加一些价值再转移的条件，例如脚本系统可以约定这一笔发送出去的价值以后只能用于支付中信证券的手续费或支付给政府等。

二、区块链的特征

1. 去中心化

在中本聪的设计中，每一枚比特币的产生都独立于权威中心机构，任意个人、组织都可以参与到每次挖矿、交易、验证中，成为庞大的比特币网络中的一部分。区块链网络通常由数量众多的节点组成，根据需求不同会由一部分节点或者全部节点承担账本数据维护工作，少量节点的离线或者功能丧失并不会影响整体系统的运行。在区块链中，各个节点和矿工遵守一套基于密码算法的记账交易规则，通过分布式存储和算力，共同维护全网的数据，避免了传统中心化机构对数据进行管理带来的高成本、易欺诈、缺乏透明、滥用权限等问题。普通用户之间的交易也不需要第三方机构介入，直接点对点进行交易互动即可。

2. 开放性

区块链系统是开放的，它的数据对所有人公开，任何人都可以通过公开的接口查询区块链数据和开发相关应用，因此整个系统的信息高度透明。虽然区块链的匿名性使交易各方的私有信息被加密，但这不影响区块链的开放性，加密只是对开放信息的一种保护。

在开放性的区块链系统中，为了保护一些隐私信息，一些区块链系统使用了隐私保护技术，使得人们虽然可以查看所有信息，但不能查看一些隐私信息。

3. 匿名性

在区块链中，数据交换的双方可以是匿名的，系统中的各个节点无须知道彼此的身份和个人信息即可进行数据交换。

我们谈论的隐私通常是指广义的隐私：别人不知道你是谁，也不知道你在做什么。事实上，隐私包含两个概念：狭义的隐私（Privacy）与匿名（Anonymity）。狭义的隐私就是别人知道你是谁，但不知道你在做什么；匿名则是别人知道你在做什么，但不知道你是谁。虽然区块链上的交易使用化名（Pseudonym），即地址（Address），但由于所有交易和状态都是明文，因此任何人都可以对所有化名进行分析并建构出用户特征（User Profile）。更有研究指出，有些方法可以解析出化名与IP的映射关系，一旦IP与化名产生关联，则用户的每个行为都如同裸露在阳光下一般。

在比特币和以太坊等密码学货币的系统中，交易并不基于现实身份，而是基于密码学产生的钱包地址。但它们并不是匿名系统，很多文章和书籍里面提到的数字货币的匿名性，准确来说其实是化名。在一般的系统中，我们并不明确区分化名与匿名。但专门讨论隐私问题时，会区分化名与匿名。因为化名产生的信息在区块链系统中是可以查询的，尤其是在公有链中，可以公开查询所有的交易的特性会让化名在大数据的分析下完全不具备匿名性，但如达世币、门罗币、Zcash等隐私货币使用的隐私技术才真正具有匿名性。

匿名和化名是不同的。在计算机科学中，匿名是指具备无关联性（Unlinkability）的化名。所谓无关联性，就是指网络中其他人无法将用户与系统之间的任意两次交互（发送交易、查询等）进行关联。在比特币或以太坊中，由于用户反复使用公钥哈希值作为交易标识，交易之间显然能建立关联。因此比特币或以太坊并不具备匿名性。这些不具备匿名性的数据会造成商业信息的泄露，影响区块链技术的普及使用。

4. 可追溯性

区块链采用带时间戳的块链式存储结构，有利于追溯交易从源头状态到最近状态的整个过程。时间戳作为区块数据存在的证明，有助于将区块链应用于公证、知识产权注册等时间敏感领域。

5. 透明性

相较于用户匿名性，比特币和区块链系统的交易和历史都是透明的。由于在区块链中，账本是分发到整个网络所有参与者的，账本的校对、历史信息等对于账本的持有者而言，都是透明的、公开的。

6. 不可篡改性

比特币的每次交易都会记录在区块链上，不同于由中心机构主宰的交易模式，其中心机构可以自行修改任意用户的交易信息，比特币很难篡改。

7. 多方共识

区块链作为一个多方参与维护的分布式账本系统，参与方需要约定数据校验、写入和冲突解决的规则，这被称为共识算法。比特币和以太坊作为公有链当前采用的是工作量证明算法（PoW），应用于联盟链领域的共识算法则更加灵活多样，贴近业务需求本身。

三、区块链的分类

根据去中心化程度，区块链系统可以分为公有链、联盟链和私有链三类，这三类区块链的对比如表8-1-1所示。

表 8-1-1

特征	公有链	联盟链	私有链
参与者	任何人自由进出	企业或联盟成员	个体或公司内部
共识机制	PoW/PoS/DPoS 等	分布式一致性算法	分布式一致性算法
激励机制	需要	可选	不需要
中心化程度	去中心化	多中心化	（多）中心化
数据一致性	概率（弱）一致性	确定（强）一致性	确定（强）一致性
网络规模	大	较大	小
处理交易能力	3～20/s	1000～10000/s	1000～200000/s
典型应用	加密货币、存证	支付、清算	审计

1. 公有链

由于公有链系统对节点是开放的，公有链通常规模较大，所以达成共识难度较高，吞吐量较低，效率较低。在公有链环境中，由于节点数量不确定，节点的身份也未知，因此为了保证系统的可靠可信，需要确定合适的共识算法来保证数据的一致性和设计激励机制去维护系统的持续运行。典型的公有链系统有比特币、以太坊。

2. 联盟链

联盟链通常是由具有相同行业背景的多家不同机构组成的，其应用场景为多个银行之间的支付结算、多种企业之间的供应链管理、政府部门之间的信息共享等。联盟链中的共识节点来自联盟内各个机构，且提供节点审查、验证管理机制，节点数目远小于公有链，因此吞吐量较高，可以实现毫秒级确认；链上数据仅在联盟机构内部共享，拥有更好的安全隐私保护。联盟链有Hyperledger、Fabric、Corda平台和企业以太坊联盟等。

3. 私有链

私有链通常部署于单个机构，适用于内部数据管理与审计，共识节点均来自机构内部。私有链一般网络规模更小，因此比联盟链效率更高，甚至可以与中心化数据库的性能相当。联盟链和私有链由于准入门槛的限制，可以有效地减小恶意节点作乱的风险，容易达成数据的强一致性。

单元2　区块链技术应用案例

　　区块链技术是一种分布式账本技术，它通过加密和安全验证机制，允许网络中的多个参与者之间进行可信的、不可篡改的交易和数据的记录与传输。区块链技术的应用场景广泛，其优势也十分显著，如图8-2-1所示。

图 8-2-1

一、应用场景

　　（1）加密货币：区块链最初和最著名的应用是比特币，一种去中心化的数字货币。

　　（2）供应链管理：通过区块链，可以追踪商品从生产到交付的每一个步骤，增加透明度和效率。

　　（3）智能合约：智能合约是自动执行、控制或记录法律相关事件和行动的计算机程序，它们在满足合约条款时自动执行。

　　（4）身份验证和隐私保护：区块链可以提供一个安全、不可篡改的身份认证机制。

　　（5）金融服务：区块链可以简化支付和清算流程，降低交易成本，并提高交易速度。

　　（6）房地产交易：通过区块链进行房地产交易可以简化流程，减少欺诈，确保所有权的清晰和不可篡改。

　　（7）医疗健康：区块链可以用于安全地存储和共享医疗记录，同时保护患者隐私。

　　（8）版权和知识产权保护：区块链可以用于追踪和保护艺术作品、音乐、文学作品等知识产权。

　　（9）选举和投票：区块链可以提供一个透明、不可篡改的投票系统，增加选举的公正性。

二、经典案例

一个生活中使用区块链的经典案例是食品溯源。通过区块链技术，消费者可以追踪食品从农场到餐桌的整个流程，确保食品的安全和质量。

（1）生产阶段：农民或生产商在食品生产过程中，将食品的信息（如种植时间、地点、使用的农药和肥料等）记录在区块链上。

（2）加工阶段：食品加工商在接收原材料后，将其加工信息（如加工日期、使用的添加剂等）添加到区块链上。

（3）分销阶段：分销商在食品准备发货时，记录物流信息（如发货日期、运输方式等）到区块链上。

（4）零售阶段：零售商在接收食品后，更新区块链上的信息，包括到达时间和存储条件。

（5）消费者购买：消费者通过扫描产品包装上的二维码，可以访问区块链上的信息，查看食品的来源和历史。

使用区块链技术的优势有透明度、信任、效率等。

（1）透明度：消费者可以实时查看食品的来源和历史，增加了透明度。

（2）信任：由于区块链的不可篡改性，所以消费者可以更加信任所购买食品的信息。

（3）效率：区块链可以简化食品溯源流程，减少文书工作，提高效率。

（4）食品安全：一旦发现食品问题，可以快速追踪到问题的源头，采取相应的措施。

这个案例展示了区块链技术如何被应用于日常生活中的实际场景，以提高食品安全和消费者信任。随着技术的发展，预计会有更多的食品公司和供应链运营商采用区块链技术来提高其产品的溯源和质量管理。

学习小结

本模块主要介绍了区块链的概念、核心技术等知识，通过对区块链应用的介绍，让读者对区块链技术有一个宏观的认识，激发读者对区块链技术的兴趣。

单元习题

1. 请简述区块链技术的核心技术。
2. 你身边的区块链应用案例有哪些？

模块 9　虚拟现实技术

单元1　虚拟现实技术概述

虚拟现实（简称VR），是以沉浸性、交互性和构想性为基本特征的计算机高级人机界面，综合利用了计算机图形学、仿真技术、多媒体技术、人工智能技术、计算机网络技术、并行处理技术和多传感器技术，模拟人的视觉、听觉、触觉等感觉器官功能，使人能够沉浸在计算机生成的虚拟境界中，并能够通过语言、手势等自然的方式与之进行实时交互，创建了一种适人化的多维信息空间。使用者不仅能够通过虚拟现实系统感受到在客观物理世界中所经历的"身临其境"的逼真性，而且能够突破空间、时间以及其他客观限制，感受到真实世界中无法亲身经历的体验。

VR技术具有超越现实的虚拟性。虚拟现实系统的核心设备仍然是计算机，它的一个主要功能是生成虚拟境界的图形，又称为图形工作站。目前在此领域应用最广泛的是SGI、SUN等生产厂商生产的专用工作站，但近年来基于Intel芯片和图形加速卡的微机图形工作站性能价格比优异，有可能异军突起。图像显示设备是用于产生立体视觉效果的关键外设，目前常见的产品包括光阀眼镜、三维投影仪和头盔显示器等。其中高档的头盔显示器在屏蔽现实世界的同时，提供高分辨率、大视场角的虚拟场景，并带有立体声耳机，可以使人产生强烈的浸没感。其他外设主要用于实现与虚拟现实的交互功能，包括数据手套、三维鼠标、运动跟踪器、力反馈装置、语音识别与合成系统等。虚拟现实技术的应用前景十分广阔。它始于军事和航空航天领域的需求，但近年来，虚拟现实技术的应用已大步走进工业、建筑设计、教育培训、文化娱乐等方面，正在改变着我们的生活。

虚拟与现实两词具有相互矛盾的含义，把这两个词放在一起，似乎没有意义，但是科学技术的发展却赋予了它新的含义。按最早提出虚拟现实概念的学者J.Laniar的说法，虚拟现实，又称假想现实，意味着"用电子计算机合成的人工世界"。这个领域与计算机有着不可分离的密切关系，信息科学是合成虚拟现实的基本前提。生成虚拟现实需要解决以下三个主要问题：

①　以假乱真的存在技术。即，怎样合成对观察者的感官器官来说与实际存在相一致的输入信息，也就是如何产生与现实环境一样的视觉、触觉、嗅觉等。

②　相互作用。观察者怎样积极和能动地操作虚拟现实，以实现不同的视点景象和更高层次的感觉信息。实际上也就是怎么可以看得更像，听得更真等。

③　自律性现实。感觉者如何在不意识到自己动作、行为的条件下得到栩栩如生的现实感。在这里，观察者、传感器、计算机仿真系统与显示系统构成了一个相互作用的闭环

流程。虚拟现实是多种技术的综合，其关键技术和研究内容包括以下几个方面。

1. 环境建模技术

即虚拟环境的建立，目的是获取实际三维环境的三维数据，并根据应用的需要，利用获取的三维数据建立相应的虚拟环境模型。

2. 立体声合成和立体显示技术

在虚拟现实系统中消除声音的方向与用户头部运动的相关性，同时在复杂的场景中实时生成立体图形。

3. 触觉反馈技术

在虚拟现实系统中让用户能够直接操作虚拟物体并感觉到虚拟物体的反作用力，从而产生身临其境的感觉。

4. 交互技术

虚拟现实中的人机交互远远超出了键盘和鼠标的传统模式，利用数字头盔、数字手套等复杂的传感器设备，三维交互技术与语音识别、语音输入技术成为重要的人机交互手段。

5. 系统集成技术

由于虚拟现实系统中包括大量的感知信息和模型，因此系统的集成技术为重中之重，包括信息同步技术、模型标定技术、数据转换技术、识别和合成技术等。

虚拟现实是在计算机中构造出一个形象逼真的模型。人与该模型可以进行交互，并产生与真实世界中相同的反馈信息，使人们获得和真实世界中一样的感受。当人们需要构造当前不存在的环境（合理虚拟现实）、人类不可能达到的环境（夸张虚拟现实）或构造纯粹虚构的环境（虚幻虚拟现实）以取代需要耗资巨大的真实环境时，就可以利用虚拟现实技术。

为了实现和在真实世界中一样的感觉，就需要有能实现各种感觉的技术。人在真实世界中是通过眼睛、耳朵、手指、鼻子等器官来实现视觉、触觉（力觉）、嗅觉等功能的。人们通过视觉观看到色彩斑斓的外部环境，通过听觉感知丰富多彩的音响世界，通过触觉了解物体的形状和特性，通过嗅觉知道周围的气味。总之，各种各样的感觉，使我们能够同客观真实世界交互（交流），使我们浸沉于和真实世界一样的环境中。

在这里，实现听觉最为容易；实现视觉是最基本的也是必不可少的和最常用的；实现触觉只有在某些情况下需要，现在正在完善；实现嗅觉还刚刚开始。人从外界获得的信息，有80%～90%来自视觉。因此在虚拟环境中，实现和真实环境中一样的视觉感受，对于获得逼真感、浸沉感至为重要。

在虚拟现实中，与通常图像显示不同的是，要求显示的图像要随观察者眼睛位置的变化而变化。此外，要求能快速生成图像以获得实时感。例如，制作动画时不要求实时，为了保证质量每幅画面需要多长时间生成不受限制。而虚拟现实时生成的画面通常为30帧/秒。有了这样的图像生成能力，再配以适当的音响效果，就可以使人有身临其境的感受。

能够提供视觉和听觉效果的虚拟现实系统，已被用于各种各样的仿真系统中。城市规划中，这样的系统正发挥着巨大作用。例如，许多城市都有自己的近期、中期和远景规划。在规划中需要考虑各个建筑同周围环境是否和谐相容，新建筑是否同周围的原有的建筑协调，以免造成建筑物建成后，才发现它破坏了城市原有风格和合理布局。这样的仿真系统还可用以保护文物、重现古建筑。把珍贵的文物用虚拟现实技术展现出来供人参观，有利于保护真实的古文物。山东曲阜的孔子博物院就是这么做的。它把大成殿也制成模型，观众通过计算机便可浏览到大成殿几十根镂空雕刻的盘龙大石柱，还可以绕到大成殿后面游览。

用虚拟现实技术建立起来的水库和江河湖泊仿真系统，更能使人一览无遗。例如建立起三峡水库模型后，便可在水库建成之前，直观地看到建成后的壮观景象。蓄水后将最先淹没哪些村庄和农田，哪些文物将被淹没，这样能主动及时解决问题。如果建立了某地区防汛仿真系统，就可以模拟水位到达警戒线时哪些堤段会出现险情，万一发生决口将淹没哪些地区。这对制定应急预案有莫大的帮助。

虚拟现实的广泛用途，把计算机应用提高到一个崭新的水平，其作用和意义显而易见。此外，还可从更高的层次上来看待其作用和意义。一是在观念上，从"以计算机为主体"变成"以人为主体"。二是在哲学上使人进一步认识"虚"和"实"之间的关系。

过去的人机界面（人同计算机的交流）要求人去适应计算机，而使用虚拟现实技术后，人可以不必意识到自己在同计算机打交道，而可以像在日常环境中处理事情一样同计算机交流。这就把人从操作计算机的复杂工作中解放出来。在信息技术日益复杂、用途日益广泛的今天，充分发挥信息技术的潜力具有重大的意义。

虚和实的关系是一个古老的哲学命题。我们是处于真实的客观世界中，还是只处于自己感觉世界中，一直是唯物论和唯心论争论的焦点。以视觉为例，我们所看到的一切，不过是视网膜上的影像。过去，视网膜上的影像都是真实世界的反映，因此客观的真实世界同主观的感觉世界是一致的。现在，虚拟现实导致了二重性，虚拟现实的景物对人感官来说是实实在在的存在，但它又的的确确是虚构的东西。可是，按照虚构东西行事，往往又会得出正确的结果。因此就引发了哲学上要重新认识"虚"和"实"之间关系的课题。

早在20世纪70年代便开始将虚拟现实用于培训宇航员。由于这是一种省钱、安全、有效的培训方法，现在已被推广到各行各业的培训中。目前，虚拟现实已被推广到不同领域中，得到广泛应用。

在科技开发上，虚拟现实可缩短开发周期，减少费用。例如克莱斯勒公司1998年初便利用虚拟现实技术，在设计某两种新型车上取得突破，首次使设计的新车直接从计算机屏幕投入生产线，也就是说完全省略了中间的试生产。由于利用了卓越的虚拟现实技术，使克莱斯勒避免了1500项设计差错，节约了8个月的开发时间和8000万美元费用。利用虚拟现实技术还可以进行汽车冲撞试验，不必使用真的汽车便可显示出不同条件下的冲撞后果。

虚拟现实技术已经和理论分析、科学实验一起，成为人类探索客观世界规律的三大手段。用它来设计新材料，可以预先了解改变成分对材料性能的影响。在材料还没有制造出来之前便知道用这种材料制造出来的零件在不同受力情况下是如何损坏的。

商业上，虚拟现实常被用于推销。例如建筑工程投标时，把设计的方案用虚拟现实技术表现出来，便可把业主带入未来的建筑物里参观，如门的高度、窗户朝向、采光多少、屋内装饰等，都可以感同身受。它同样可用于旅游景点以及功能众多、用途多样的商品推销。因为用虚拟现实技术展现这类商品的魅力，比单用文字或图片宣传更加有吸引力。

医疗上，虚拟现实应用大致上有两类。一类是虚拟人体，也就是数字化人体，这样的人体模型医生更容易了解人体的构造和功能。另一类是虚拟手术系统，可用于指导手术的进行。

军事上，利用虚拟现实技术模拟战争过程已成为最先进的多快好省的研究战争、培训指挥员的方法。也是由于虚拟现实技术达到很高水平，所以尽管不进行核试验，也能不断改进核武器。战争实验室在检验预定方案用于实战方面也能起巨大作用。1991年海湾战争开始前，美军便把海湾地区各种自然环境和伊拉克军队的各种数据输入计算机内，进行各种作战方案模拟后才定下初步作战方案。后来实际作战的发展和模拟实验结果相当一致。

娱乐上，应用是虚拟现实最广阔的用途。在英国出售的一种滑雪模拟器中使用者身穿滑雪服、脚踩滑雪板、手拄滑雪棍、头上戴着头盔显示器，手脚上都装着传感器，虽然在斗室里，只要做着各种各样的滑雪动作，便可通过头盔示器，看到堆满皑皑白雪的高山、峡谷、悬崖陡壁，一一从身边掠过，其情景就和在滑雪场里进行真的滑雪所感觉的一样。

现在，虚拟现实技术不仅能创造出虚拟场景，而且还能创造出虚拟主持人、虚拟歌星、虚拟演员。日本电视台推出的歌星DiKi，不仅歌声迷人而且风度翩翩，引得无数歌迷纷纷倾倒，许多追星族欲亲睹其芳容，迫使电视台只好说明她不过是虚拟的歌星。美国迪斯尼公司还准备推出虚拟演员。这将使"演员"艺术青春常在、活力永存。明星片酬走向天价是导致使用虚拟演员的另一个原因。虚拟演员成为电影主角后，电影将成为软件产业的一个分支。各软件公司将开发数不胜数的虚拟演员软件供人选购。固然，在幽默和人情味上，虚拟演员在很长一段时间内甚至永远都无法同真演员相比，但它的确能成为优秀演员。由计算机拍成的游戏节目《古墓丽影》片中的女主角入选全球知名人物，预示着虚拟演员时代即将来临。

单元2　虚拟现实技术应用案例

VR给人一种沉浸感，具有传统娱乐方式不可比拟的优势。理想的VR让人分不清现实和虚拟，VR领路人相信VR能够改变人们的生活方式。

过去的时间，那些VR领域的佼佼者们有两件事做得非常好：一是寻找VR立竿见影的市场应用，二是投入百分之百的精力来获得用户的共鸣。这些VR领路人之所以花费如此巨大的人力物力财力来推广VR，是因为他们相信VR能够像曾经的电视机、个人计算机、智能手机一样彻底改变人们的生活，VR被认为是下一代娱乐事业的终端形式，具有传统娱乐方式不可比拟的优势：沉浸感。理想的VR能够让人分不清何为现实何为虚拟。事实上，许多行业已经从VR身上尝到了甜头受益匪浅。

为加速虚拟现实技术落地推广，推动虚拟现实与行业应用融合发展，工业和信息化部会同教育部、文化和旅游部、国家广播电视总局和国家体育总局开展2023年度虚拟现实先锋应用案例征集工作。面向工业生产、文化旅游、融合媒体、教育培训、体育健康、商贸创意、演绎娱乐、安全应急、残障辅助、智慧城市等10个虚拟现实（含增强现实、混合现实）重点应用场景，征集并遴选一批技术先进、成效显著、能复制推广的先锋应用案例。

文化旅游领域方面，由上海博物馆牵头，联合同济大学建筑设计研究院（集团）有限公司申报的"AR辅助文物修复应用"以及视辰信息科技（上海）有限公司的"山海奇豫上海豫园AR灯会"2个案例入选。医疗健康领域方面，上海拾衷信息科技有限公司的"面向骨科手术的VR培训平台应用"案例入选。安全应急应用领域方面，上海曼恒数字技术股份有限公司的"消防应急救援指挥视觉模拟系统应用"案例入选。

1. "AR 辅助文物修复应用"——上海博物馆联合同济大学建筑设计研究院（集团）有限公司

上海博物馆结合增强现实（Augmented Reality）技术和文物修复技术，通过对附土挖掘文物的CT扫描数据进行基于体素的数据聚类分析处理，得到其内部的珍贵文物埋藏信息。建立增强现实（AR）文物修复辅助系统，通过技艺工艺智慧展示和三维引擎实时渲染，将文物扫描数据和修复流程结合统一，实现原本不可见的包裹体文物"透视"的效果，如图9-2-1所示，从而为修复方案提供依据，提高修复的准确性、可靠性和修复效率。

图 9-2-1

2. "山海奇豫上海豫园 AR 灯会"——视辰信息科技（上海）有限公司

EasyAR Mega空间计算平台携手联通5G网络技术，虚实结合、以虚促实，共同打造了豫园"元宇宙"灯会。通过"云游山海奇豫记"小程序，游客可以进行游园AR导览、灯谜大会、畅游灯会、山海图鉴、AR互动、AR慢直播等。灯会线下体验人数近百万，线上AR慢直播观看量达1.4亿，如图9-2-2所示，为全国虚拟现实产业起到了引领示范作用。

3. 面向骨科手术的 VR 培训平台应用"——上海拾麦信息科技有限公司

拾麦骨科VR手术培训平台,根据真实骨科手术流程与器械开发,面向关节外科、脊柱外科提供专业化的VR手术培训解决方案,创新性地研发了VR虚拟手物交互算法等技术,使手术模拟更真实、更完整,如图9-2-3所示。相比传统基于假骨的培训方式,平均节约70%的培训成本。目前该平台已在强生医疗等单位得到应用,助力我国平均临床手术水平提升。

图 9-2-2

图 9-2-3

4. "消防应急救援指挥视觉模拟系统应用"——上海曼恒数字技术股份有限公司

该系统结合了地理信息系统(GIS)和虚拟现实技术,旨在为消防人员提供一个真实感强烈的三维情景仿真训练平台,如图9-2-4所示。通过模拟真实的机场场区和相关消防设施,为消防人员提供安全的环境,进行各种应急救援训练,以提高消防人员的安全意识、实操技能和应对突发情况的能力。该案例进一步推动了应急管理体系的信息化,简化了培训流程,降低成本,同时也增强了跨部门应急指挥人员的协同配合能力。

图 9-2-4

学习小结

本模块主要介绍了虚拟现实的概念、关键技术等知识,通过对虚拟现实典型行业应用的介绍,让读者对虚拟现实技术有一个宏观的认识,激发读者对虚拟现实技术的兴趣。

单元习题

1. 请简述虚拟现实技术中的关键技术。
2. 你身边的虚拟现实应用案例有哪些?

模块 10　大数据技术

单元1　大数据技术概述

随着互联网的迅猛发展和信息化时代的到来，大数据技术成为了处理海量数据的重要工具，能够帮助企业和机构从庞大的数据中提取有价值的信息，以支持决策和发展战略。本单元将介绍大数据技术的基本概念以及常用的大数据处理工具和技术。

一、基本概念

大数据是指规模庞大、复杂多样、数据流快速增长的数据集合。大数据技术是指用于收集、存储、处理和分析大数据的技术手段和方法。大数据技术的核心目标是从海量数据中挖掘有价值的信息，以帮助企业做出更明智的决策。图10-1-1所示大数据云图，用图形化的形式表述了大数据的某些特征。

图 10-1-1

大数据已经实实在在地改变了我们的生活，渗透到人们衣食住行的每一个角落。那么大数据到底是怎样工作的？图10-1-2简单演示了大数据的主要处理步骤，主要包括数据采集、数据存储、数据处理、数据运用等主要环节。

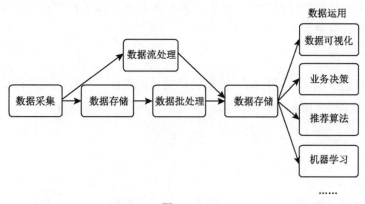

图 10-1-2

1. 数据采集

大数据处理的第一步是数据的收集或汇总。现在的中大型项目通常采用微服务架构进行分布式部署，所以数据的采集会在多台服务器上进行，且采集过程不能影响正常业务的开展。基于这种需求，就衍生了多种日志收集工具，如Flume、Logstash、Kibana等，它们都能通过简单的配置完成复杂的数据收集和数据聚合。

2. 数据存储

收集到数据后，数据该如何进行存储？MySQL、Oracle等传统的关系型数据库是大家最为熟知的，它们的优点是能够快速存储结构化的数据，并支持多种访问和处理方式。但大数据的数据结构通常是半结构化（如日志数据），甚至是非结构化的（如视频、音频数据），为了解决海量半结构化和非结构化数据的存储，衍生了Hadoop HDFS、KFS、GFS等分布式文件系统，它们都能够支持结构化、半结构化和非结构化数据的存储，并可横向扩展。

分布式文件系统完美地解决了海量数据存储的问题，但是一个优秀的数据存储系统必须同时考虑数据存储和访问两方面的问题，比如你希望能够对数据进行随机访问，这是传统的关系型数据库所擅长的，但却不是分布式文件系统所擅长的，那么有没有一种存储方案能够同时兼具分布式文件系统和关系型数据库的优点呢？基于这种需求，就产生了HBase、MongoDB。

3. 数据处理

数据处理通常分为数据批处理和数据流处理两种。

数据批处理：对一段时间内海量的离线数据进行统一的处理，对应的处理框架有Hadoop MapReduce、Spark、Flink等。

数据流处理：对运动中的数据进行处理，即在接收数据的同时就对其进行处理，对应的处理框架有Storm、Spark Streaming、Flink Streaming 等。

数据批处理和数据流处理各有适用的场景，时间不敏感或者硬件资源有限时，可以采用数据批处理；时间敏感和及时性要求高就可以采用数据流处理。随着服务器硬件的价格越来越低和大家对及时性的要求越来越高，数据流处理将越来越普遍，如股票价格的实时预测和电商运营数据分析等。

4. 数据运用

这是前面数据采集、数据存储、数据处理的目的所在，是数据的具体应用之所在，也是数据核心价值体现之所在。它所涉及的领域广、种类多、形式复杂、效果巨大。

二、常用的大数据处理工具和技术

1. 分布式存储系统

Hadoop是目前最流行的分布式存储系统，它可以将数据分散存储在多个服务器上，提高数据的可靠性和可扩展性。

2. 分布式计算框架

Spark是一种高效的分布式计算框架，它可以在大规模数据集上进行快速的数据处理和分析。

3. 数据挖掘和机器学习算法

常用的数据挖掘和机器学习算法包括聚类、分类、回归和关联规则挖掘等，这些算法可以帮助从大数据中发现隐藏的模式和规律。

4. 数据可视化工具

Tableau和PowerBI等数据可视化工具可以将大数据处理结果以直观的图表和图形展示，帮助用户更好地理解和分析数据。

5. 实时数据处理

Kafka是一种高吞吐量的分布式消息系统，可以实时处理大量的数据流，适用于实时监控、日志分析等场景。

6. 数据分析工具

永洪vividime Desktop Basic是一款免费智能数据分析工具，基于本机安装，省去烦琐的部署环节，即装即用。它提供一站式、敏捷、高效的数据治理及可视化分析、AI深度分析能力，可以帮助每一位用户轻松实现数据分析和数据可视化工作。图10-1-3所示为vividime Desktop Basic的操作界面。

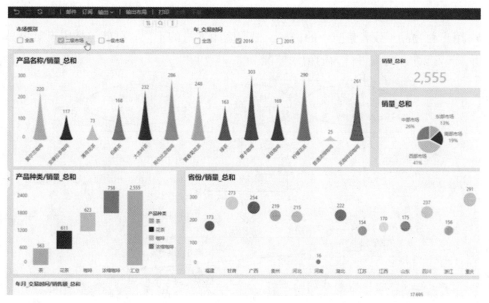

图 10-1-3

单元2　大数据技术应用案例

随着互联网的发展和大数据时代的到来，人们逐渐从信息匮乏的时代走入了"信息过载"的时代。为了让用户从海量信息中高效地获取自己所需的信息，推荐系统应运而生。

推荐系统的主要任务就是将用户与信息之间建立联系。它一方面帮助用户发现对自己有价值的信息，另一方面让信息能够展现在对它感兴趣的用户面前，从而实现信息消费者和信息生产者的双赢。基于大数据的推荐系统通过分析用户的历史记录了解用户的偏好，从而主动为用户推荐其感兴趣的信息，满足用户的个性化推荐需求。

一、推荐系统概述

推荐系统是自动联系用户和信息的一种工具，它通过研究用户的兴趣爱好，来进行个性化推荐。以Google和百度为代表的搜索引擎可以让用户通过输入关键词精确找到自己需要的相关信息。但是，搜索引擎需要用户提供能够准确描述自己的需求的关键词，否则搜索引擎就无能为力了。

与搜索引擎不同的是，推荐系统不需要用户提供明确的需求，而是通过分析用户的历史行为来对用户的兴趣进行建模，从而主动给用户推荐可满足他们兴趣和需求的信息。每个用户所得到的推荐信息都是与自己的行为特征和兴趣有关的，而不是笼统的大众化信息。

图10-2-1展示了推荐引擎的工作原理，它接收的输入是需要的数据源，一般情况下，推荐引擎所需要的数据源包括以下几点：

- 物品信息（或内容的元数据），如关键字、基因描述等。
- 已有的用户信息，如性别、年龄等。
- 用户对物品（或者信息）的偏好，根据应用本身的不同，可能包括用户对物品的评分、查看、购买等行为的记录情况。

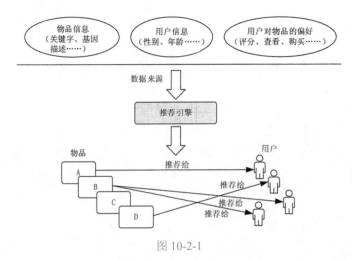

图 10-2-1

用户的偏好信息可以分为显式用户反馈和隐式用户反馈两大类。

（1）显式用户反馈是用户在网站上自然浏览或者用户（显式地）提供的反馈信息，如用户对物品的评分或评论等。

（2）隐式用户反馈是用户在使用网站时产生的数据，隐式地反映了用户对物品的偏好，如用户购买了某物品，用户多次查看了某类物品等信息。

显式用户反馈能准确地反映用户对物品的真实偏好，但需要用户付出额外的劳动；而用户的行为、习惯或做法，通过一些分析和处理，也能分析出用户的偏好，只是数据不是很精确，有些行为的分析存在较大的"噪声"。但只要选择正确的行为特征，隐式用户反馈也能得到很好的效果。例如，在电子商务的网站上，网上商品浏览其实就是一个能很好体现出用户偏好的隐式用户反馈。

根据不同的推荐机制或推荐算法，推荐引擎可能用到数据源中的不同部分，然后根据这些数据，分析出一定的规则或者直接根据用户对其他物品的偏好进行预测和推理。这样，推荐引擎就可以在用户进入时向他推荐他可能感兴趣的物品。

二、推荐机制

大部分推荐引擎的工作原理是基于物品或者用户的相似集进行推荐，所以可以对推荐机制进行以下分类。

- 基于人口统计学的推荐：根据系统用户的基本信息发现用户之间的相关程度。
- 基于内容的推荐：根据推荐物品或内容的元数据，发现物品或者内容的相关性。
- 基于协同过滤的推荐：根据用户对物品或者信息的偏好，发现物品或者内容本身的相关性，或者是发现用户之间的相关性。

1. 基于人口统计学的推荐

基于人口统计学的推荐机制可根据用户的基本信息发现用户的相关程度，然后将相似用户喜爱的物品推荐给当前用户，图10-2-2描述了这种推荐机制的工作原理。

从图中可以很清楚地看出，首先，系统对每个用户都有一个用户基本信息的模型，其中包括用户的年龄、性别等；然后，系统会根据用户的基本信息计算用户的相似度，可以看到用户A的基本信息和用户C一样，所以系统会认为用户A和用户C是"相似用户"，在推荐引擎中，可以称他们是"邻居"；最后，基于"邻居"用户群的喜好推荐给当前用户一些物品，图10-2-2所示为将用户A喜欢的物品A推荐给用户C。

基于人口统计学的推荐机制的主要优势是，对于新用户来讲没有"冷启动"的问题（缺少更多的用户信息又需要启动用户服务所产生的问题），这是因为该机制不使用当前用户对物品的偏好历史数据。该机制的另一个优势是它是领域独立的，不依赖于物品本身的数据，所以可以在不同的物品领域都得到使用。

基于人口统计学的推荐机制的主要问题是，基于用户的基本信息对用户进行分类的方法过于粗糙，尤其是对品位要求较高的领域，如图书、电影和音乐等领域，难以得到很好的推荐效果。另外，该机制可能涉及一些与需要查找的信息本身无关却比较敏感的信息，如用户的年龄等，这些信息涉及了用户的隐私。

2. 基于内容的推荐

基于内容的推荐是在推荐引擎出现之初应用最为广泛的推荐机制，它的核心思想是，根据推荐物品或内容的元数据，发现物品或内容的相关性，然后基于用户以往的偏好记录，推荐给用户相似的物品。图10-2-3描述了基于内容推荐的基本原理。

图10-2-3中给出了基于内容推荐的一个典型的例子，即电影推荐系统。首先，需要对电影的元数据进行建模，这里只简单地描述了电影的类型。然后，通过电影的元数据发现电影间的相似度，由于电影A和电影C的类型都是"爱情、浪漫"，所以它们会被认为是相似的电影。最后，实现推荐，由于用户A喜欢看电影A，那么系统就可以给他推荐类似的电影C。

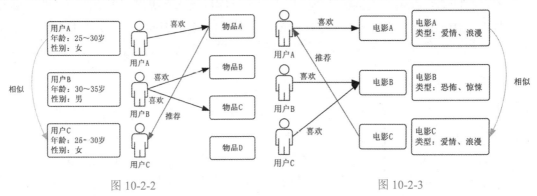

图 10-2-2　　　　　　　　　　　　　　图 10-2-3

基于内容的推荐机制的好处在于，它能基于用户的偏好建模，能提供更加精确的推荐。但它也存在以下几个问题：

- 需要对物品进行分析和建模，推荐的质量依赖于物品模型的完整性和全面程度。
- 物品相似度的分析仅仅依赖于物品本身的特征，而没有考虑人对物品的态度。
- 因为是基于用户以往的历史做出的推荐，所以对于新用户有"冷启动"的问题。

虽然基于内容的推荐机制有很多不足和问题，但它还是成功地应用在一些电影、音乐、图书的社交站点。有些站点还请专业的人员对物品进行基因编码，例如，在潘多拉网站的推荐引擎中，每首歌有超过100个元数据特征，包括歌曲的风格、年份、演唱者等。

3. 基于协同过滤的推荐

随着移动互联网的发展，网站更加提倡用户参与和用户贡献，因此基于"协同过滤"的推荐机制应运而生。协同过滤的原理就是，根据用户对物品或者信息的偏好，发现物品之间或者内容之间的相关性，或者发现用户之间的相关性，然后再基于这些相关性进行推荐。

基于协同过滤的推荐可以分为3个子类：基于用户的协同过滤推荐、基于项目的协同过滤推荐和基于模型的协同过滤推荐。

① 基于用户的协同过滤推荐。基于用户的协同过滤推荐的基本原理是，根据所有用

户对物品或者信息的偏好，发现与当前用户口味和偏好相似的"邻居"用户群。一般的应用是采用计算"k-邻居"的算法，然后基于这k个邻居的历史偏好信息，为当前用户进行推荐的。

基于用户的协同过滤推荐机制和基于人口统计学的推荐机制都是比较用户的相似度，把相似的用户视为"邻居"并基于"邻居"用户群进行推荐的。它们的不同之处在于，如何计算用户的相似度。基于人口统计学的机制只考虑用户本身的最基本特征，而基于用户的协同过滤机制是在用户的历史偏好的数据基础上计算用户的相似度，它的基本假设是，喜欢类似物品的用户可能有相同或者相似的偏好。

② 基于项目的协同过滤推荐。基于项目的协同过滤推荐的基本原理是，使用所有用户对物品或者信息的偏好，发现物品和物品之间的相似度，然后根据用户的历史偏好信息，将类似的物品推荐给用户。

基于项目的协同过滤推荐和基于内容的协同过滤推荐其实都是基于物品相似度的预测推荐，只是相似度计算的方法不一样，前者是从用户历史的偏好进行推断的，而后者是基于物品本身的属性特征信息进行推断的。

③ 基于模型的协同过滤推荐。基于模型的协同过滤推荐就是指，基于样本的用户偏好信息，采用机器学习的方法训练一个推荐模型，然后根据实时的用户偏好的信息进行预测，从而计算推荐。

这种方法使用离线的历史数据进行模型训练和评估，需要耗费较长的时间，依赖于实际的数据集规模、机器学习算法计算复杂度较高。

基于协同过滤的推荐机制是目前应用最为广泛的推荐机制，它具有以下两个优点。

- 它不需要对物品或者用户进行严格的筛选和建模，而且不要求物品的描述是机器可理解的，所以这种方法也是"领域无关"的。
- 这种方法计算出来的推荐是开放性的，可以共用他人的经验，能够很好地支持用户发现潜在的兴趣或偏好。

基于协同过滤的推荐机制也存在以下几个问题。

- 方法的核心是基于历史数据，所以对新物品和新用户都有"冷启动"的问题。
- 推荐的效果依赖于用户历史偏好数据的多少和准确性。
- 对于一些具有个性化偏好（或兴趣）的用户不能给予很好的推荐。
- 由于以历史数据为基础，抓取数据并完成用户偏好建模后，很难修改或者根据用户的使用情况进行更新，从而导致这种方法不够灵活。

4. 混合推荐机制

在现行Web站点上的推荐往往不是只采用了某一种推荐机制和策略的，而是将多种方法混合在一起，从而达到更好的推荐效果。有以下几种比较流行的组合推荐机制的方法。

- 加权的混合：用线性公式将几种不同的推荐按照一定权重组合起来，具体权重的值需要在测试数据集上反复实验，从而达到最好的推荐效果。

- 切换的混合：对于不同的情况（如数据量、系统运行状况、用户和物品的数目等），选择最为合适的推荐机制计算推荐。
- 分区的混合：采用多种推荐机制，并将不同的推荐结果分不同的区域显示给用户。
- 分层的混合：采用多种推荐机制，并将一个推荐机制的结果作为另一个的输入，从而综合各种推荐机制的优点，得到更加准确的推荐。

单元3 灾难备份与业务连续性技术

信息系统的普及和大数据时代的来到，使信息化面临前所未有的机遇和挑战。当前，信息系统中的关键数据已经成为政企的核心资产，数据被视为政企的"生命"。

数据保护对政企至关重要，美国9·11事件，双子塔上倒闭政企中80%是由于政企数据丢失；2022年8月以用友为代表的头部管理软件厂商遭遇大规模勒索攻击，影响无数下游政企；2023年5月澳大利亚退休金服务公司UniSuper数千台虚拟机被谷歌云误删除，超50万人"退休金"数据一周之内无法访问，后通过第三方备份数据恢复。因此，人为误操作、疏忽、病毒攻击、恐怖袭击或者灾难造成的关键数据丢失对政企的影响不可估量。

信息系统（Information System）是以提供信息服务为主要目的的数据密集型、人机交互的计算机应用系统，通过对原始数据进行收集、加工、存储、处理，产生各类有价值的信息，以不同方式提供给各类用户使用。

信息系统在管理数据如客户数据、生产数据、财务数据、人事数据时，面临数据丢失或损坏风险，这不仅可能损害政企声誉，还可能带来经济损失。同时，政企高度依赖信息系统，任何系统故障或中断都可能严重影响政企运营。

容灾的产品趋势及基本原理主要涉及数据备份、恢复，以及业务连续性的提高，随着技术的发展，容灾方案也在不断演进。

（1）数据备份：通过定期或实时地将重要数据复制到另一个存储位置，以防止原始数据的丢失或损坏。这包括冷备、热备，以及使用虚拟化技术和云计算进行数据备份。

（2）数据恢复：在发生灾难时，能够快速地从备份中恢复数据，确保业务的连续运行。这包括使用自动化和智能化的工具进行快速恢复。

（3）业务连续性：通过容灾方案，确保在灾难发生时，业务能够迅速恢复，减少停机时间，保持业务的连续性，如图10-3-1所示。

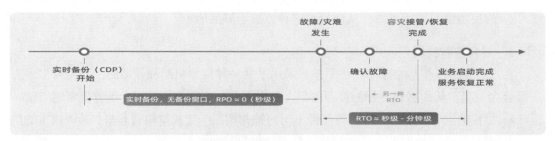

图 10-3-1

一、认识信息系统灾难和业务

1. 什么是灾难

信息系统的灾难，不仅仅是那些显而易见的自然灾害、战争或恐怖袭击，它还包括任何导致业务流程中断的事件。无论是突如其来的地震、洪水，还是恶意的网络攻击，抑或是人为操作失误，这些事件都可能对信息系统造成严重损害。

目前，信息系统及其关键数据主要面临三类威胁，这些威胁包括故障、事故和灾难。

- 故障：这通常指的是在信息系统运行过程中，由于硬件故障、软件缺陷或操作失误等原因，导致数据无法正常使用或数据完整性受损。物理故障可能由硬件损坏造成，比如硬盘故障；逻辑故障则可能是由于软件错误或病毒攻击造成的。
- 事故：在生产或生活活动中，由于违反规定或疏忽造成的意外事件，如生产事故或交通事故。事故可能涉及违反数据保护法规或操作失误，导致数据泄露或其他损失。
- 灾难：这是更严重的事件，可能由自然灾害或人为因素引起，对人类社会造成广泛影响。在 IT 领域，灾难可能导致信息系统长时间瘫痪，数据丢失，严重影响业务运行。

2. 什么是业务

通俗来说，业务是指某个人或机构的本职工作涉及一个以上的组织，按某一共同目标，通过信息交换实现的一系列过程，其中每个过程都有明确的目的，并会持续一段时间。

随着时代发展，业务越来越依赖于信息系统，系统在业务运营中的作用越来越重要。目前，大多数使用信息技术的现代业务已经与信息技术融为一体，难以脱离信息独立存在。

二、容灾备份技术及厂商介绍

1. 传统有代理备份技术及代表厂商

无论备份对象是文件、数据库还是操作系统，无论备份环境是物理机还是虚拟机，传统备份方式均采用有代理备份（Agent）方式，有代理备份方式是在计算机内部安装备份代理软件，每当需要进行数据备份时，都需要进行一次备份代理软件（Agent）的安装，再由备份代理软件执行计算机数据变化捕获、备份数据传输、备份任务管理。

市场上提供有代理备份解决方案的厂商众多，代表厂商有 Vinchin、Veritas 等。

2. 云环境无代理备份技术及代表厂商

云计算环境下的数据备份，是基于云计算资源和服务来对关键数据和应用程序进行备份的策略和技术，基本类型可以分为虚拟机备份技术、虚拟机复制技术、云原生备份技术。

在无代理备份中，首先通过调用虚拟化平台的 API 直接和虚拟化平台进行沟通，通过平台创建的快照来获取虚拟机的数据。快照就像是给虚拟机拍一张照片，记录了虚拟机在某一时刻的完整状态，同时，由于快照是在虚拟化层面上创建的，所以它不会影响虚拟机内部的运行，也不会消耗虚拟机的资源。

市场上提供云备份无代理备份技术解决方案的代表厂商有Veeam、Vinchin等。

3. 容灾技术及代表厂商

容灾系统是指在相隔较远的异地，建立两套或多套功能相同的IT系统，相互之间可以进行健康状态监视和功能切换，当一处系统因意外停止工作时，整个应用系统可以切换到另一处，使得该系统功能可以继续正常工作，保证业务的连续性。根据容灾系统对灾难的抵抗程度，可以分为数据容灾和应用容灾。容灾涉及到的关键技术有远程镜像技术、快照技术、互联技术、实时容灾保护技术等。

市场上提供容灾技术解决方案的代表厂商有成都云祺。

4. 当前云环境容灾备份的趋势

随着云计算领域的快速发展，云环境容灾备份正在成为数据保护和业务连续性战略的重要组成部分，政企需要选择能够提供全面保护、灵活管理和高效恢复的云备份解决方案，以应对当下云环境备份趋势，具体包括以下几种。

多云和混合云备份：随着对多云和混合云架构的采用，云备份解决方案更能够适应这种变化趋势。全球知名的数据存储解决方案提供商指出，组织需要结合云和本地备份技术，以确保其环境、数据集、应用程序和用户的安全和保护。多地多云容灾架构如图10-3-2所示。

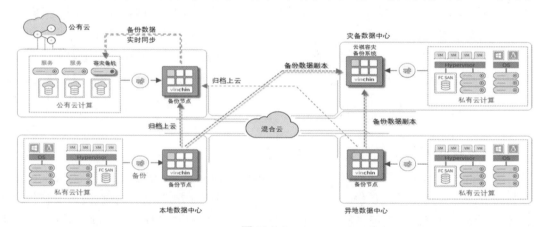

图 10-3-2

（2）智能化和数字化：云备份服务通过采用先进的算法和机器学习技术，实现数据管理智能化和操作自动化。这种服务整合了备份、恢复、归档和迁移等关键功能，利用数字化工具简化了整个数据管理流程，提高了效率和响应速度，同时也降低了人为错误的可能性。

（3）安全性和合规性：面对日益增长的网络安全威胁，云备份解决方案加强了数据安全性和隐私保护措施，以确保数据的完整性和可用性。《网络安全法》《网络安全等级保护制度》（等保2.0）是我国网络安全领域的基本国策、基本制度，该制度要求实现对基础信息网络、云计算、大数据、物联网、移动互联网和工业控制信息系统等级保护对象的全覆盖，是对政企/机构灾备建设的刚性要求。

灾备设计常见依据要求有：

- 《中华人民共和国网络安全法》2017 年 6 月 1 日起施行。
- 《中华人民共和国计算机信息系统安全保护条例》(国务院 147 号令)。
- 《计算机信息系统安全保护等级划分准则》(GB17859—1999)。
- 《信息系统安全等级保护定级指南 GB/T22240—2008》。
- 《信息安全技术网络安全等级保护基本要求》(GB/T22239—2019)。
- 《信息安全技术网络安全等级保护安全设计技术要求》(GB/T25070—2019)。
- 《教育行业信息系统安全等级保护定级工作指南（试行）》。

三、优秀工具案例介绍

成都云祺科技有限公司是一家定位为全球专业的容灾备份解决方案提供商，为用户提供致力于为用户提供在私有云、公有云、混合云环境下的虚拟机备份与恢复、数据库备份与恢复、文件备份与恢复、操作系统备份与恢复、NAS备份与恢复、实时容灾保护、跨平台恢复与迁移、数据归档上云、异地副本容灾、多租户备份管理、数据可视化等多种服务和解决方案等产品与解决方案。

成都云祺科技在全国主要省市设有技术支持网络和售后服务体系，并且拥有国家技术出口资格，以及海外销售资质，产品已在军队、医院、学校、政企等30+行业，以及美国、法国、意大利、巴西、泰国等100多个国家和地区部署应用，拥有众多成功案例。

学习小结

本模块主要介绍了大数据的概念、常用的大数据工具等知识，通过对大数据技术典型行业应用的介绍，让读者对大数据技术有一个宏观的认识，激发读者对大数据技术的兴趣。

单元习题

1. 容灾备份的等级有哪些？
2. 什么是恢复点目标（RPO）和恢复时间目标（RTO）？
3. 请简述大数据技术中数据处理的流程。
4. 你身边的大数据应用案例有哪些？

模块 11   人工智能技术

单元1   人工智能技术概述

自1946年第一台计算机诞生，人们一直希望计算机能够具有更加强大的功能。进入21世纪，由于计算能力的提高和大数据的积累，人们发现人工智能（Artificial Intelligence，AI）的应用范围和实际效果远超人们的想象。人工智能的发展不仅创造了一些新行业，也可以给传统行业赋能，从而推动了多行业的快速发展。

在国家政策层面，国务院印发了《新一代人工智能发展规划》，在《2018年国务院政府工作报告》中更明确提出"加强新一代人工智能研发应用"的要求。国际上的发达国家，如美国、日本、德国、法国等也出台了相关扶持政策。

一、人工智能的定义

目前，最常见的人工智能定义有两个：一个是明斯基（有的书译为闵斯基）提出的定义，"人工智能是一门科学，是使机器做那些人需要通过智能来做的事情"。另一个"更学术"一些的定义是尼尔森给出的，即"人工智能是关于知识的科学"，所谓"知识的科学"就是研究知识的表示、知识的获取和知识的运用。

人工智能发展至今，有三大流派，即"符号主义""连接主义""行为主义"。从专家系统发展起来的知识图谱属于"符号主义"流派；在围棋上，分别战胜了世界围棋冠军李世石和柯洁的AlphaGo一代和二代采用了深度学习技术，属于"连接主义"流派；许多机器人，特别是行为机器人的研发多属于"行为主义"流派。上述流派属于自然形成，非人为划分或人力驱动。对于现代人工智能技术，特别是在大数据和云计算的助力下，三种流派的交叉、融合已是大势所趋和发展必然。人工智能的三大流派，无论哪一派所实现的人工智能都不会等同于人类智能。

符号主义认为，知识是智能的基础，机器依靠对大量知识的记忆功能来判别真假，但对组合的概念、命题或概念所代表的实体未必能够像人类一样分辨清楚。

连接主义则主张，通过机器学习、深度学习来模拟人类大脑来处理问题。但到目前为止，人类尚未完全掌握人类大脑的工作机制，即使是最复杂的人工神经网络与深度学习系统，和人脑的运行机制相比也还有非常大的差距。

行为主义认为，通过机器感知，AI可以实现人类的某些特定功能，但无法完整地模仿人的各项技能。

随着人工智能的不断发展，每个流派在各自的研究领域都有重要的成果和进展，它们之间互不冲突，也不会彼此取代，长久趋势必然是走向融合。

二、人工智能开发平台

近年来，许多世界知名公司相继推出了自己的人工智能解决方案，目前国内主流的人工智能开发平台主要有华为云的ModelArts、阿里云的机器学习PAI、百度的飞桨，其他还有腾讯公司的腾讯AI Lab、科大讯飞的AI UI等。

1. 华为云的 AI 开发平台——ModelArts

ModelArts是面向开发者的一站式AI开发平台，为机器学习与深度学习提供海量数据预处理及半自动化标注、大规模分布式Training、自动化模型生成，以及"端—边—云"模型按需部署能力，帮助用户快速创建和部署模型，管理全周期AI工作流。平台提供了ModelArts昇腾服务、新手入门、自动学习、AI全流程开发、可视化管理等功能模块。

ModelArts昇腾服务提供华为全栈式AI的模型开发使能能力，用户可以使用ModelArts昇腾服务进行昇腾算子开发、模型开发、模型训练、模型推理等AI业务，产品内嵌MindSpore & TensorFlow AI引擎，底层提供鲲鹏&昇腾国产服务器。ModelArts目前提供丰富的预置算法，支持用户通过AI市场订阅之后，可以基于自己的业务数据进行二次训练，支持"昇腾910训练"→"昇腾310推理"以及"GPU训练"→"昇腾310推理"方式，涵盖图像分类、物体检测、文本分类等多类应用场景。

ModelArts自动学习能力，可根据用户标注数据全自动进行模型设计、参数调优、模型训练、模型压缩和模型部署全流程。无须编写任何代码和模型开发经验，即可利用ModelArts构建AI模型应用在实际业务中。

ModelArts自动学习可以零编码、零AI基础，三步构建AI模型，大幅降低AI使用门槛与成本，较之传统AI模型训练部署，使用自动学习构建将降低成本90%以上。目前，ModelArts支持图片分类、物体检测、预测分析、声音分类4大特定应用场景，可以应用于电商图片检测、流水线物体检测等场景。

ModelArts AI全流程开发，如果你是一位AI开发者，则ModelArts全流程看护能帮助你高效、高精度地完成AI开发。

ModelArts可视化工作流程提供从数据、算法、训练、模型、服务全流程可视化管理，无须人工干预，自动生成溯源图。你可选择任一对象，快速可视化了解相关信息。ModelArts提供版本可视化比对功能，可帮助用户快速了解不同版本间的差异。模型训练完成后，ModelArts在常规的评价指标展示外，还提供可视化的模型评估功能，你可通过"混淆矩阵"和"热力图"形象地了解你的模型，进行评估模型或模型优化。

华为云AI开发平台ModelArts除了在云上通过（管理控制台）界面操作外，同时也提供了Python SDK功能，你可通过SDK在任意本地IDE中使用Python访问ModelArts，包括创建、训练模型，部署服务，更加贴近你的开发习惯。

"AI市场"是基于ModelArts构建的开发者生态社区，提供AI模型共享功能，为高校科研机构、AI应用开发商、解决方案集成商、企业及个人开发者等提供安全、开放的共享及交易环境，有效连接AI开发生态链的相关参与方，加速AI产品的开发与落地。

2. 阿里云的 AI 开发平台——机器学习 PAI

常用的机器学习工具有单机版，如RStadio、Matlab；分布式机器+开源架构，如Spark MLlib；企业级机器学习云服务，如阿里云、AWS ML。对于企业级机器学习工具，是否支持大规模数据计算，是否包含丰富的机器学习算法，是否提供相关业务服务是衡量其功能的三大指标，阿里云的"机器学习PAI"，完全具备这些功能。阿里云的"机器学习PAI"的特点有如下三点。

一是算法丰富。机器学习PAI提供100余种算法组件，这些算法组件覆盖了回归、分类、聚类、关联分析、关系挖掘等各类算法，深度学习平台支持TensorFlow、MXnet Caffe等行业主流深度学习框架，支持底层GPU集群的多卡灵活调用。

二是具有可视化操作界面。机器学习PAI平台提供可视化操作界面，通过拖曳的方式拖动算法组件拼接成实验，操作平台类似于搭积木。

三是一站式服务。提供一站式服务体验，数据的清洗、特征工程、机器学习算法、评估、在线预测以及离线调度都可以在平台上一站式使用。

阿里云机器学习PAI包含3个子产品，分别是机器学习可视化开发工具PAI-STUDIO、云端交互式代码开发工具PAI-DSW、模型在线服务PAI-EAS，3个子产品为传统机器学习和深度学习提供了从数据处理、模型训练、服务部署到预测的一站式服务。

PAI-STUDIO与PAI-DSW通过打通底层数据，为用户提供两种机器学习模型开发环境。同时PAI-STUDIO以及PAI-DSW的模型都可以一键部署到PAI-EAS，通过RestfulAPI的形式与用户自身业务打通。

3. 百度飞桨

百度飞桨（Paddle Paddle）是集深度学习核心框架、工具组件和服务平台为一体的技术先进、功能完备的开源深度学习平台，已被许多国内企业使用，深度契合企业应用需求，拥有活跃的开发者社区生态。它提供丰富的官方支持模型集合，并推出全类型的高性能部署和集成方案供开发者使用。

单元2　大模型技术

随着人工智能（AI）技术的飞速发展，大模型作为AI领域的一项重要创新，正逐渐展现出其巨大的潜力和价值。大模型，作为一种具有庞大参数规模和复杂网络结构的深度学习模型，能够处理海量的数据，学习到丰富的知识和特征，并在各种任务中表现出色。在AI时代，大模型已经成为推动科技进步和社会发展的重要智慧引擎。

一、大模型的定义与特点

大模型，是指具有庞大参数规模和复杂网络结构的深度学习模型。这些模型通过海量的数据进行训练，能够学习到丰富的知识和特征，从而在各种任务中表现出色。大模型的特点主要体现在以下几个方面。

庞大的规模：大模型通常包含数十亿甚至数百亿的参数，模型的大小可以达到数十GB甚至更大。这种庞大的规模使得大模型具有强大的表达能力和学习能力，能够处理复杂的任务和数据。

强大的数据处理能力：大模型能够处理海量的数据，从中提取出有用的信息和特征。通过深度学习和神经网络等技术，大模型能够自动学习数据中的规律和特征，为各种任务提供支持。

广泛的适用性：大模型具有广泛的适用性，可以应用于自然语言处理、计算机视觉、语音识别等多个领域。无论是文本分类、情感分析、图像识别还是语音识别等任务，大模型都能够发挥出其强大的能力。

高效的学习能力：大模型采用深度学习技术，能够自动学习数据中的规律和特征，从而实现自动分类、识别、预测等功能。这种学习能力使得大模型能够适应不断变化的环境和需求，为各种任务提供高效的支持。

二、大模型的应用

大模型在AI时代的应用广泛，涵盖了自然语言处理、计算机视觉、语音识别等多个领域。以下是大模型的主要应用场景。

自然语言处理：在自然语言处理领域，大模型可以应用于文本分类、情感分析、问答系统、机器翻译等任务。通过训练大量文本数据，大模型可以学习到语言的规律和特征，从而实现对文本的理解和生成。例如，GPT系列模型就是一种典型的大模型，在文本生成和对话系统等方面取得了显著成果。

计算机视觉：在计算机视觉领域，大模型可以应用于图像识别、目标检测、图像生成等任务。通过训练大量图像数据，大模型可以学习到图像的特征和规律，从而实现对图像的理解和处理。例如，ResNet、EfficientNet等模型在计算机视觉领域取得了广泛应用。

语音识别：在语音识别领域，大模型可以应用于语音识别、语音合成等任务。通过训练大量语音数据，大模型可以学习到语音的特征和规律，从而实现对语音的识别和合成。例如，Transformer等模型在语音识别领域取得了显著成果。

三、大模型的优势

大模型在AI时代的优势主要体现在以下几个方面。

提高效率：大模型能够自动化处理大量数据和任务，显著提高工作效率。无论是自然语言处理、计算机视觉还是语音识别等任务，大模型都能够快速准确地完成。

提升性能：大模型具有强大的学习能力和表达能力，能够在各种任务中取得优秀的性能。通过训练大量数据，大模型可以学习到丰富的知识和特征，为各种任务提供有力的支持。

拓展应用领域：大模型具有广泛的适用性，可以应用于多个领域。随着技术的不断发展，大模型将在更多领域发挥重要作用，推动AI技术的广泛应用和普及。

推动科技创新：大模型作为AI领域的一项重要创新，将推动相关技术的不断发展和进步。

通过不断研究和探索大模型的原理和机制，我们将能够开发出更加先进和高效的AI技术。

四、大模型的挑战与未来展望

尽管大模型在AI时代具有巨大的潜力和优势，但在实际应用中仍面临着一些挑战和问题。以下是大模型面临的主要挑战。

计算资源需求高：大模型需要巨大的计算资源来进行训练和推理。这对于普通用户和企业来说是一个巨大的负担。因此，如何降低大模型的计算资源需求是一个亟待解决的问题。

数据隐私与安全：大模型的训练需要大量的数据支持。然而，在数据收集和使用过程中可能会涉及隐私和安全问题。如何保障数据的隐私和安全是一个需要重视的问题。

可解释性和可信度：大模型具有复杂的网络结构和庞大的参数规模，其决策过程往往难以解释和理解。这可能导致用户对大模型的信任度降低。因此，如何提高大模型的可解释性和可信度是一个重要的问题。

面对这些挑战和问题，大模型的未来发展将呈现以下几个趋势。

技术创新与优化：为了应对计算资源需求高的问题，研究者们将不断探索更加高效和轻量级的模型结构，如稀疏化、剪枝等技术来降低模型的计算资源需求。同时，为了提高大模型的可解释性和可信度，研究者们将探索新的模型设计和优化方法，如引入注意力机制、引入先验知识等。

数据隐私与安全保护：随着数据隐私和安全问题的日益凸显，大模型在训练和使用过程中将更加注重数据隐私和安全保护。这包括采用差分隐私、联邦学习等技术来保护用户数据，以及通过加密、访问控制等手段来确保数据的安全传输和存储。

跨领域融合与协同：大模型的发展将逐渐与其他领域进行融合与协同。例如，大模型可以与心理学、社会学等学科的研究成果相结合，更深入地理解人类行为和需求，从而提供更加精准和个性化的服务。此外，大模型还可以与物联网、区块链等技术进行融合，推动智能化、自动化和去中心化等新型应用的发展。

普惠化与教育普及：随着大模型技术的不断成熟和普及，更多的人将能够享受到AI技术带来的便利和效益。大模型将助力教育资源的均衡分配，为偏远地区和经济条件较差的学生提供高质量的在线教育资源和个性化学习支持。同时，大模型也将成为推动教育创新和人才培养的重要工具。

可持续性与环保考虑：随着大模型规模的不断扩大，其对能源和环境的消耗也日益增加。因此，如何在保障性能的同时降低大模型的能耗和碳排放，将成为未来发展的重要议题。研究者们将探索更加节能高效的模型设计和训练方法，以及利用可再生能源和绿色计算技术来降低大模型的环境影响。

大模型作为AI时代的智慧引擎，具有巨大的潜力和价值。通过技术创新和优化、数据隐私与安全保护、跨领域融合与协同、普惠化与教育普及以及可持续性与环保考虑等方面的努力，大模型将在未来发挥更加重要的作用。

单元3　人工智能技术应用案例

人工智能，这个曾经只存在于科幻小说和电影中的概念，正在迅猛发展，成为现实生活中不可或缺的一部分。它的应用范围广泛，从智能家居到智能医疗，从自动驾驶到智能客服，不断拓展我们的生活空间和可能性。

在过去几年里，越来越多的企业和组织开始意识到AI的潜力，加大了投入和研发，试图将其落地到更多的应用场景中。

在本单元中，我们将介绍5个已经或即将落地的AI应用案例。

一、智能医疗：辅助医生诊断

现代医疗技术的快速进步带来了大量的医学数据，同时也增加了医生们的压力。如何快速、准确地诊断各种疑难病症，成为医生们的重要任务之一。而人工智能在这个领域的应用，无疑帮助医生们大大提高了工作效率和准确性。

例如，谷歌旗下的DeepMind开发了一款名为"Streams"的AI系统，用于协助医生们处理和识别MRI、CT等医学图像数据。这个系统能够自动扫描和识别成千上万的数字影像，快速地定位和标记病灶，从而提高了医疗诊断的准确率和速度。

还有一种名为"Watson"的医学问诊系统，由IBM开发，并在国外多家医院得到了采用。它能够分析病历、化验和影像数据等医疗资料，帮助医生们快速诊断疾病和提供治疗方案。

二、智能交通：实现自动驾驶

无人驾驶汽车是智能汽车的一种，也称为轮式移动机器人，主要依靠车内以计算机系统为主的智能驾驶控制器来实现无人驾驶。无人驾驶中涉及的技术包含多个方面，如计算机视觉、自动控制技术等。

美国、英国、德国等发达国家从20世纪70年代开始就投入到无人驾驶汽车的研究中，中国从20世纪80年代起也开始了无人驾驶汽车的研究。百度启动了"百度无人驾驶汽车"研发计划，其自主研发的无人驾驶汽车Apollo还曾亮相2018年央视春晚。

但是最近两年，发现无人驾驶的复杂程度远超几年前所预期的，要真正实现商业化还有很长的路要走。

自动驾驶是未来交通的趋势，也是各大科技公司和汽车厂商争夺的热点。人工智能技术在这一领域的应用显然更胜一筹。通过人工智能技术的识别、感知和决策，车辆可以自主行驶，大大减少了交通事故和拥堵现象，提高了行车效率。

多家汽车厂商和科技公司都在自动驾驶领域做出了重大的突破。例如，谷歌旗下的Waymo已经在美国多个城市开始测试自动驾驶汽车。特斯拉的自动驾驶系统也在逐步完善并实现了对高速公路等场景的自主行驶功能。

三、智能家居：实现智慧生活

智能家居作为人工智能技术的最早应用之一，已经逐渐普及到了更多的家庭。通过智能家居系统，我们可以通过智能语音助手或手机App，实现家庭灯光、温度、音乐等设备的智能控制，不仅让我们的生活更加方便，也提高了我们的生活质量。

除了基本的家电控制，智能家居还可以通过学习我们的生活习惯和喜好，提供个性化的管家服务。例如，宜家的智能台灯可以通过学习我们的睡眠习惯，自动调整光线和色温，使我们的睡眠更加舒适和健康。另外，还有一些具有AI智能的洗衣机、扫地机器人等产品，能够帮助我们节省时间和精力。

四、智能金融：科技与金融的完美结合

现代金融业已经离不开科技的支持和创新。人工智能在金融领域的应用，既可以提高交易效率和准确性，也可以为客户提供更好的服务。

例如，国内银行和保险公司已经开始尝试采用语音识别技术、自然语言处理技术、机器学习技术等，用于客户服务、客户咨询、信贷审核等。同时，在股票、期货、外汇等金融交易领域，人工智能也广泛应用于数据分析、模型预测、交易策略等方面。

五、智能客服：提供更优质的服务

智能客服作为人工智能普及的重要应用之一，通过自然语言处理、情感分析等技术，实现自动化回答、语音识别、消息推送等功能，提高客户满意度。

例如，中国移动的在线客服，通过自然语言处理技术，准确理解客户问题，并给出详细的答复。另外，很多电商平台也采用了机器人客服，通过快速响应和个性化服务，提高了客户体验。

在不久的将来，人工智能将深刻地改变我们的生活和工作方式。科技的发展必将为我们带来更多的可能性和机遇。但与此同时，我们也需要关注其带来的风险和挑战，从法律、伦理、社会等多维度角度进行探讨和管理。只有在全球范围内积极推进人工智能技术的发展和应用，才能实现技术与人类共生发展，创造更加美好的未来。

学习小结

本模块主要介绍了人工智能的概念、常用的AI开发平台、大模型概念与特点等知识，通过对人工智能典型行业应用的介绍，让读者对人工智能、大模型有一个宏观的认识，激发读者对人工智能技术的兴趣。

单元习题

1. 请简述大模型的特点。
2. 你身边的人工智能应用案例有哪些？